纺织服装高等教育"十二五"部委级规划教材

印染技术

YINRAN JISHU

本书配光盘

纪惠军 主编
范雪荣 主审

东华大学出版社

内 容 提 要

　　本书是纺织服装高等教育"十二五"规划教材,以各种织物为主线,结合当前印染行业的生产实际和近年来染整技术的发展进行编写。内容包括纤维素纤维织物、涤纶及其混纺织物和蛋白质纤维织物染整加工的基本原理、基本工艺和常用染整设备,对生态纺织品的标准也作了简要介绍。同时,根据高等职业教育的特点,本书还较多地增加了生产实践知识和重视技能培养等方面的内容。随书附有光盘,提供了部分印染生产现场的视频和教学 PPT 课件,使教学过程更加直观和生动,便于学生理解与接受。

　　本书适用于高等职业教育的现代纺织技术、纺织品检验与贸易及服装制作等专业的染整工艺或印染概论课程的教学用书,也可供纺织企业工程技术人员、管理人员阅读参考。

图书在版编目(CIP)数据

印染技术/纪惠军主编.—上海:东华大学出版社,
2012.4
　ISBN 978-7-5669-0033-3

　Ⅰ.①印⋯　Ⅱ.①纪⋯　Ⅲ.①染整—高等学校—教材
Ⅳ.①TS1

　中国版本图书馆 CIP 数据核字(2012)第 063244 号

责任编辑:杜燕峰
封面设计:李　博

印染技术

纪惠军　主编

东华大学出版社出版

上海市延安西路 1882 号

邮政编码:200051　电话:(021)62193056

新华书店上海发行所发行　　苏州望电印刷有限公司印刷

开本:787×1092　1/16　印张:15.25　字数:380 千字

2012 年 7 月第 1 版　　2012 年 7 月第 1 次印刷

ISBN 978-7-5669-0033-3/ TS·315

定价:35.00 元

前　　言

　　《印染技术》为纺织服装高等教育"十二五"规划教材。纺织品的染整加工指借助各种机械设备，通过化学、物理或生物的方法，对纺织品进行处理的过程，主要内容包括前处理、染色、印花和整理。本书在编写过程中，按照实际生产中印染企业的类型，以加工纤维的种类为主线，系统地介绍了纤维素纤维织物、涤纶及其混纺织物和蛋白质纤维织物等各类织物的染整加工过程。本书还对近年来普遍受到关注的生态纺织品及其标准作了简要介绍。这样编排的目的，一方面可以使学生对不同类型的印染企业有完整的认识，同时也利于各学校根据不同的专业（方向）对内容进行取舍。

　　本书附有光盘，提供了纺织品印染加工的部分现场生产视频及教学 PPT 课件，使教学过程更加直观和生动，便于学生理解与接受。

　　本书在编写过程中参考了许多染整专业教材、其他专业书籍和专业杂志，谨向作者表示衷心的感谢。

　　本书适用于高等职业教育的现代纺织技术、纺织品检验与贸易及服装制作等专业的染整工艺或印染概论课程的教学用书，也可供纺织企业工程技术人员、管理人员阅读参考。

　　本书由纪惠军主编，江南大学范雪荣教授主审。其中第一篇由陕西工业职业技术学院纪惠军编写，第二篇由陕西工业职业技术学院王小娟编写，第三篇由陕西工业职业技术学院胡蓉编写，全书由纪惠军统稿。

　　由于编者水平有限，书中难免有不当之处，热忱欢迎读者批评指正。

编者
2012 年 2 月

目录

第二篇　涤纶及其混纺织物的染整

第三篇　蛋白质纤维织物的染整

第一篇

纤维素纤维织物的染整

目前,纺织纤维中纤维素纤维的使用占相当大的比重,其中以棉纤维最具代表性,本篇将以棉织物为主线进行阐述。

第一篇

棉织物前处理

前处理是纺织品整个染整加工的第一道工序。前处理的目的是去除纤维上所含的天然杂质以及在纺织加工中所施加的浆料和沾上的油污等,使纤维充分发挥其优良品质,使织物具有洁白、柔软的性能和良好的渗透性,以满足服用要求,并为染色、印花、整理提供合格的半成品。

棉织物的前处理包括原布准备、烧毛、退浆、煮练、漂白、开幅、轧水、烘干和丝光工序,以去除纤维中的果胶、蜡质、棉籽壳和浆料等杂质,提高织物的外观和内在质量。

绒类织物、色织物和针织物的前处理主要是去除杂质,工艺与一般棉织物的前处理既有相似之处,又有其特殊要求。

第一节 原布准备

织厂织好的布称原布或坯布,原布准备是染整加工的第一道工序。原布准备包括原布检验、翻布(分批、分箱、打印)和缝头。

一、原布检验

原布在进行前处理加工之前,都要经过检验,发现问题及时采取措施,以保证成品的质量和避免不必要的损失。由于原布的数量很大,通常只抽查 10% 左右,也可根据品种要求和原布的一贯质量情况适当增减。

检验内容包括物理指标和外观疵点两方面,前者包括原布的长度、幅宽、重量、经纬纱细度、密度和强力等指标;后者主要是指纺织过程中所形成的疵病,如缺经、断纬、跳纱、油污纱、色纱、棉结、斑渍、筘条、稀弄、破洞等。一般对漂布的油污、色布的棉结、筘条和密路要求较严,而对花布,由于其花纹能遮盖某些疵病,因此外观疵病要求相对低一些。

二、翻布(分批、分箱、打印)

为了便于管理,常把同规格、同工艺的原布划为一类加以分批分箱。每批数量主要按照原布的情况和后加工要求而定,如煮布锅按锅容量,绳状连续机按堆布池容量,平幅连续练漂品种一般以 10 箱为一批。分箱原则按布箱大小、原布组织和有利于运送而定,一般为 60~80 匹。卷染加工织物应使每箱布能分成若干整卷为宜。

翻布时将布匹翻摆在堆布板上,做到正反一致,同时拉出两个布头子,要求布边整齐。为了便于识别和管理,在每箱布的两头(卷染布在每卷布的两头)打上印记,部位离布头 10～20 cm 处,标明原布品类、加工工艺、批号、箱号(卷染包括卷号)、发布日期、翻布人代号等。印油一般用红车油与碳黑以 5：1～10：1 的比例充分拌匀、加热调制而成。

每箱布都附有一张分箱卡(卷染布每卷都有),注明织物的品种、批号、箱号(卷号),便于管理。

三、缝头

布匹下织机后的长度一般为 30～120 m,而印染厂的加工多是连续进行的。为了确保成批布连续地加工,必须将原布加以缝接,缝头要求平整、坚牢、边齐,在两侧布边 1～3 cm 处还应加密,防止开口、卷边和后加工时产生皱条。如发现织厂开剪歪斜,应撕掉布头后缝头,防止织物纬斜。

常用的缝接方法有环缝和平缝两种。环缝式最常用,卷染、印花、轧光、电光等织物必须用环缝,其特点是缝接平整、坚牢,适用于中厚型织物。在机台,箱与箱之间的布用平缝连接,其特点是灵活、方便、用线量少,但布头重叠,在卷染时易产生横档疵病,轧光时要损伤轧辊。

第二节 | 烧 毛

一、烧毛目的

一般棉织物在前处理前先经烧毛,烧去布面上的绒毛,使布面光洁,并防止在染色、印花时因绒毛存在而产生染色和印花疵病。

二、烧毛原理

织物烧毛是将平幅织物迅速地通过火焰或擦过赤热的金属表面,这时布面上存在的绒毛很快升温而燃烧,而布身比较紧密,升温较慢,在未升到着火点时已离开火焰或赤热的金属表面,从而达到既烧去绒毛又不使织物损伤的目的。

三、烧毛方法

烧毛采用烧毛机完成,一般有气体烧毛机、铜板烧毛机和圆筒烧毛机。铜板烧毛机适合低级和粗厚织物的烧毛,但设备清洁保养较麻烦,除灯芯绒厂尚有使用外,其应用不多。卡其类棉织物常用接触式的圆筒烧毛机烧毛,圆筒烧毛机热耗大、不经济,清洁保养麻烦,目前很少使用。

目前使用最广泛的是气体烧毛机,如图 1-1-1 所示。

1. 气体烧毛机的组成及作用

(1)进布架:将织物的经向及纬向绷展,使织物以平展状态进入机台。

(2)刷毛装置:箱中装有数对与织物成逆向转动的刷毛辊,以刷去布面纱头、杂物和灰尘,并使织物上的绒毛竖立而利于烧毛。

(3)烧毛火口:烧掉织物表面长短不齐的绒毛。它的主要机件为火口。一般气体烧毛机

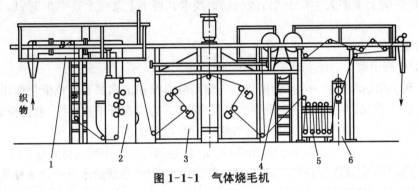

图 1-1-1　气体烧毛机

1—吸尘风道　2—刷毛箱　3—气体烧毛机火口　4—冷水冷却辊　5—浸渍槽　6—轧液装置

的火口为 2～4 个,织物正反面经过火口的只数,随织物的品种和要求而定,可以是一正一反、两正两反或三正一反等。燃烧气主要有煤气、液化石油气、汽油气三种。为使燃烧气发挥良好的燃烧作用,必须将燃烧气和空气按适当的比例进行混合,正常的火焰应是光亮有力的淡蓝色。气体烧毛机的车速一般为 80～150 m/min。

(4) 灭火装置:织物经烧毛后,往往沾有火星,如不及时熄灭,会引起燃烧,故烧毛后应立即将织物通过灭火槽或灭火箱,将残留的火星熄灭。灭火槽内有轧液辊一对,槽内盛有热水或退浆液(酶液或稀碱液),布通过时,火星即熄灭。灭火箱是利用蒸汽喷雾灭火。

(5) 落布装置:将织物导出工作台,并且以一定的幅度摆动,使织物整齐地堆入布车中。

2. 气体烧毛机烧毛工艺

(1) 工艺流程:进布→刷毛→烧毛→灭火→出布。

(2) 工艺条件:火焰温度:800～900℃;车速:稀薄织物 100～150 m/min,一般织物 80～100 m/min,厚重织物 60～80 m/min;织物与火焰的距离:稀薄织物 1～1.2 cm,一般织物 0.8～1.0 cm,厚重织物 0.5～1.8 cm;烧毛面:正反面经过火口的只数,随织物的品种和要求而定,一般平布府绸等正反面烧毛次数可以相等,如一正一反、两正两反;斜纹、卡其等有正反面之分的织物,以烧正面为主,如三正一反;稀薄织物一般用一正一反。

四、烧毛质量评定

烧毛质量评定分 5 级,一般织物要求 3 级或以上,质量要求高的织物要求 4 级,甚至更高级数,稀薄织物达到 3 级即可。另外,烧毛必须均匀,否则经染色、印花后便呈现色泽不匀,需重新烧毛。

第三节　退　浆

织物织造前,经纱一般都要经过上浆处理(经纱在浆液中浸轧后,再经烘干),使纱中的纤维黏着抱合起来,并在纱线表面形成一层薄膜,便于织造。棉织物一般用淀粉或变性淀粉浆料或聚乙烯醇和聚丙烯酸(酯)浆料上浆,浆液中还加有润滑剂、柔软剂、防腐剂等助剂。

经纱上浆率的高低,视品种不同而有一定的差异,通常纱线细、密度大的织物经纱上浆率高些,一般织物的上浆率大约在 10%,线织物如线卡其可不上浆或上浆率在 1% 以下。

一、常用退浆方法

(一) 淀粉酶退浆

酶是一种高效、高度专一的生物催化剂。淀粉酶对淀粉的水解有高效催化作用,可用于淀粉和变性淀粉上浆织物的退浆。淀粉酶的退浆率高,不会损伤纤维素纤维,但淀粉酶只对淀粉类浆料有退浆效果,对其他天然浆料和合成浆料没有退浆作用。

淀粉酶主要有 α-淀粉酶和 β-淀粉酶两种。α-淀粉酶可快速切断淀粉大分子链中的 α-1,4-甙键,催化分解无一定规律,与酸对纤维素的水解作用很相似,形成的水解产物是糊精、麦芽糖和葡萄糖。它使淀粉糊的黏度很快降低,有很强的液化能力,又称为液化酶或糊精酶。β-淀粉酶从淀粉大分子链的非还原性末端顺次进行水解,产物为麦芽糖,又称糖化酶。β-淀粉酶对支链淀粉分枝处的 α-1,6-甙键无水解作用,因此对淀粉糊的黏度降低没有 α-淀粉酶来得快。

淀粉酶还有支链淀粉酶和异淀粉酶等,支链淀粉酶只水解支链淀粉分枝点的 α-1,6-甙键,而异淀粉酶能够水解所有支链或非支链中的 α-1,6-甙键。

酶退浆主要使用 α-淀粉酶,但其中含有微量的其他淀粉酶如 β-淀粉酶、支链淀粉酶和异淀粉酶等。α-淀粉酶分为普通型(中温型)和热稳定型(高温型)两大类,我国长期使用的 BF-7658 淀粉酶和胰酶都是中温型淀粉酶。BF-7658 淀粉酶的最佳使用温度为 55~60℃,胰酶的使用温度为 40~55℃。目前商品化的耐高温型 α-淀粉酶多为基因改性品种,推荐的最佳使用温度很宽,在 40~110℃之间,特别适合于高温连续化退浆处理。

酶退浆工艺随着酶制剂、设备和织物品种的不同而有多种形式,如轧堆法、浸渍法、轧蒸法等,但总的来说,都是由四步组成:预水洗、浸轧或浸渍酶退浆液、保温堆置和水洗后处理。

1. 预水洗

淀粉酶一般不易分解生淀粉或硬化淀粉。预水洗可促使浆膜溶胀,使酶液较好地渗透到浆膜中去,同时可以洗除有害的防腐剂和酸性物质。因此酶退浆时,烧毛后先将原布在 80~95℃的水中进行水洗。为了提高水洗效果,可在洗液中加入 0.5 g/L 的非离子表面活性剂。

2. 浸轧或浸渍酶退浆液

经过预水洗的原布,在 70~85℃ 和微酸性至中性(pH 值为 5.5~7.5)的条件下浸轧(浸渍)酶液。所用酶制剂的性能不同,浸轧(浸渍)的温度和 pH 值不同。酶的用量和所用的工艺有关,一般连续轧蒸法的酶浓度应高于堆置和轧卷法。织物的带液率控制在 100% 左右。

3. 保温堆置

淀粉分解成可溶性糊精的反应从酶液接触浆料时就开始了,但淀粉酶将织物上的淀粉完全分解需要一定的时间,保温堆置可以使酶对淀粉进行充分水解。堆置时间与温度有关,温度的选择视酶的耐热稳定性和设备条件而定。织物在 40~50℃ 下堆置需要 2~4 h,高温型淀粉酶在 100~115℃ 下汽蒸只需要 15~120 s。轧堆法将织物保持在浸渍温度(70~75℃)下,卷在有盖的布轴上或放在堆布箱中堆置 2~4 h,堆置温度低时需堆置过夜。浸渍法多使用喷射、溢流或绳状染色机进行退浆。轧蒸法是连续化的加工工艺,适合于高温酶,可在 80~85℃ 下浸轧酶液,再进入汽蒸箱在 90~100℃ 下汽蒸 1~3 min;或在 85℃ 下浸轧酶液,在 100~115℃ 下汽蒸 15~120 s。

4. 水洗后处理

淀粉浆经淀粉酶水解后,仍然沾附在织物上,需要经过水洗才能去除。因此在酶处理的最后阶段,要用洗涤剂在高温水中洗涤,对厚重织物可以加入烧碱进行碱性洗涤,以提高洗涤效果。轧堆法、浸渍法可用 90~95℃、含 10~15 g/L 的洗涤剂或烧碱的水进行洗涤,轧蒸法的洗涤条件应更剧烈一些,采用 95~100℃和 15~30 g/L 的洗涤剂或烧碱洗涤。

(二) 碱退浆

在热碱的作用下,淀粉或化学浆都会发生剧烈溶胀,溶解度提高,然后用热水洗去。棉纤维中的含氮物质和果胶物质等天然杂质经碱作用也会发生部分分解和去除,可减轻煮练负担。

常用的碱退浆工艺流程为轧碱→打卷堆置或汽蒸→水洗。先在烧毛机的灭火槽中平幅轧碱(烧碱浓度 5~10 g/L,温度 70~80℃),然后在平幅汽蒸箱中汽蒸 60 min 或打卷堆置(50~70℃,4~5 h),再进行充分的水洗。

碱退浆使用广泛,对各种浆料都有退浆作用,可利用丝光或煮练后的废碱液,故其退浆成本低。碱退浆对天然杂质的去除较多,对棉籽壳去除所起的作用较大,特别适合于含天然杂质较多的原布。其缺点是退浆废水的 COD 值较高,环境污染严重。由于碱退浆时浆料不起化学降解作用,水洗槽中水溶液的黏度较大,浆料易重新沾污织物,因此退浆后水洗一定要充分。

(三) 氧化剂退浆

在氧化剂的作用下,淀粉等浆料发生氧化、降解直至分子链断裂,溶解度增大,经水洗后容易被去除。用于退浆的氧化剂有双氧水、亚溴酸钠、过硫酸盐等。

氧化剂退浆主要有冷轧堆和轧蒸两种工艺。冷轧堆工艺的流程是:室温浸轧→打卷→室温堆置(24 h)→高温水洗。多使用过氧化氢作为退浆剂。当织物的含浆率高或含有淀粉与 PVA 混合浆时,则使用过氧化氢与少量的过硫酸盐混合退浆。

轧蒸一般单独使用过氧化氢或过硫酸盐进行退浆,但多采用过氧化氢退浆。过氧化氢轧蒸退浆的工艺流程为:浸轧退浆液(100%NaOH 4~6 g/L,35%H_2O_2 8~10 mL/L,渗透剂 2~4 mL/L,稳定剂 3 g/L,轧余率 90%~95%,室温)→汽蒸(100~102℃,10 min)→水洗。

氧化剂退浆多在碱性条件下进行,过氧化氢在碱性条件下不稳定,分解形成的过氧化氢负离子具有较高的氧化作用,因此氧化退浆兼有漂白作用。使用过氧化氢退浆时要加入稳定剂如硅酸钠、有机稳定剂或螯合剂等。

氧化剂退浆速度快,效率高,织物白度增加,退浆后织物手感柔软。它的缺点是在去除浆料的同时,也会使纤维素氧化降解,损伤棉织物。因此,氧化剂退浆工艺一定要严格控制。

二、退浆效果评定

(一) 织物上浆料的定性分析

淀粉与碘可以形成一种蓝紫色复合物;PVA 在硼酸存在的条件下,与碘作用形成一种蓝绿色的络合物;CMC 在中性条件下与一些重金属盐作用可生成不溶于水的沉淀物,再经酸化可以重新溶解。

(二) 退浆效果的评定

$$退浆率(\%) = \frac{坯布含浆率 - 退浆后织物含浆率}{坯布含浆率}$$

生产中要求退浆率在 80% 以上,或残留浆对织物重在 1% 以下。

第四节 | 煮 练

一、煮练目的

棉织物经过退浆后,大部分浆料及部分天然杂质已被去除,但棉纤维中的大部分天然杂质,如蜡状物质、果胶物质、含氮物质、棉籽壳及部分油剂和少量浆料等,还残留在棉织物上,使棉织物布面较黄、渗透性差,不能适应染色、印花加工的要求。为了使棉织物具有一定的吸水性,有利于印染过程中染料的吸附、扩散,在退浆以后还要经过煮练,以去除棉纤维中的大部分残留杂质。

二、煮练原理与用剂

棉织物煮练以烧碱为主练剂,另外加入一定量的表面活性剂、亚硫酸钠、硅酸钠、磷酸钠等助练剂。

烧碱能使蜡状物质中的脂肪酸酯皂化,脂肪酸生成钠盐,转化成乳化剂,生成的乳化剂能使不易皂化的蜡质乳化而去除。另外,烧碱能使果胶物质和含氮物质水解成可溶性的物质而去除。棉籽壳在碱煮过程中会发生溶胀,变得松软,再经水洗和搓擦,棉籽壳解体而脱落。

表面活性剂能降低煮练液的表面张力,起润湿、净洗和乳化等作用。在表面活性剂的作用下,煮练液润湿织物,并渗透到织物内部,有助于杂质去除,提高煮练效果。

阴离子表面活性剂如烷基苯磺酸钠、烷基磺酸钠和烷基磷酸酯等具有良好的润湿和净洗作用,并且耐硬水、耐碱、耐高温,它们都可以作为煮练用剂。此外还可选用合适的非离子表面活性剂,脂肪醇聚氧乙烯醚(平平加系列)或烷基酚聚氧乙烯醚都是良好的非离子乳化剂,与阴离子表面活性剂拼混使用,具有协同效应,能进一步提高煮练效果。

亚硫酸钠有助于棉籽壳的去除,因为它能使木质素变成可溶性的木质素磺酸钠,这种作用对于含杂质较多的低级棉煮练尤为显著。另外,亚硫酸钠具有还原性,可以防止棉纤维在高温带碱条件下被空气氧化而受到损伤。亚硫酸钠在高温条件下有一定漂白作用,可以提高棉织物的白度。

硅酸钠俗称水玻璃或泡花碱,具有吸附煮练液中的铁质和棉纤维中的杂质分解的产物的能力,可防止在棉织物上产生锈斑或杂质分解产物的再沉积,有助于提高棉织物的吸水性和白度。

磷酸钠具有软水作用,能去除煮练液中的钙、镁离子,提高煮练效果,并节省助剂用量。

三、煮练设备与工艺

棉织物煮练工艺,按织物进布方式可分为绳状煮练和平幅煮练,按设备操作方式可分为间歇式煮练和连续汽蒸煮练。

(一)煮布锅煮练

煮布锅是一种间歇式煮练设备,织物一般以绳状形式进行加工。这种设备去杂效果好,灵活性大,煮练匀透,特别是对一些紧密织物,效果更为显著。但由于它采用间歇式操作,劳动强度大,生产效率低,加工成本高,所以目前已很少使用。

(二)绳状连续汽蒸煮练

1. 常压绳状连续汽蒸煮练

棉织物经过退浆后,便进入常压绳状连续汽蒸练漂机(一般为双头)进行加工,其设备如图1-1-2所示。由于此机的汽蒸容布器呈"J"形,故称J形箱式绳状连续汽蒸练漂机。J形箱体呈一定倾斜度,箱内衬不锈钢皮,使其具有良好的光滑度。该机的最大特点是快速,车速常为140 m/min,生产效率高。其煮练工艺流程为:轧碱→汽蒸→(轧碱→汽蒸)→水洗(2～3次)。

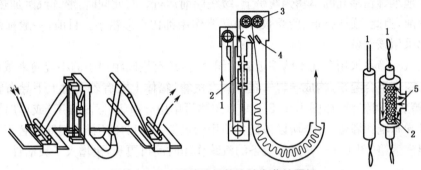

图 1-1-2　J形箱式绳状连续汽蒸练漂机

1—织物　2—蒸汽加热器　3—导布辊　4—摆布器　5—饱和蒸汽

中等厚度棉织物,在绳状浸轧机上浸轧热碱液(烧碱25～30 g/L,表面活性剂3～4 g/L),轧液率120%～130%,温度70～80℃,然后由管形加热器通入饱和蒸汽,再由小孔分散喷射到织物上,使织物的温度迅速升到95～100℃,接着通过导布装置和摆布装置,织物均匀堆置于J形箱中,保温堆置1～1.5 h,使杂质与烧碱充分作用,以达到除杂的目的。最后,织物进入水洗槽水洗。为了使煮练效果更为匀透,在水洗前可再进行一次轧碱和汽蒸。

由于织物是以绳状进行加工,堆积于J形箱内沿其内壁滑动时极易产生擦伤和折痕,因此卡其等厚重织物不宜采用此机。另外,稀薄织物易产生纬斜和纬移,也不宜采用。

2. 低张力绳状连续汽蒸煮练

低张力绳状连续汽蒸练漂机由四个相同单元组成,各个单元分别由两台低张力绳洗机(图1-1-3)、绳状浸渍槽(图1-1-4)、J形箱组成。棉织物浸轧20 g/L左右的烧碱后,汽蒸60～90 min,然后水洗。由于棉织物运行时张力很低,从根本上解决了紧式加工所产生的纬缩、纬斜、纬移及擦伤等疵病,适合于各种规格棉织物的前处理。织物运行速度100～180 m/min,生产效率高。

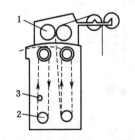 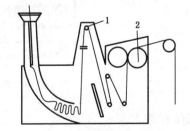

图 1-1-3　低张力绳洗机　　　　**图 1-1-4　绳状浸渍槽**

1—槽轮　2—底辊　3—导布器　　　　1—惰性辊　2—出布轧辊

(三) 常压平幅汽蒸煮练

常压平幅汽蒸煮练的工艺流程为轧碱→汽蒸→水洗;其碱液浓度一般为25～50 g/L。

常压平幅汽蒸煮练设备的类型较多,按汽蒸箱形式不同有 J 形箱、履带式、轧卷式、叠卷式、翻板式和 R 形汽蒸箱。

1. 履带式汽蒸煮练

履带式汽蒸箱有单层和多层两种。平幅织物浸轧碱液后进入箱内,先经蒸汽预热,再经摆布装置疏松地堆置在多孔的不锈钢履带上,缓缓向前运行。与此同时,继续汽蒸加热。织物堆积的布层较薄,因此,横向折痕、所受张力和摩擦作用都比 J 形箱小。目前,一般稀薄、厚重和紧密织物都采用该设备。

履带式汽蒸箱除采用多孔不锈钢板载运织物外,还有用间距很小的小辊筒来载运织物,也可将导辊与履带组合起来,构成导辊—履带式汽蒸箱,箱体上方有若干对上下导布辊,下方有松式履带,箱底还可贮液,如图 1-1-5 所示。织物可单用导布辊(紧式加工)或单用履带(松式加工),也可导布辊和履带合用,所以该设备使用较灵活。另可用两排小辊筒代替不锈钢板,构成双层导辊汽蒸箱(图 1-1-6),这种设备的汽蒸作用时间可更长,更增大了灵活性。

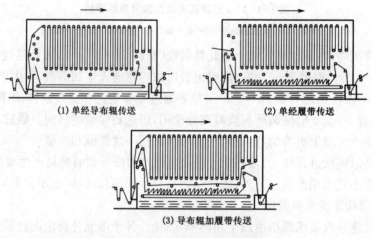

(1) 单经导布辊传送　　　　　　　　　(2) 单经履带传送

(3) 导布辊加履带传送

图 1-1-5　导辊-履带式汽蒸箱

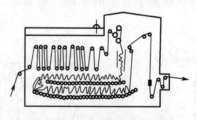

图 1-1-6　双层导辊汽蒸箱

2. R 形汽蒸煮练

R 形汽蒸箱如图 1-1-7 所示,它由半圆形网状输送带和中心圆孔辊组成。在网状输送带与圆孔辊之间有一支承板,开始进布时呈水平状态。受热织物经摆布装置按一定宽度规则地落下,堆置一定高度时,支承板即绕中心按逆时针方向逐渐转动,板上的织物有条不紊地堆置在网状输送带上,织物被圆孔辊和网状输送带夹持着前进。圆孔辊轴以下是煮沸溶液部分,可以贮放工作液或水,也可不放任何液体,对织物进行汽蒸。

R形汽蒸练漂机采用液体煮沸,煮练效果好,堆布整齐,出布顺利,但有时织物上仍有横档印产生。

(四) 高温高压平幅连续汽蒸煮练

高温高压平幅连续汽蒸练漂机由浸轧、汽蒸和平洗三部分组成,其设备如图1-1-8所示。这种设备的关键是织物进出的密封口,目前多用耐高温、高压和摩擦的聚四氟乙烯树脂。封口方式有两种:一种是辊封,即用辊筒密封织物进出口;另一种是唇封,即用一定压力的空气密封袋作封口,织物从加压的密封袋间隙摩擦通过。

棉织物浸轧 50 g/L 的烧碱液,在 132~138℃下汽蒸 2~5 min,半成品周转快,耗汽较省,可用于一般厚织物的加工。

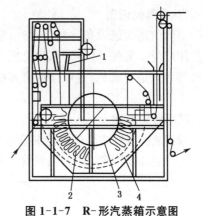

图 1-1-7　R-形汽蒸箱示意图

1—落布架　2—织物
3—中心圆孔辊　4—网状输送带

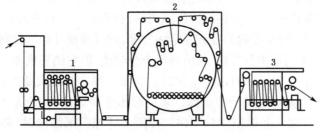

图 1-1-8　高温高压平幅连续汽蒸练漂机

1—浸轧槽　2—高温高压汽蒸箱　3—平洗槽

(五) 冷轧堆煮练

冷轧堆煮练的工艺流程是:室温下浸轧碱液→打卷→室温堆置→水洗。图1-1-9是冷轧堆工艺设备的示意图,首先将浸轧了工作液的织物在卷布器的布轴上打卷,再将布卷在室温下堆置 12~24 h,然后送至平洗机上水洗。为了防止布面风干,布卷要用塑料薄膜等材料包裹,并保持布卷在堆置期间一直缓缓转动,以避免布卷上部溶液向下部滴渗而造成加工不均匀。冷轧堆工艺的适应性强,可用于退浆、精练和漂白一步法的短流程加工或退浆后织物的精练和漂白一步法加工以及退浆和精练后织物的漂白加工。冷轧堆的前处理工艺将汽蒸堆置改为室温堆置,极大地节约了能源和设备的投资,而且适合于小批量和多品种的加工要求。但室温堆置时,工作液中化学剂的浓度比汽蒸堆置的高。

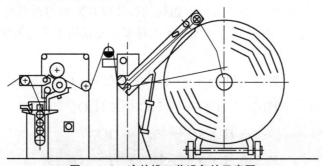

图 1-1-9　冷轧堆工艺设备的示意图

（六）其他设备

平幅汽蒸煮练设备除履带式外，还有叠卷式、翻板式、轧卷式等，但都不及履带式和 R 形箱使用广泛。另外，煮练常压卷染机、高温高压大染缸、常压溢流染色机、高温高压溢流喷射染色机等可以进行染色，也可以用来煮练，只要选用合适的工艺，就可以达到良好的煮练效果。

四、煮练效果评定

棉织物的煮练效果可用毛细管效应来衡量，即将棉织物的一端垂直浸在水中，测量 30 min 内水上升的高度。煮练时对毛细管效应的要求随品种而异，一般要求 30 min 内达到 8～10 cm。

第五节 漂 白

棉织物煮练后，杂质明显减少，吸水性有很大改善，但由于纤维上还有天然色素存在，其外观尚不够洁白，除少数品种外，一般还要进行漂白，否则会影响染色或印花色泽的鲜艳度。漂白的目的在于破坏色素，赋予织物必要和稳定的白度，同时保证纤维不受到明显的损伤。

棉纤维中天然色素的结构和性质，目前尚不十分明确，但它的发色体系在漂白过程中能被氧化剂破坏而达到消色的目的。目前用于棉织物的漂白剂主要有次氯酸钠、过氧化氢和亚氯酸钠，其工艺分别简称为氯漂、氧漂和亚漂。亚漂时由于释放出的 ClO_2 气体有毒，因而受到很大限制，目前国内仅用于亚麻织物的漂白。使用上述漂白剂漂白时，必须严格控制工艺条件，否则纤维会被氧化而受到损伤。

漂白方式有平幅或绳状、单头或双头、松式或紧式、连续或间歇之分，可根据织物品种的不同、漂白要求和设备情况制定不同的工艺。

一、过氧化氢漂白

（一）过氧化氢溶液性质

过氧化氢又名双氧水，是一种弱二元酸，在水溶液中电离成氢离子和过氧离子：

$$H_2O_2 \rightleftharpoons H^+ + HO_2^-$$

$$HO_2^- \rightleftharpoons H^+ + O_2^{2-}$$

在碱性条件下，过氧化氢溶液的稳定性很差，因此，商品双氧水加酸呈弱酸性。影响过氧化氢溶液稳定的因素还有许多，某些金属离子如 Cu、Fe、Mn、Ni 离子或金属屑以及酶和极细小的带有棱角的固体物质（如灰尘、纤维、粗糙的容器壁）等，都对过氧化氢的分解有催化作用。其中铜离子的催化作用比铁离子和镍离子大得多。亚铁离子对过氧化氢的催化分解反应如下：

$$Fe^{2+} + H_2O_2 \longrightarrow Fe^{3+} + HO \cdot + OH^-$$

$$H_2O_2 + HO \cdot \longrightarrow HO_2 \cdot + H_2O$$

$$Fe^{2+} + HO_2 \cdot \longrightarrow Fe^{3+} + HO_2^-$$

$$Fe^{3+} + HO_2 \cdot \longrightarrow Fe^{2+} + H^+ + O_2$$

过氧化氢溶液的分解产物有 HO_2^-、$HO_2\cdot$、$HO\cdot$ 和 O_2,其中 HO_2^- 是漂白的有效成分。分解产生的游离基,特别是活性高的 $HO\cdot$,会引起纤维的损伤。双氧水催化分解出的 O_2 无漂白能力,相反,如渗透到纤维内部,在高温碱性条件下,将引起棉织物的严重损伤。因此,用过氧化氢漂白时,为了获得良好的漂白效果,又不使纤维损伤过多,漂液中一定要加入一定量的稳定剂。水玻璃是最常用的氧漂稳定剂,其稳定作用佳,织物白度好,对漂白的 pH 值有缓冲作用,但处理不当会产生硅垢,影响织物的手感。目前出现了许多非硅稳定剂,主要成分是金属离子的螯合分散剂、高分子吸附剂等或它们的复配物,但非硅稳定剂的稳定作用和漂白效果尚待提高,它们与硅酸钠配合使用,可减少硅酸钠的用量。

(二) 过氧化氢漂白工艺

1. 轧漂汽蒸工艺流程

室温浸轧漂液(带液率 100%)→汽蒸(95～100℃, 45～60 min)→水洗。

含水玻璃的漂液组成:H_2O_2(100%)3～6 g/L,水玻璃(密度 1.4 g/cm³)5～10 g/L,润湿剂 1～2 g/L,pH 值 10.5～10.8。

由于水玻璃在高温汽蒸时易产生硅垢,在过氧化氢漂白液中可使用非硅酸盐系稳定剂,不含水玻璃的漂液组成:H_2O_2(100%)3～6 g/L,稳定剂 NC-604 4 g/L,精练剂 NC-602 1 g/L,pH 值 10～11。

连续汽蒸漂白常在平幅连续练漂机上进行,如履带箱等,间歇式的轧卷式练漂机也可采用。

2. 卷染机漂白工艺

在没有适当设备的情况下,对于小批量及厚重织物的氧漂,可在不锈钢的卷染机上进行。需要注意的是,蒸汽管也应采用不锈钢管。

工艺流程:冷洗 1 道→漂白 8～10 道(95～98℃)→热洗 4 道(70～80℃,2 道后换水一次)→冷洗上卷。漂白液组成:H_2O_2(100%)5～7 g/L,水玻璃(密度 1.4 g/cm³)10～12 g/L,润湿剂 2～4 g/L,pH 值 10.5～10.8。

3. 冷堆法漂白工艺

氧漂还可以采用冷堆法进行。冷堆法一般采用轧卷装置,布卷用塑料薄膜包覆以避免风干,并在一种特定设备上保持慢速旋转(5～7 r/min),防止工作液积聚在布卷的下层,造成漂白不匀。

工艺流程:室温浸轧漂液→打卷→堆置(14～24 h,30℃左右)→充分水洗。漂液组成:H_2O_2 (100%)10～12 g/L,水玻璃(密度 1.4 g/cm³)20～25 g/L,过硫酸铵 4～8 g/L,pH 值 10.5～10.8。

过氧化氢漂白还可采用间歇式的绳状染色机、溢流染色机进行。

过氧化氢对棉织物的漂白是在碱性介质中进行的,兼有一定的煮练作用,能去除棉籽壳等天然物质,因此对煮练的要求较低。

氧漂完成后,织物上残存的双氧水会对后续加工产生不良影响,如染色时破坏活性染料的结构,造成色浅、色花等染色疵病,因此漂白后要进行充分水洗,洗去织物上残存的双氧水。在采用溢流和喷射等染色机的间歇式浸漂工艺中,漂白后可以直接在漂白废液中加入过氧化氢酶,酶能在很短的时间内将残留的双氧水分解成水和氧气,可极大地缩短时间,减少用水量。

棉织物用过氧化氢漂白有许多优点,例如产品的白度较高,且不泛黄,手感较好,同时对退浆和煮练要求较低，便于练漂过程的连续化。此外，采用过氧化氢漂白无公害，可改善劳动条件，是目前棉织物漂白的主要方法。

二、次氯酸钠漂白

（一）次氯酸钠溶液性质

次氯酸钠是强碱弱酸盐，在水溶液中能水解，产生的 HClO 会电离，遇酸则分解：

$$NaClO + H_2O \rightleftharpoons NaOH + HClO$$

$$HClO \rightleftharpoons H^+ + ClO^-$$

$$2HClO + 2H^+ \rightleftharpoons Cl_2 + 2H_2O$$

次氯酸钠溶液中各部分含量随 pH 值而变化，次氯酸钠漂白的主要成分是 HClO 和 Cl_2，在碱性条件下，则是 HClO 起漂白作用。

次氯酸钠溶液的浓度用有效氯表示。所谓有效氯是指次氯酸钠溶液加酸后释放的氯气的数量，一般用碘量法测定。商品次氯酸钠含有效氯 10％～15％。

（二）次氯酸钠漂白工艺

1. 绳状连续轧漂工艺

绳状浸轧次氯酸钠溶液（有效氯 1～2 g/L，带液率 110％～130％）→J 形箱室温堆置（30～60 min）→冷水洗→轧酸（H_2SO_4 2～4 g/L，40～50℃）→堆置（15～30 min）→水洗→中和（Na_2CO_3 3～5 g/L）→温水洗→脱氯（硫代硫酸钠 1～2 g/L）→水洗。

2. 平幅连续轧漂工艺

平幅浸轧漂液（有效氯 3～5 g/L）→J 形箱平幅室温堆置（10～20 min）→水洗→脱氯→水洗。

3. 平幅连续浸漂工艺

平幅浸轧漂液（有效氯 3～5 g/L）→浸漂（有效氯 3～4 g/L，10 min）→浸漂（有效氯 1.5～2.5 g/L，10 min）→水洗→脱氯→水洗。

棉织物经次氯酸钠漂白后，织物上尚有少量残余氯，若不去除，将使纤维泛黄并脆损，对某些不耐氯的染料如活性染料也有破坏作用。因此，次氯酸钠漂白后必须进行脱氯，脱氯一般采用还原剂如硫代硫酸钠、亚硫酸氢钠和过氧化氢。

由于许多金属或重金属化合物对次氯酸钠具有催化分解作用，使纤维受损，其中钴、镍、铁的化合物的催化作用最剧烈，其次是铜。因此，漂白设备不能用铁质材料，漂液中也不应含有铁离子。一般氯漂用陶瓷、石料或塑料作加工容器。另外，次氯酸钠漂白应避免太阳光直射，防止次氯酸钠溶液迅速分解，导致纤维受损。

次氯酸钠漂白成本较低，设备简单，但对退浆、煮练的要求较高。另外，次氯酸钠中的有效氯会对环境造成污染，许多国家已规定废水中有效氯含量不能超过 3 mg/L，所以以后有可能会禁止使用氯漂。目前我国使用次氯酸钠漂白的工艺已不多，主要在麻类织物的漂白中使用。

三、漂白效果评定

1. 白度：用白度仪测定，85 以上为合格。

2. 织物受损伤的程度：测织物漂白前后的强力变化，虽比较直观，但不全面，织物可能存在潜在损伤。为能全面地反映棉纤维的受损情况，可测定纤维在铜氨溶液或乙二胺溶液中的黏度，或换算成聚合度，也可测定碱煮后织物强力变化（1 g/L NaOH，沸煮 1 h）。

四、增白

棉织物经过漂白以后，如白度未达到要求，除进行复漂进一步提高织物的白度外，还可以采用荧光增白剂进行增白。荧光增白剂能吸收紫外光线并放出蓝紫色的可见光，与织物上反射出来的黄光混合成为白光，从而使织物达到增白的目的。由于用荧光增白剂处理后织物反射光的强度增大，所以亮度有所提高。荧光增白剂的增白效果随入射光源的变化而变化，入射光中紫外线含量越高，效果越显著。但荧光增白剂的作用只是光学上的增亮补色，并不能代替化学漂白。

（1）增白工艺：棉织物二浸二轧含荧光增白剂 VBL0.5～3.0 g/L、pH 值 8～9、40～45℃ 的增白液，轧液率 70%，然后拉幅烘干。

（2）漂白与增白同浴工艺流程：二浸二轧漂白增白液（轧余率 100%）→汽蒸（100℃、60 min）→皂洗→热水洗→冷水洗。漂白增白液组成：H_2O_2（100%）5～7 g/L、水玻璃（密度 1.4 g/cm³）3～4 g/L、磷酸三钠 3～4 g/L、荧光增白剂 VBL 1.5～2.5 g/L、pH 值 10～11。

第六节　开幅、轧水、烘燥

练漂加工中，若棉织物以绳状进行，在丝光、染色、印花之前，织物必须由绳状展成平幅状态，故绳状织物要先开幅、轧水和烘燥。

一、开幅

将绳状织物展成平幅状态的工序叫开幅，在开幅机上进行。开幅机有立式和卧式两种，一般卧式使用较多。卧式开幅机使绳状织物处于水平状态下进行开幅。

（1）打手：绳状织物通过导布圈后先接触打手。打手是由转轴和两根稍呈弧形的铜管组成的，它与织物运行方向成反向高速回转。打手有用一个的，也有用两个的，双打手的两个平面成垂直相交状态，松展效果较好。织物在两个打手之间通过时受到打击而展成平幅。导布圈与打手之间的距离不少于 6 m。

（2）螺纹扩幅辊：织物经打手后至螺纹扩幅辊上得到平展。该辊由铜或硬橡胶制成，在其表面上具有自中心分向左右两边的螺纹，螺纹的箭头运行方向与织物运行方向相反。当织物在两根高速旋转的扩幅辊间穿过时，受到螺纹的摩擦，进一步将折皱展开。

（3）平衡导布器：织物平展后，运行很不稳定，可通过平衡导布器进行调整。平衡导布器由三根导布辊组成，中间的导辊中部下方有一垂直短轴，轴上装有平面轴承，因而导布器能绕此轴作水平的顺逆回转。在导布器左右两边装有限位螺丝，使导布器只能在一定的角度范围内旋转。

（4）牵引辊：已经开幅的棉布穿经两对木制辊筒，织物由木辊筒牵引前进，木辊筒由电动机经皮带轮而转动,织物经落布装置出机。

二、轧水

1. 轧水的作用

经练漂后的织物含有大量的水分,在烘燥前要经过轧水,它具有以下作用:

(1)较大程度地消除加工带来的褶皱,使布面经重压后获得平整,烘前进行轧水,使纤维更具可塑性,消除内应力。

(2)在流动水冲击及轧辊的挤压下,进一步去含杂。

(3)使含水一致,降低轧余率,利于烘干,提高效率。

织物轧水采用轧水机进行。

2. 轧水机组成

(1)机架、水槽:机架一般由生铁制成,用以承托各部件。水槽采用各种材料制成,如钢铁、不锈钢、木材或塑料,用来盛放水或其他工作液。槽内有导布辊数根,水槽安装在轧辊的下面。

(2)轧辊:是轧水机的主要部件。主动轧辊为硬辊,由硬橡胶或金属制成,由传动设备直接拖动;被动轧辊为软辊,由软橡胶或纤维经高压压制而成,由主动轧辊摩擦带动。硬软辊相间结合,织物在两个轧辊之间穿行,通常采用二浸二轧或一浸一轧。

(3)加压方式:有杠杆加压、油泵加压和气泵加压三种,尽量降低轧余率,使轧液均匀。

三、烘燥

目前的烘燥设备有烘筒烘燥机、红外线烘燥机、热风烘燥机三种。一般用烘筒烘燥机,安装紫铜烘筒或不锈钢烘筒,直径 570 mm,采用蒸汽加热,其两端是空心轴头,一头进汽,一头排水,出水端装有安全阀,防止吸瘪现象(筒内形成真空负压)。

第七节｜棉布丝光

所谓丝光,通常是指棉织物在一定张力作用下,经浓烧碱溶液处理,并保持所需要的尺寸,结果使织物获得丝一般的光泽。棉织物经过丝光后,其强力、延伸度和尺寸稳定性等物理机械性能有不同程度的变化,纤维的化学反应和对染料的吸附性能也有提高。因此,丝光已成为棉织物染整加工的重要工序之一,绝大多数的棉织物在染色前都要经过丝光处理。

一、丝光原理及丝光棉性质

1. 丝光原理

棉纤维在浓烧碱作用下生成碱纤维素,并使纤维发生不可逆的剧烈溶胀。其主要原因是钠离子体积小,不仅能进入纤维的无定形区,而且能进入纤维的部分结晶区;同时钠离子水化能力很强,周围有较多的水,其水化层很厚,当钠离子进入纤维内部并与纤维结合时,大量的水分也被带入,因而引起纤维的剧烈溶胀。一般来说,随着碱液浓度的提高,与纤维素结合的钠离子数增多,水化程度提高,因而纤维的溶胀程度相应增大。当烧碱浓度增大到一定程度后,水全部以水化状态存在,此时若继续提高烧碱浓度,对每个钠离子来说,能结合的水分子数量有减少的倾向,即钠离子的水化层变薄,因而纤维溶胀程度反而减小。

2. 丝光棉的性质

(1)光泽:所谓光泽是指物体对入射光的规则反射程度,也就是说,漫反射的现象越小,光泽越强。丝光后,由于不可逆的溶胀作用,棉纤维的横截面由原来的腰圆形变为椭圆形甚至圆形,胞腔缩为一点,整根纤维由扁平带状变成圆柱状。这样,对光线的漫反射减少,规则反射增加,因而光泽显著增强。

(2)定形作用:由于丝光是通过棉纤维的剧烈溶胀、纤维素分子适应外界条件进行重排来实现的,在这个过程中纤维原来存在的内应力减少,从而产生定形作用,尺寸稳定,缩水率降低。

(3)强度和延伸度:在丝光过程中,纤维大分子的排列趋向于整齐,取向度提高,同时纤维表面不均匀的变形被消除,减少了薄弱环节,外力作用由更多的大分子均匀分担,因此断裂强度有所增加,断裂延伸度则下降。

(4)化学反应性能:丝光棉纤维的结晶度下降,无定形区增多,而染料及其他化学药品对纤维的作用发生在无定形区,所以丝光后纤维的化学反应性能和对染料的吸附性能都有所提高。

二、丝光工艺

布铗丝光时,棉织物一般在室温下浸轧 $180\sim280$ g/L 的烧碱溶液(补充碱 $300\sim350$ g/L),保持带浓碱的时间控制在 $50\sim60$ s,并使经、纬向都受到一定的张力;然后在张力条件下冲洗去除烧碱,至每千克干织物上的带碱量小于 70 g 后,才可以放松纬向张力并继续洗去织物上的烧碱,使丝光后落布门幅达到成品门幅的上限,织物 pH 值为 $7\sim8$。

影响丝光效果的主要因素是碱液的浓度、温度、作用时间和对织物所施加的张力。

(1)烧碱浓度:烧碱溶液的浓度对丝光质量的影响最大,低于 105 g/L 时,无丝光作用;高于 280 g/L,丝光效果无明显改善。衡量棉纤维对化学药品吸附能力的大小,可用棉织物吸附氢氧化钡的能力——钡值来表示:

$$钡值 = \frac{丝光棉纤维吸附\ Ba(OH)_2\ 的量}{未丝光棉纤维吸附\ Ba(Oh)_2\ 的量} \times 100$$

一般丝光后棉纤维的钡值为 $130\%\sim150\%$。

棉织物在松弛状态下用不同浓度的烧碱溶液处理后的经向收缩和钡值变化如图 1-1-10 所示。从图中可知,单从钡值指标看,烧碱浓度达到 180 g/L 左右已经足够(钡值 150)。实际生产中,应综合考虑丝光棉各项性能和半制品的品质及成品的质量要求,确定烧碱的实际使用浓度,一般为 $260\sim280$ g/L。近年来一些新型设备采用的烧碱浓度较高,达到 $300\sim350$ g/L。

(2)温度:烧碱和纤维素纤维的作用是一个放热反应,提高碱液温度会减弱纤维溶胀的作

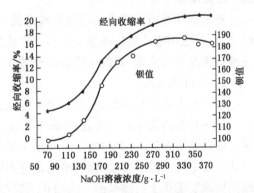

图 1-1-10　118142 棉织物练漂半制品经不同浓度烧碱溶液处理后的经向收缩率与钡值
(碱液处理温度 10 ℃)

用,从而降低丝光效果。所以,丝光碱液以低温为好。但实际生产中不宜采用过低的温度,因保持较低的碱液温度需要大功率的冷却设备和电力消耗;另一方面,温度过低,碱液黏度显著增大,使碱液难于渗透到纱线和纤维的内部,造成表面丝光。因此,实际生产中多采用室温丝光,夏天通常采用轧槽夹层中通入冷流水使碱液冷却。

(3)时间:丝光作用时间20 s基本足够,延长时间对丝光效果虽有增进,但作用并不十分显著。另外,作用时间与碱液浓度和温度有关,浓度低时,应适当延长作用时间,生产中一般采用50～60 s。

(4)张力:棉织物只有在适当张力的情况下防止织物的收缩,才能获得较好的光泽。虽然丝光时增加张力能提高织物的光泽和强度,但吸附性能和断裂延伸度有所下降,因此工艺上要适当控制丝光时经、纬向的张力,兼顾织物的各项性能。一般纬向张力应使织物门幅达到坯布幅宽,甚至略微超过,经向张力以控制丝光前后织物无伸长为好。

三、丝光工序

棉织物的丝光按品种不同可以采用原布丝光、漂后丝光、漂前丝光、染后丝光或湿布丝光等工序。

对于某些不需要练漂加工的品种如黑布、一些单纯要求通过丝光处理以提高强度、降低断裂伸长的工业用布以及门幅收缩较大、遇水易卷边的织物,宜用原布丝光,但丝光不易均匀。漂后丝光可以获得较好的丝光效果,纤维的脆损和绳状折痕少,是目前最常用的工序,但织物白度稍有降低。漂前丝光所得织物的白度及手感较好,但丝光效果不如漂后丝光,且漂白过程中纤维较易损伤,不适用于染色品种,尤其是厚重织物的加工。对某些容易擦伤或匀染性极差的品种,可以采用染后丝光。染后丝光的织物表面无染料附着,色泽较匀净,但废碱液有颜色。

棉织物丝光一般是将烘干、冷却的织物浸碱,即所谓的干布丝光。如果将脱水后未烘干的织物浸碱丝光,即湿布丝光。湿布丝光省去一道烘干工序,且丝光效果比较均匀。但湿布丝光对丝光前的轧水要求很高,要求带液率低且轧水均匀,否则将影响丝光效果。

四、丝光设备

棉织物丝光所用的设备有布铗丝光机、直辊丝光机和弯辊丝光机三种。阔幅织物用直辊丝光机,其他织物一般用布铗丝光机。弯辊丝光机由于在弯辊伸幅时容易使纬纱变成弧状,造成经纱密度分布不匀(布的中间经纱密度高,两边经纱密度低),目前已很少使用。

1. 布铗丝光机

布铗丝光机由轧碱装置、布铗链扩幅装置、吸碱装置、去碱箱、平洗槽等组成。

轧碱装置由轧车和绷布辊两部分组成,前后是两台三辊重型轧车,在它们中间装有绷布辊。前轧车用杠杆或油泵加压,后轧车用油泵加压。盛碱槽内装有导辊,实行多浸二轧的浸轧方式。为了降低碱液温度,盛碱槽通常有夹层,夹层中通冷流水冷却。为防止表面丝光,后盛碱槽的碱浓度高于前盛碱槽。为防止织物吸碱后收缩,后轧车的线速度略高于前轧车的线速度,给织物以适当的经向强力,绷布辊筒之间的距离宜近一些,织物沿绷布辊的包角尽量大一些,此外可加扩幅装置,织物从前轧碱槽至后轧碱槽历时约40～50 s。

布铗链扩幅装置主要由左右两排各自循环的布铗链组成。布铗链长度为14～22 m,左、右两条环状布铗链各自敷设在两条轨道上,通过螺母套筒套在横向的倒顺丝杆上,摇动丝杆便可调节轨道间的距离。布铗链呈橄榄状,中间大,两头小。为了防止棉织物的纬纱发生歪斜,左、右布铗长链的速度可以分别调节,将纬纱维持在正常位置。

当织物在布铗链扩幅装置上扩幅达到规定宽度后,将稀热碱液(70～80℃)冲淋到布面上,在冲淋器后面,紧贴在布的下面,有布满小孔或狭缝的平板真空吸水器,可使冲淋下的稀碱液透过织物。这样冲、吸配合(一般五冲五吸),有利于洗去织物上的烧碱。织物离开布铗时,布上碱液浓度低于 50 g/L。在布铗长链下面,有铁或水泥制的槽,可以贮放洗下的碱液,当槽中碱液浓度达到 50 g/L 左右时,用泵将碱液送到蒸碱室回收。

为了将织物上的烧碱进一步洗落,织物经过扩幅淋洗后进入洗碱效率较高的去碱箱。箱内装有直接蒸汽加热管,部分蒸汽在织物上冷凝成水,并渗入织物内部,起冲淡碱液和提高温度的作用。去碱箱底部成倾斜状,内部分成 8～10 格。洗液从箱的后部逆向逐格倒流,与织物运行方向相反,最后流入布铗长链下的碱槽中,供冲洗用。织物经去碱箱去碱后,每千克干织物的含碱量可降至 5 g 以下,接着在平洗机上进行热水洗,必要时用稀酸中和,最后将织物用冷水清洗。

2. 直辊丝光机

由进布装置、轧碱槽、重型轧辊、去碱槽、去碱箱与平洗槽等部分组成。

织物先通过弯辊扩幅器,再进入丝光机的碱液浸轧槽。碱液浸轧槽内有许多上下交替相互轧压的直辊,上面一排直辊包有耐碱橡胶,穿布时可提起,运转时紧压在下排直辊上;下排直辊为耐腐蚀和耐磨的钢管辊,表面车制有细螺纹,起到阻止织物纬向收缩的作用,下排直辊浸没在浓碱中。由于织物是在排列紧密且上下辊相互紧压的直辊中通过,因此强迫它不发生严重的收缩,接着经重型轧辊轧去余碱,而后进入去碱槽。去碱槽与碱液浸轧槽的结构相似,也是由上下两排直辊组成,下排直辊浸没在稀碱洗液中,以洗去织物上大量的碱液。最后,织物进入去碱箱和平洗槽以洗去残余的烧碱,丝光过程即告完成。

近年来布铗与直辊联用的丝光机使用较多,可取得令人满意的丝光效果。

五、热丝光

传统的丝光为冷丝光,碱液温度为 15～20℃,而热丝光的碱液温度为 60～70℃。前面已提到,烧碱与棉纤维的反应是一放热反应,提高碱液温度会降低纤维的溶胀程度,所以都采用冷碱丝光。但随着热丝光理论和工艺设备的发展以及生产实践的技术积累,热丝光工艺正在逐步得到人们的认可和应用。

棉纤维在浓烧碱溶液中发生不可逆的剧烈溶胀是棉织物获得性能改善的根本原因。提高碱液温度会降低纤维的溶胀程度,这是从热力学即反应平衡考虑的。但从动力学考虑,纤维的溶胀需要一定的时间。丝光时织物浸碱溶胀的时间很短,一般为 30～60 s,纤维的溶胀难以达到平衡。但提高温度可以加速纤维的溶胀,缩短达到平衡所需要的时间(当然,温度越高,平衡溶胀率越低)。

例如,在烧碱浓度为 320 g/L 时,20℃的平衡溶胀率为 115%,60℃的平衡溶胀率为 80%。在烧碱浓度为 250 g/L 时,漂白织物在 20℃时达到平衡溶胀需要 20 min,在 60℃时仅需要 2 min。退浆织物在 60 s 的时间内,60℃时的溶胀已达到平衡溶胀的 90%,而 15℃时的溶胀仅为平衡溶胀的 15%。

从碱液渗透的时间考虑,温度低时碱液黏度高,渗透时间长。如 60℃时的渗透时间仅为 15～20℃渗透时间的一半左右。

从纤维的溶胀均匀性来看,冷丝光时,棉纤维溶胀速度慢,但溶胀程度剧烈,纤维的直径增大较多,这一剧烈的溶胀增加了纱线边缘层的密度,阻碍了碱液向纱线芯层的渗透。冷的 NaOH 溶液黏度很高,也增加了向芯层扩散的阻碍。这一现象导致纱线芯层的丝光化程度低,光泽不如热丝光好。同时,由于纱线表面层纤维排列紧密,使织物的手感较硬。热丝光时 NaOH 溶液的温度为 60℃,棉纤维溶胀速度加快,但溶胀程度小,纤维直径增大的程度比冷丝光小,纱线边缘层密度没有冷丝光大,因而碱液向芯层的渗透较好。另外在 60℃时,NaOH 溶液的黏度大幅度降低,使碱液向芯层的扩散渗透更容易,芯层和外层的丝光程度一致,可以达到整个纱线截面的均匀丝光,从而使光泽提高。同时,由于纤维在纱线中排列较疏松,手感变得柔软。

因此,热丝光工艺与冷丝光工艺相比,具有光泽更好、手感柔软、染色均匀性获得提高(溶胀均匀)等特点。热丝光还可以加速溶胀,使浸碱溶胀时间缩短一半左右,可使设备单元变短,这已引起机械制造商的极大兴趣,热丝光机也应运而生。

六、液氨丝光

棉织物除用浓烧碱溶液丝光外,实际生产中也有采用液氨丝光的。液氨丝光是将棉织物浸轧在 -33℃的液氨中,在防止织物经、纬向收缩的条件下透风,再用热水或蒸汽除氨,将氨气回收。如图 1-1-11 所示。

(1) 优点:①织物手感柔软,强度、耐磨性能好;②织物弹性增加,尺寸稳定性、抗皱性好,特别适合于进行树脂整理的棉织物;③环境污染小(90%液氨可回收)。

(2) 缺点:①需要特殊的设备(回收系统、制冷系统);②一次性投资大,且生产成本高。

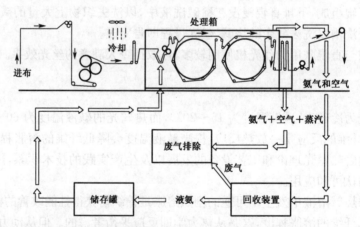

图 1-1-11   液氨丝光工艺流程及其回收装置示意图

七、丝光效果评定

(1) 光泽:光泽是衡量丝光织物外观效果的主要指标之一。目前,采用物理量的测量光泽仪虽有各种方式,如变用光度法、试样回转法、显微镜光泽度法、偏振光法等,但由于织物品种繁多,组织规格复杂,尚无统一的理想手段,故目前多用目测评定。

(2) 纤维的截面变化:将丝光棉纤维用哈氏切片器切片后(约 20 nm 厚),放在光学显微镜下观察,观察其横截面的变化情况。将纤维切片放在 400 倍普通复式显微镜上,利用显微镜标准尺度,测量椭圆形或圆形截面纤维的长、短轴长度,测量时取 45 根纤维,取其平均值进行计算。

$$椭圆度(a/b)=短轴/长轴$$

当椭圆度趋于 1 时,膨化最好,丝光效果也最好。

另外,根据圆形纤维分布情况,还可确定织物丝光的透芯程度,将织物中的纱线切片后观察,若接近圆形截面的纤维基本分布在周围外层,内层仍为腰圆形截面者,则该织物为表面丝光;若内层纤维与外层纤维一样,基本上都接近圆形截面者,则织物为透芯丝光。

(3) 吸附性能

① 钡值法:一种检验丝光效果的常用方法,钡值越高,表示丝光效果越好。通常本光棉布的钡值为 100,丝光后织物钡值常为 135~150,钡值在 150 以上表示棉纤维充分丝光。

② 碘吸收法:丝光程度越高,纤维膨化程度越大,吸收化学品的量也越多。和钡值法一样,把丝光程度不同的织物浸渍在碘液中,其吸碘量不同,表示丝光效果不同。

③ 碘沾污和染色测试法:采用钡值法和碘吸收法测定丝光效果虽然精确,但较麻烦,本法则较简单。通过比色,可定量地了解织物丝光效果。具体方法是将不同钡值(100~160)的织物,用一定浓度碘液或直接蓝 2B 染液处理制成一套色卡,然后用未知试样(丝光织物),从碘沾污和染色深度上与色卡对比,定量地评定丝光的钡值。

(4) 尺寸稳定性:通常用缩水率表示。尺寸稳定性表现在门幅的稳定和缩水率的降低上。

$$缩水率(\%)=\frac{试前实测长-试后实测长}{试前实测长}\times100$$

印染厂测定织物缩水率有两种方法,一是机械缩水法,另一种是浸渍缩水法。测量处理前、后织物的长度变化,通过公式计算缩水率。

第八节　高效短流程工艺

退浆、煮练、漂白三道工序并不是截然隔离的,而是相互补充的,如碱退浆的同时有去除天然杂质、减轻煮练负担的作用,煮炼有退浆作用且对提高白度有好处,漂白也有去杂的作用。传统的三步法前处理工艺稳妥,重现性好,但机台多,能耗大,时间长,效率低。从降低能耗、提高生产效率出发,可以把三步法前处理工艺缩短为二步或一步,这种工艺称为短流程前处理工艺。由于短流程前处理工艺把前处理练漂工序的三步变为二步或一步,原来三步中除去的浆料、棉蜡、果胶质等杂质集中在一步或二步中去除,因此必须采用强化方法,提高烧碱和双氧水用量。与常规氧漂工艺相比,OH⁻ 浓度要提高 100 倍以上,双氧水用量要提高 2.5~3 倍,同时需添加各种高效助剂。因此,短流程前处理工艺,一方面对棉蜡的乳化、油脂的皂化、半纤维素和含氮物质的水解、矿物质的溶解及浆料和木质素的溶胀十分有利,另一方面双氧水在强碱浴中的分解速率显著提高,增大了棉纤维损伤的危险性。所以,需严格掌握工艺条件。

一、二步法前处理工艺

二步法前处理工艺分为织物先经退浆再经碱氧一浴煮漂和织物先经退煮一浴再经常规漂

白两种工艺。

1. 织物先经退浆再经碱氧一浴煮漂工艺

这种工艺,由于碱氧一浴中碱的浓度较高,易使双氧水分解,需选用优异的双氧水稳定剂。另外,这种工艺的退浆和随后的洗涤必须充分,以最大限度地去除浆料和部分杂质,减轻碱氧一浴煮漂的负担。这种工艺适用于含浆较多的纯棉厚重紧密织物,其工艺流程举例如下(纯棉厚织物):

轧退浆液后打卷常温堆置 3～4 h[亚溴酸钠(以有效溴计)1.5～2 g/L, NaOH 5～10 g/L, PD-820 3～5 g/L]→95℃以上高效水洗→浸轧碱氧液(100%双氧水 15 g/L, 100% NaOH 25～30 g/L,稳定剂 15 g/L, PD-820 8～10 g/L,渗透剂 8～10 g/L)→履带汽蒸箱 100℃汽蒸 60 min→高效水洗→烘干。

2. 织物先经退煮一浴再经常规漂白工艺

这种工艺将退浆与煮练合并,然后漂白。由于漂白为常规工艺,对双氧水稳定剂的要求不高,一般稳定剂都可使用。而且,由于这种工艺中碱的浓度较低,双氧水分解速度相对较慢,对纤维的损伤较小。但浆料在强碱浴中不易洗净,会影响退浆效果,因此,退浆后必须充分水洗。这种工艺适用于含浆不多的纯棉中薄织物和涤/棉混纺织物,其工艺流程举例如下:

浸轧碱氧液及精练助剂→R 形汽蒸箱 100℃汽蒸 60 min 进行退煮一浴处理→90℃以上高效水洗→浸轧双氧水漂液(pH 值 10.5～10.8)→L 形汽蒸箱 100℃汽蒸 50～60 min→高效水洗。

二、一步法前处理工艺

一步法前处理工艺是将退浆、煮练、漂白三个工序并为一步,采用较高浓度的双氧水和烧碱,再配以其他高效助剂,通过冷轧堆或高温汽蒸加工,使半制品质量满足后加工要求。其工艺分为汽蒸一步法和冷堆一步法两种。

退煮漂汽蒸一步法工艺由于在高浓度的碱和高温条件下进行,易造成双氧水快速分解,引起织物过度损伤。而降低烧碱或双氧水浓度,会影响退煮效果,尤其对重浆和含杂量大的纯棉厚重织物有一定难度。因此,这种工艺适用于涤/棉混纺织物和轻浆的中薄织物。

冷堆一步法工艺是在室温条件下的碱氧一浴法工艺,由于温度较低,尽管碱浓度较高,但双氧水的反应速率很慢,故需长时间的堆置才能使反应充分进行,使半制品达到质量要求。冷堆工艺的碱氧用量要比汽蒸工艺高 50%～100%。由于作用条件温和,对纤维的损伤相对较小,因此该工艺广泛适用于各种棉织物。

棉织物冷轧堆一步法工艺举例如下:

1. 工艺流程

浸轧碱氧液(常温下二浸二轧,轧余率 100%～110%)→打卷,室温转动堆置(4～5 r/min, 25 h)→98℃以上热碱处理→高效水洗→烘干。

2. 工艺条件

(1)冷轧堆浸轧液组成:NaOH(100%)46～50 g/L, H_2O_2(100%)16～20 g/L,水玻璃 14～16 g/L,精练剂 10 g/L,渗透剂 2 g/L。

(2)热碱洗液组成:NaOH(100%)18～28 g/L,煮练剂 5 g/L。

冷堆后必须加强热碱处理,以提高氧化裂解后的浆料、果胶质、蜡质等杂质在碱溶液中的溶解度,并促使这些杂质在碱性溶液中进一步水解、皂化和去除,提高织物的毛效和白度。

第二章

棉织物染色

第一节 染色基础知识

一、概述

染色指使纺织品获得一定牢度的颜色的加工过程。染料对纤维的染色是利用染料与纤维发生物理化学或化学的结合，或者用化学方法在纤维上生成颜料，从而赋予纺织品一定的颜色。

染色色泽的均匀性、坚牢度、鲜艳度等通常是衡量染品质量优劣的主要指标。其中，色泽均匀性又称染色匀染性，是指染料在纤维上分布的均匀程度。染料在纤维上分布越均匀，则染色匀染性越好，否则会出现色差（如表面色差、正反色差、里表色差等）或色花。色泽坚牢度又称染色色牢度，是指染料在纤维上固着力和稳定性的大小。染料在纤维上固着力和稳定性越大，则染色色牢度越高，否则染品会出现褪色或变色现象。色泽鲜艳度又称色泽的饱和度或纯度，是指色泽中染料光谱色含量的大小。色泽中染料光谱色含量越大，则色泽越鲜艳，否则色泽萎暗。

二、染料基础知识

（一）染料概述

染料是指能使纤维染色的有色有机化合物，但并非所有的有色有机化合物都可作为染料。染料对所染的纤维要有亲和力，并且有一定的染色牢度。有些有色物质不溶于水，对纤维没有亲和力，不能进入到纤维内部，但能靠黏着剂的作用机械地黏着于织物上，这种有色物质称为颜料。颜料和分散剂、吸湿剂、水等进行研磨制得涂料，涂料可用于染色，但更多的是用于印花。有些染料在应用时还不能称为染料，但可在染色过程中在纤维中化合而生成色淀，如不溶性偶氮染料。

染料可用于棉、毛、丝、麻及化学纤维等的染色，但不同的纤维所用的染料有所不同。纺织纤维的染色，主要用水作为染色介质，所用的染料大都能溶于水，或通过一定的化学处理转变为可溶于水的衍生物，或通过分散剂的分散作用制成稳定的悬浮液，然后进行染色。

（二）染料的分类

染料的分类方法有两种，一种是根据染料的性能和应用方法进行分类，称为应用分类；另一种是根据染料的化学结构或其特性基团进行分类，称为化学分类。

按照应用分类法用于纺织品染色的染料主要有：直接染料、活性染料、还原染料、可溶性还原染料、硫化染料、不溶性偶氮染料、酸性染料、酸性媒染染料、酸性含媒染料、阳离子染料、分散染料等。

根据化学分类的方法，染料的主要类别有偶氮染料、蒽醌染料、靛类染料、三芳甲烷染料等。偶氮染料分子结构中含有偶氮基团（ —N═N— ），这类染料的品种最多，约占60%，包括直接、酸性、活性和分散等染料。蒽醌染料结构中含有蒽醌基本结构，在数量上仅次于偶氮染料，包括酸性、分散、活性、还原等染料。一般来说，蒽醌类染料的日晒牢度比偶氮类高，价格较贵。

各类纤维各有其特性，应采用相应的染料进行染色。纤维素纤维可用直接染料、活性染料、还原染料、可溶性还原染料、硫化染料、不溶性偶氮染料等进行染色；蛋白质纤维（羊毛、蚕丝）和锦纶可用酸性染料、酸性媒染染料、酸性含媒染料等染色；腈纶可用阳离子染料染色；涤纶主要用分散染料染色。但一种染料除了主要用于一类纤维的染色外，有时也可用于其他纤维的染色，如直接染料也可用于蚕丝的染色，活性染料也可用于羊毛、蚕丝和锦纶的染色，分散染料也可用于锦纶、腈纶的染色。

（三）染料的命名

染料的品种很多，每种染料根据其化学结构都有一个化学名称。但大多数染料是结构复杂的有机化合物，如按照其结构命名，名称十分复杂，不能反映染料的颜色和应用性能。另外，商品染料并不是纯物质，还含有同分异构体、填充剂、盐类、分散剂等，有些染料的结构尚未公布，无法用化学名称进行命名。

国产的商品染料采用三段命名法命名：第一段为冠首，表示染料的应用类别；第二段为色称，表示染料染色后呈现的色泽的名称；第三段为字尾，用数字、字母表示染料的色光、染色性能、状态、用途、纯度等。

如活性红3B，"活性"是冠首，表示活性染料；"红"是色称，说明染料在纤维上染色后所呈现的色泽是红色；"3B"是字尾，"B"说明染料的色光是蓝的，"3B"比"B"更蓝，这是个蓝光较大的红色染料。

在染料的名称中往往有百分数，如50%、100%、200%，它表示染料的强度或力份。染料强度是一个比较值，不是染料含量的绝对值，它是将染料标准品的力份定为100%，其他染料的浓度与之相比，所得染料相对浓度的大小。在相同染色条件下，染相同浓淡程度的色泽时，若所需要的染料量为标准品染料用量的0.5倍，则染料的力份为200%；若所需要的染料量为标准品染料用量的2倍，则染料的力份为50%。

（四）染色牢度

染色产品的色泽应鲜艳、均匀，同时必须具有良好的染色牢度。染色牢度是指染色产品在使用过程中或染色以后的加工过程中，在各种外界因素的作用下，能保持其原来色泽的能力（或不褪色的能力）。保持原来色泽的能力低，即容易褪色，则染色牢度低，反之，称为染色牢度高。染色牢度是衡量染色产品质量的重要指标之一。染色牢度的种类很多，随染色产品的用途和后续加工工艺而定，主要有耐晒牢度、耐气候牢度、耐洗牢度、耐汗渍牢度、耐摩擦牢度、耐升华牢度、耐熨烫牢度、耐漂牢度、耐酸牢度、耐碱牢度等,此外,根据产品的特殊用途,还有耐海水牢度、耐烟熏牢度等。

染料在某一纤维上的染色牢度,在很大程度上取决于它的化学结构。此外,染料在纤维上的状态(如染料的分散或聚集程度、染料在纤维上的结晶形态等)、染料与纤维的结合情况、染色方法和工艺条件等对染色牢度都有很大的影响。染色后充分洗除浮色或进行固色处理,对提高染色牢度有利。同一染料在不同纤维上的染色牢度不同,这主要是由于染料在不同纤维上所处的物理状态以及染料与纤维的结合牢度不同。如还原染料在纤维素纤维上的日晒牢度很好,但在锦纶上很差。染色牢度的高低还与被染物的色泽浓淡有关,例如浓色产品的耐日晒牢度比淡色的高,而摩擦牢度的情况则与此相反。

染色牢度的评价,一般是模拟服用、加工、环境等实际情况,制定了相应的染色牢度测试方法和染色牢度标准。由于实际情况很复杂,这些试验方法只是一种近似的模拟。根据试验前后试样颜色的变化情况,与标准样卡或蓝色标样进行比较,得到染色牢度的等级。染色牢度一般分为五级,如皂洗、摩擦、汗渍等牢度,一级最差,五级最好;日晒牢度、气候牢度分为八级,一级最差,八级最好。

染色产品的用途不同,对染色牢度的要求不同。具有全面染色牢度的染料往往价格较高或染色方法复杂,应针对染色产品的不同牢度要求,选择既实用又经济的染料。例如,作为内衣的织物与日光接触的机会很少,洗涤的机会很多,因此它的耐洗牢度必须很好,而日晒牢度的要求并不高;夏季服装面料则应具有较高的耐晒、耐洗和耐汗渍牢度。

(五) 禁用染料

在染料品种中,某些染料或染料的分解产物含有对人体具有致癌性、过敏性、致畸性等危害性作用的物质,属于禁用染料。

致癌染料是指未经还原等化学变化即能诱发人体癌变的染料,其中 C. I. 碱性红 9 早在 100 多年前就已被证实与男性膀胱癌的发生有关。目前已知的致癌染料有 12 种,如 C. I. 酸性红 26、C. I. 酸性红 114、C. I. 直接蓝 6、C. I. 直接棕 95、C. I. 碱性黄 2、C. I. 分散蓝 1 等。致癌染料在纺织品上绝对禁用。

有些偶氮染料本身并无致癌性,但染料被人体吸收后,人体内的还原性酶会引起染料的还原分解,其分解产物中含有对人体具有致癌作用的芳香胺。

还有一些染料从化学结构上看不存在致癌的芳香胺,但由于在染料的合成过程中,中间体及副产物的分离、去除不彻底,使染料中含有致癌芳香胺物质,这类染料也属禁用染料。

1994 年德国政府首次以立法的形式,禁止使用可以通过一个或多个偶氮基分解而形成 MAK(Ⅲ)A1 及 A2 组芳胺类的偶氮染料,其中 MAK(Ⅲ)A1 组为对人体有致癌性的物质;MAK(Ⅲ)A2 组为对动物有致癌性、对人体有致癌危险性的物质。A1 组包括 4 种芳胺:4-氨基联苯、联苯胺、4-氯-2-甲基苯胺和 2-萘胺。A2 组包括 16 种芳胺,如:2-氨基-4-硝基甲苯、2,4-二氨基苯醚、4,4'-二氨基二苯甲烷等。

除上述 20 种芳香胺外,欧共体还将对氨基偶氮苯和邻氨基苯甲醚 2 种芳香胺作为可疑致癌物。

目前的禁用染料主要是含有上述 22 种致癌芳香胺或在还原条件下可分解放出致癌芳香胺的偶氮染料。德国首批禁用的染料有 118 种,它们都是以有毒芳香胺作为重氮组分的偶氮染料,这类染料经还原分解后仍能得到原来的芳香胺。含致癌芳香胺的禁用染料多数为直接染料，如德国禁用的染料中，直接染料有 77 种，酸性染料有 26 种，分散染料有 6 种。此外，禁用染料还包括使人体过敏的致敏染料，Oeko-Tex Standard 100 将 19 种分散染料定为致敏染料，应避免使用。

自从德国颁布禁用染料法令后，世界上许多国家也纷纷开始禁止使用含有致癌芳胺的染料。目前禁用染料已成为国际纺织品与服装贸易中最重要的检测项目之一，也是生态纺织品最基本的质量指标之一。

三、染色过程

所谓上染，就是染料舍染液（或介质）而向纤维转移，并使纤维染透的过程。染料上染纤维的过程大致可分为三个阶段：(1)染料从染液向纤维表面扩散，并上染纤维表面，这个过程称为吸附；(2)吸附在纤维表面的染料向纤维内部扩散，这一过程称为扩散；(3)染料固着在纤维内部。

上染过程的三个阶段是很复杂的，既有联系又有区别，并相互制约。

1. 染料的吸附

染料要上染纤维，必须首先离开染液而向纤维表面转移，即能吸附在纤维表面。染料能对纤维发生吸附，主要是由于染料和纤维之间具有吸引力，这种吸引力主要由分子间作用力构成，包括范德华力、氢键和库仑力等。

染料的吸附是一个可逆过程，在上染过程中吸附和解吸同时进行，已上染到纤维上的染料会解吸而扩散到染液中，然后重新被吸附到纤维的另一部分，如此反复有利于染色的均匀。染色初期，染液中的染料浓度较高，纤维上的染料浓度较低，染料的吸附速率较快，解吸速率较慢，纤维上的染料量逐渐增加。随着上染的进行，染液中的染料浓度逐渐降低，纤维上的染料浓度逐渐提高，染料的吸附速率逐渐降低，解吸速率逐渐增高，最后染料的吸附速率和解吸速率相等，吸附达到平衡。染料在纤维上的吸附受多种因素如染色温度、染液 pH 值、电解质和助剂等的影响。

染料在纤维上的吸附是否均匀，对最终染色是否均匀有很大影响。为了保证染料的吸附均匀，要求被染物的染前处理，如退浆、煮练、丝光、热定形等加工过程均匀；染色时，要求染液中各处的染化料浓度、温度等均匀。染料对纤维的吸附速率过快，易造成染色不匀。

2. 染料的扩散

当染料分子被吸附在纤维表面后，染料在纤维表面的浓度高于在纤维内部的浓度，使染料向纤维内部扩散。染料在纤维中的扩散速率比染料在纤维上的吸附速度慢得多，因此，扩散是决定染色速度的关键阶段。染料的扩散速率高，染透纤维所需的时间短，有利于减少因纤维微结构的不均匀或染色条件不当造成吸附不匀的影响，从而获得染色均匀的产品。因此，染色时提高染料的扩散速率具有重要的意义。

染料的扩散性能一般用扩散系数表示。扩散系数大的染料，其扩散速率高，染色时容易得到均匀的染色产品。染料的扩散系数与染料的结构、纤维的结构、染料直接性（或亲和力）、染色温度、纤维溶胀剂等有关。染料的扩散和吸附一样，也是可逆过程，染色进行到一定时间后，吸附和扩散都会达到平衡，此时染色达到平衡，纤维上的染料量不再增加。达到染色平衡时的上染百分率称为平衡上染百分率，它是在规定条件下所能达到的最高上染百分率。在恒温染色条件下，染料的上染百分率随染色时间的变化曲线叫上染速率曲线。上染百分率达到平衡上染百分率一半所需的染色时间,称为半染时间。半染时间是染料的一个重要性能指标,半染时间短,表示染料的染色速率快。染料拼色时,应选用半染时间相近的染料,否则,所染产品的色泽会因染色温度和时间的不同而有差异。

3. 染料在纤维中的固着

染料在纤维中的固着是上染的最后阶段。这一阶段进行较快,它对染色牢度的影响很大。染料与纤维主要通过范德华力、氢键、离子键和共价键结合。染料和纤维结合牢固,可获得较高的染色牢度。

有些染料和纤维的结合可以在上染的同时进行,这类染料的染色过程只有吸附和扩散;有的染料在上染以后,还要经过固色处理,以提高染色牢度,如直接染料;有的染料在上染后,要经化学处理,使染料固着在纤维上,染色才能完成,如活性染料。

四、染色方法及常用染色设备

(一) 染色方法

染色方法按纺织品的形态不同,主要有散纤维染色、纱线染色、织物染色三种。散纤维染色多用于混纺织物、交织物和厚密织物所用的纤维;纱线染色主要用于纱线制品和色织物或针织物所用纱线的染色;织物染色应用最广,被染物可以是机织物或针织物,可以是纯纺织物或混纺织物。除上述方法外,还有原液着色、成衣染色等方法。原液着色是在纺丝液中加入颜料,制成有色原液,然后进行纺丝,从而得到有色纤维的加工方法。原液着色产品的牢度较好,对环境污染少。用染色方法难以染色的合成纤维,可采用原液着色的方法得到有色纤维,如丙纶着色纤维。所谓成衣染色是指将纺织品制成衣服后再染色。成衣染色最初多用于衣服的复染及改色,由于人民生活水平的提高,目前在这方面的应用已很少,而白坯成衣的染色,因其能适应市场快速变化的特点而发展较快。成衣染色的主要优点是可小批量生产,交货时间短,能适应市场的变化,而且成衣染色的产品具有柔软、膨松、手感好、不缩水的特点。

根据把染料施加于被染物和使染料固着在纤维中的方式不同,染色方法可分为浸染(或称竭染)和轧染两种。

1. 浸染

浸染是将纺织品浸渍在染液中,经一定时间使染料上染纤维并固着在纤维中的染色方法。浸染时,染液及被染物可以两种同时循环,也可以只有一种循环。浸染适用于散纤维、纱线、针织物、真丝织物、丝绒织物、稀薄织物、毛织物、网状织物等不能经受张力或压轧的染物的染色。浸染一般是间歇式生产,生产效率较低。浸染时被染物重量(kg)和染液体积(L)之比叫做浴比。浴比的大小对染料的利用率、能量消耗和废水量等都有影响,一般来说,浴比大对匀染有利,但会降低染料的利用率和增加废水量。浸染时,染料用量一般用对纤维重量的百分数(o. w. f.)表示,称为染色浓度。浸染时,染液的温度和染化药剂的浓度应均匀,否则会造成染色不匀。

2. 轧染

轧染是将织物在染液中浸渍后用轧辊轧压,将染液挤入纺织品的组织空隙中,同时将织物上多余的染液挤除,使染液均匀地分布在织物上,再经过汽蒸或焙烘等后处理使染料上染纤维的过程。浸轧液要求均匀,以得到均匀的染色效果。浸轧方式一般有一浸一轧、一浸二轧、二浸二轧、多浸一轧等形式,根据织物、设备、染料等情况而定。浸轧时织物的带液率一般宜低些,带液率过高,织物不易烘干,而且容易造成染料泳移,导致染色不匀。所谓泳移是指浸轧染液后的织物在烘干过程中,织物上的染料随水分的移动而移动的现象。泳移产生的染色不匀,在以后的加工过程中无法纠正。为减少染料的泳移,烘干时可先用红外线预烘,然后再用热风烘燥或烘筒烘燥。轧染是连续染色加工,生产效率高,但被染物所受张力较大,通常用于机织物的染色。丝束和纱线有时也用轧染染色,但不能经受张力或压轧的织物不宜采用轧染。轧染适合于大批量织物的染色。

(二) 染色设备

染色设备是染色的必要手段,对于染色时染料的上染速度、匀染性、染料的利用率、染色操作、劳动强度、生产效率、能耗和染色成本等都有很大的影响。染色设备应具有良好的性能,应将被染物染匀、染透,同时不损伤纤维或不影响纺织品的风格。

染色设备的类型很多,按被染物的状态不同,可分为散纤维、纱线、织物染色设备三类。

1. 散纤维染色机

这种设备所染纺织物的形态为散纤维、纤维条。散纤维染色可得到匀透、坚牢的色泽。由于散纤维容易散乱,所以一般采用被染物添装而染液循环的染色机。羊毛纤维以毛条状态在毛条染色机内染色较为普遍。

散纤维染色机是间歇式加工设备,换色方便,适宜于小批量生产,主要用于混纺织物或交织物所用纤维的染色。散纤维染色大都采用吊筐式染色机,如图1-2-1所示。

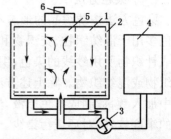

图1-2-1　吊筐式散纤维染色机

1—吊筐　2—染槽　3—循环泵
4—贮液槽　5—中心管　6—槽盖

染色前,将散纤维置于吊筐1内,外围及中心管上布满小孔的吊筐装入染槽,拧紧槽盖6,染液借循环泵的作用,自贮液槽输至吊筐的中心管流出,通过纤维与吊筐外壁,回到中心管形成染液循环,进行染色。染液也可作反向流动。染毕,将残液输送至贮液槽,放水环流洗涤。最后将整个吊筐吊起,直接放置于离心机内,进行脱水。

2. 纱线染色机

纱线根据其形状有绞纱(包括绞丝、绒线)、筒子纱、经轴纱等。纱线染色产品主要供色织用。纱线染色机根据加工产品的不同,可分为绞纱染色机、筒子纱染色机、经轴染纱机和连续染纱机。毛线染色一般多采用旋浆式绞纱染色机,绞丝的染色可采用喷射式绞纱染色机。涤纶及其混纺纱可采用高温高压绞纱染色机。连续染纱机适宜大批量的低线密度的纱、线或带的染色。筒子纱、经轴纱采用

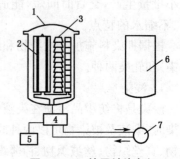

图1-2-2　筒子纱染色机

1—染槽　2—筒子架　3—筒子纱
4—循环泵　5—循环自动换向装置
6—贮液槽　7—加液泵

筒子纱染色机、经轴纱染色机,染色后可直接用于织造,比绞纱染色的工序简单。图1-2-2为筒子纱染色机。

染色前,纱线先卷绕在由不锈钢或塑料制成的筒管上。筒管有各种形状,如柱状、锥状等。染色时,将筒子纱安装在筒子架上,先用水使纱线均匀湿透,除尽纱线内的空气,然后将染液从贮液槽籍加液泵送入染槽,染液自筒子架内部喷出,穿过筒子纱层流入贮液槽。

染色一定时间后,通过循环泵由循环自动换向装置使染液作反向流动。染毕,排去残染液,清洗筒子纱。

3. 织物染色机　常用的染色设备有绳状染色机、常温溢流染色机、高温染色机等绳状染色设备和经轴平幅染色机等。

(1)绳状染色机:是织物绳状浸染设备,如图1-2-3所示。染色时,织物所受张力较小,多用于毛、丝、黏胶纤维织物的染色。染色前,将染料溶液倒入加液槽流至染槽1中。染色时,织物经椭圆形主动导布辊2的带动送至染槽中,在染槽中向前自由推动,逐渐染色。然后穿过分布档4,通过导布辊继续运转,直至染成所需色泽。染毕,织物由导布辊2导出机外。

(2)常温溢流染色机:如图1-2-4所示。染色时,绳状织物在储布槽1的前部由提升滚筒2提起后送进溢流喷嘴4,通过喷嘴中的染液带动织物穿过独特的摆布装置,不断作横向摆动折叠在储布槽的后部。织物沿着富有平滑性的底部,在重力和循环泵吸力的作用下,滑移到储布槽前部。在整个染色过程中,织物重复循环,完成染色。这种设备配置有可调节的溢流喷嘴和无级变速的提升滚筒,织物与染液可以接近的同步速度运行,可避免织物起毛和变形磨损。

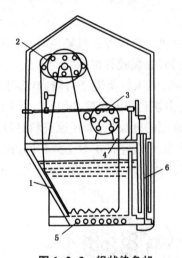

图1-2-3　绳状染色机

1—染槽　2—主动导布辊　3—导辊
4—分布档　5—蒸汽加热管　6—加液槽

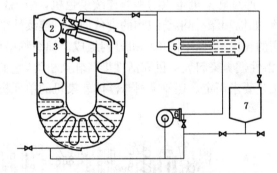

图1-2-4　常温溢流染色机

1—储布槽　2—提升滚筒　3—织物打结报警装置
4—超低压溢流喷嘴　5—过滤器及热交换器
6—循环泵　7—加料桶

(3)高温染色机如图1-2-5所示。染色时,绳状织物由无级变速辊筒2提升并输送至超低压溢流喷嘴3,被超低压染液包裹,经输布管流向储布槽4尾部,然后有节奏地向储布槽4前部推进,如此循环,直至完成整个染色过程。

高温染色机的最高染色温度可达到140℃,适用于含涤纶织物的染色;也可以在常温下进行染色,因此,也适用于其他织物的染色。

(4)卷染机是织物平幅浸染设备,常用于多品种、小批量棉或黏胶纤维织物的染色。染色前,先将需染色的布卷放在布卷支架4上,然后卷绕到卷布辊3上,如图1-2-6所示。染色时,白布进入染缸浸渍染液后,带染液被卷到另一卷布辊上,直到织物接近卷完,称为第一道。然后两根卷布辊反向旋转,织物重新入染缸进行第二道染色。在布卷的卷绕过程中,由于布层间的相互挤压,染料逐渐渗入织物,并向纤维内部扩散。织物染色道数由染色织物的色泽浓淡决定。染毕,放去染液,进水清洗织物。两根卷布辊中,退卷的一根为被动辊,卷布的一根为主动辊。染槽底部有直接蒸汽或间接蒸汽加热管。

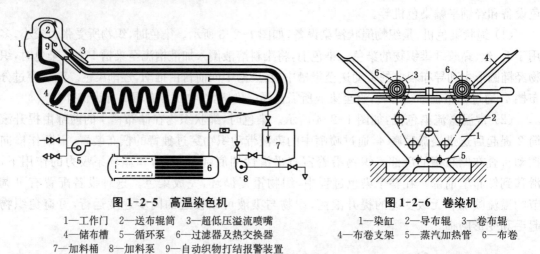

图 1-2-5   高温染色机

1—工作门   2—送布辊筒   3—超低压溢流喷嘴
4—储布槽   5—循环泵   6—过滤器及热交换器
7—加料桶   8—加料泵   9—自动织物打结报警装置

图 1-2-6   卷染机

1—染缸   2—导布辊   3—卷布辊
4—布卷支架   5—蒸汽加热管   6—布卷

调头和停车都可以自动控制的染色机,称为自动卷染机。自动卷染机染色时,两根卷布辊均为主动辊,织物所受张力较小,适宜于湿强力较低的织物,如黏胶纤维织物的染色。

(5)连续轧染机是织物平幅连续染色机,生产效率高,但织物所受张力较大,多用于大批量织物,如棉和涤/棉混纺织物的染色加工。连续轧染机由多台单元机联合组成。不同染料染色适用的轧染机,由不同单元机排列组成。棉织物染色常用的轧染机,如还原染料悬浮体轧染机、不溶性偶氮染料轧染机和活性染料轧染机等,它们的单元机组成并不完全相同,按各自的染色工艺要求而定。还原染料悬浮体轧染机的单元机组成如图 1-2-7 所示。

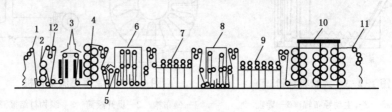

图 1-2-7   还原染料悬浮体连续轧染机

1—进布架   2—三辊轧车   3—红外线预烘机   4—单柱烘筒   5—升降还原槽   6—还原蒸箱
7—氧化平洗槽   8—皂煮蒸箱   9—皂洗、热洗、冷水槽   10—三柱烘筒   11—落布架   12—松紧调节架

织物轧染时常用两辊或三辊轧车,使织物浸轧染液。带染液织物先用红外线预烘,再用烘筒(或热风)烘干,然后织物进入蒸箱还原汽蒸,使染料向纤维内部扩散,最后,织物经氧化、皂煮和水洗处理。

第二节｜活性染料染色

一、概述

活性染料是水溶性染料，分子中含有一个或一个以上的反应性基团（俗称活性基团），在适当条件下，能与纤维素纤维中的羟基、蛋白质纤维及聚酰胺纤维中的氨基等发生反应而形成共价键结合。活性染料也称为反应性染料。

活性染料制造较简便，价格较低，色泽鲜艳度好，色谱齐全，一般无需与其他类染料配套使用，而且染色牢度高，尤其是湿牢度。但活性染料也存在一定的缺点，染料与纤维反应的同时，也能与水发生水解反应，其水解产物一般不能和纤维发生反应，染料的利用率较低，难以染得深色；有些活性染料品种的日晒、气候牢度较差，大多数活性染料的耐氯漂牢度较差。

活性染料自 1956 年作为商品染料投向市场以来，发展很快，新品种不断涌现，染料的固色率、色牢度及其他性能不断改进。如毛用活性染料新品种的相继出现，取代了部分酸性染料，提高了染色产品的耐洗牢度；为提高活性染料的固色率，开发生产了双活性基团的活性染料。一般活性染料的直接性较低，浸染时必须使用大量的盐才能取得满意的染色效果，但使用大量的盐不仅增加生产成本，而且造成环境污染，破坏水质，导致水生物的死亡。为了降低染色的用盐量，推出了低盐染色的活性染料，如汽巴（Ciba）公司的 Cibacron LS 活性染料。活性染料品种繁多，性能和牢度差别较大，使用时应根据纺织品的性质和用途加以选择。

活性染料可用于纤维素纤维、蛋白质纤维、聚酰胺纤维的染色。活性染料的染色一般包括吸附、扩散、固色三个阶段，染料通过吸附和扩散上染纤维，在固色阶段，染料与纤维发生键合反应而固着在纤维上。

二、活性染料的类型及其染色性能

活性染料的化学结构通式可用下式表示：

$$S—D—B—Re$$

式中：S 是水溶性基团，一般为磺酸基；D 是染料发色体；B 是桥基或称连接基，将染料的活性基和发色体连接在一起；Re 是活性基，具有一定的反应性。

活性染料结构中，每一部分的变化都会使染料的性能发生变化。活性基主要影响染料的反应性以及染料和纤维间共价键的稳定性；染料母体对染料的亲和力、扩散性、颜色、耐晒牢度等有较大的影响；桥基对染料的反应性及染料和纤维间共价键的稳定性有一定的影响。

（一）活性染料的类型

活性染料根据染料活性基的不同，可分为以下几类。

1. 均三嗪型活性染料

这类染料的活性基是卤代均三嗪的衍生物，染料结构可表示如下：

$$D{-}NH{-}C \overset{N}{\underset{N}{\underset{}{\overset{}{}}}} C{-}X_1$$

简写为　　$D{-}NH{-}\underset{X_2}{\triangle}X_1$

其中 X_1、X_2 可为卤素原子,如 Cl 或 F,根据卤素原子的种类和数目的不同,又可分为二氯均三嗪、一氯均三嗪、一氟均三嗪等几类。

若 X_1、X_2 为氯原子,这类染料称为二氯均三嗪型活性染料。它们的反应性较高,在较低的温度和较弱的碱性条件下就能与纤维素纤维反应。染料的稳定性较差,在贮存过程中,特别在湿热条件下容易水解变质。这类染料与纤维反应后生成的共价键耐酸性水解的能力较差。国产的这类染料称为 X 型活性染料。

若 X_1、X_2 中只有一个为氯原子,另一个被氨基、芳胺基、烷胺基等取代,这类染料称为一氯均三嗪型活性染料。其反应性较低,需要在较高浓度的碱液中且较高的温度下,才能与纤维发生反应而固色。染料的稳定性较好,溶解时可加热至沸而无显著分解。国产的这类染料称为 K 型活性染料。

一氟均三嗪型活性染料是为低温染色而设计的,其反应性较高,反应活泼性介于 X 型和 K 型活性染料之间,适用于 40～50℃ 染色,对棉有很好的固色效果,染料—纤维键的稳定性与一氯均三嗪型相同。这类活性染料主要有汽巴(Ciba)公司的 Cibacron F 型活性染料和德司达(Dystar)公司的 Levafix EN 型活性染料等。

2. 卤代嘧啶型活性染料

这类染料的活性基为卤代嘧啶基。根据嘧啶基中卤素原子的种类和数目的不同,可分为三氯嘧啶、二氟一氯嘧啶、二氯一氟嘧啶、一氯嘧啶等类型,其中以三氯嘧啶型和二氟一氯嘧啶型活性染料的应用较广。

3. 乙烯砜型活性染料

这类染料的活性基是 β-硫酸酯乙基砜,结构通式为 $D{-}SO_2CH_2CH_2OSO_3Na$。国产的 KN 型活性染料属于此类。这类染料的反应性介于 X 型和 K 型之间,在酸性和中性溶液中非常稳定,即使煮沸也不水解,溶解度较高,但染料—纤维键耐碱性水解的能力很差。

4. 膦酸基型活性染料

膦酸基型活性染料包括国产的 P 型活性染料、国外的 Procion T 型活性染料等,其结构通式为:

$$D{-}\overset{OH}{\underset{O}{P}}{-}OH$$

膦酸基型活性染料的固色催化剂为氰胺或双氰胺,染料可在弱酸性条件下与纤维素纤维发生反应,形成共价键结合。这类染料适用于分散染料/活性染料—浴法对涤纶/纤维素纤维混纺织物的染色,固色率高达 90% 左右。

5. α-卤代丙烯酰胺型活性染料

α-卤代丙烯酰胺型活性染料如 Ciba 公司的 Lanasol 染料等，结构通式如下：

式中 X 为卤素原子，如 Br 或 Cl。这类染料主要用于蛋白质纤维的染色，属于毛用活性染料，具有反应性强、固色率高、色泽鲜艳、耐光和耐晒牢度高等特点。

6. 羧基吡啶均三嗪型活性染料

羧基吡啶均三嗪型活性染料包括国内的 R 型活性染料、国外的 Kayacelon React 染料等，其结构式如下：

式中 Ar 为芳香环。这类染料对纤维素纤维染色时，直接性大，反应性强，能在高温和中性条件下与纤维素纤维反应，可用于涤纶/纤维素纤维混纺织物的一浴一步法染色。

7. 双活性基活性染料

早期活性染料在印染过程中有水解副反应发生，活性染料的固色率不超过 70%。为提高活性染料的固色率，出现了双活性基的染料，目前这类染料的活性基主要有以下三种：

（1）一氯均三嗪基和乙烯砜基：这类染料的活性基为一氯均三嗪基和乙烯砜基（或 β-硫酸酯乙基砜），如国产的 M 型、ME 型、Megafix B 型、EF 型等活性染料和国外的 Sumifix Supra 型、Remazol S 型等，结构通式为：

其中，β-硫酸酯乙基砜可处于对位或间位位置，如 EF 型活性染料的 β-硫酸酯乙基砜处于对位位置，ME 型活性染料的 β-硫酸酯乙基砜处于间位位置。

这类染料的反应性较强，反应活泼性介于 X 型和 K 型活性染料之间，固色率高，具有良好的染色性能和染色牢度，染料—纤维键耐酸、碱的稳定性较 K 型、KN 型染料好。因这类染料具有良好的染色性能，目前已成为一类重要的活性染料，染料品种较多，应用范围广泛。

（2）一氟均三嗪基和乙烯砜基：Cibacron C 型活性染料中含有一氟均三嗪基和乙烯砜两种活性基，染料的结构为：

$$D-NH-\underset{\underset{F}{\big|}}{\bigcirc}-NH-L-SO_2CH_2CH_2OSO_3Na$$

式中:L 为连接基,可以是 —C$_2$H$_4$— 、—C$_3$H$_6$— 、—C$_2$H$_4$OC$_2$H$_4$— 等。这类染料的反应性强,染料母体分子较小,染料对纤维的亲和力和直接性较低,有良好的移染性和易洗涤性,染色牢度好,适用于轧染染色。

（3）两个一氯均三嗪基:国产的 KE 型、KP 型活性染料属于此类染料。KP 型活性染料的直接性很低,主要用于印花。

（二）新型活性染料

近年来,为了适应染整加工的发展要求,如生态友好加工、采用活性染料对合成纤维进行染色、缩短生产流程等,人们开发出了一些新的活性染料,如低盐染色活性染料、活性分散染料等。

1. 低盐染色活性染料

普通活性染料采用浸染方法染色时,为了提高染料的上染百分率,需在染液中添加大量的盐,但这样会导致染色废水中盐的浓度较高,对环境造成污染。近年来许多染料生产厂家对活性染料母体、连接基及活性基进行改进,以提高染料对纤维的亲和力和染色性能,从而开发出了低盐染色的活性染料,如 Cibacron LS 型、Remazol EF 型、Sumifix Supra E-XF 型、Sumifix Supra NF 型、Kayacion E-LF 型等,染料结构如下:

Cibacron LS 型

Sumifix Supra 型

式中 D 为染料母体,L 为连接基。

低盐染色活性染料分子结构一般较大,染料分子中的磺酸基含量相对较少,染料分子同平面性较强,含有可形成氢键的基团,对纤维的亲和力较大。

采用低盐染色活性染料对纤维素纤维染色时,盐的用量一般可降至普通活性染料染色的50%～65%,若采用 Cibacron LS 型活性染料染色,盐的用量只有普通活性染料染色的 1/3左右。

2. 活性分散染料

活性分散染料是含有活性基的难溶性染料,染料分子中不含磺酸基、羧基等水溶性基团,染料在水中以悬浮状态存在。

活性分散染料可对纤维素纤维、锦纶、涤纶等进行染色,特别适用于纤维素纤维与合成纤维混纺织物的一浴法染色,可同时对两种纤维进行染色。

三、活性染料的染色过程

活性染料的染色过程包括上染(吸附和扩散)、固色和皂洗后处理三个阶段。活性染料染色时,染料首先吸附在纤维上,并扩散至纤维内部,然后在碱的作用下,染料与纤维发生化学结合而固着在纤维上,此时纤维上还存在未与纤维结合的染料及水解染料,应通过皂煮、水洗等后处理,将这些浮色洗除,以提高染色牢度。

活性染料的分子结构比较简单,在水中的溶解度较高,在染液中以阴离子状态存在,染料与纤维素纤维之间的范德华力和氢键力较弱,染料对纤维的亲和力较小,上染率低。在浸染或卷染时,为提高染料的上染百分率和染料利用率,降低染色污水的色度,通常要加大量的盐促染。染液中盐的用量增加,染料的上染速率和上染率也增加;但盐的用量过大,会使溶解度低的活性染料发生沉淀,同时加重对环境的污染。染液中食盐的用量应根据染色深度、浴比、续缸情况、染料溶解度和染料的亲和力等因素决定。

活性染料与纤维的反应一般在碱性条件下进行。常用的碱剂有烧碱、磷酸三钠、纯碱、小苏打等。染色时,应根据染料的反应性选择适当的 pH 值。pH 值太低,染料与纤维的反应速率慢,即固色速率慢,对生产不利;碱性增强,染料与纤维的反应速率提高,但染料的水解反应速率提高更多,染料的固色率降低。所谓固色率是指与纤维结合的染料量占原染液中所加的染料量的百分比。染料固色率的高低是衡量活性染料性能好坏的一个重要指标。反应性强的染料可在碱性较弱的条件下进行固色,反应性低的染料应采用较强的碱进行固色。

活性染料固色时,提高固色温度,固色反应速率加快,温度每升高 10 ℃,固色反应速率可提高 2~3 倍。但温度提高,水解反应速率提高更快,水解染料的比例将上升,固色率降低。同时,温度升高,平衡上染百分率降低,也影响固色率。因此,固色时必须选择适当的温度,在规定的时间内,使染料与纤维充分反应,获得较高的固色率。对于反应性高的染料,固色温度应低些;对反应性低的染料,固色温度应高些,否则应延长固色时间。对固色时间短的工艺,必须采用较高的固色温度。此外,固色温度的高低还与固色所用碱的强弱和用量有关,在较强的碱性条件下,可采用较低的固色温度。

在染液中加入电解质,可提高染料在纤维上的吸附量,从而提高固色率。

活性染料的染色过程可用活性染料浸染的上染速率曲线表示,如图 1-2-8 所示。活性染料浸染时,常在中性染液中染色一段时间,然后加碱进行固色。在最初染色阶段,染料上染速率较快,以后逐渐减慢,染色约 30 min 时,基本上达到上染平衡。加入碱剂后,染料与纤维发生键合反应的同时,原染色平衡被破坏,染液中的染料会继续上染纤维,最后达到新的平衡。加入碱剂后,上染率增高的程度随染料的直接性而不同,直接性高的染料提高较少,反之则提高较多。

从图 1-2-8 可以看出,固色率比上染率低,这是因为上染在纤维上的染料不能完全与纤维反应而固着在纤维上,在纤维上还有未与纤维键合的染料及水解染料,这些未固着在纤维上的染料应在后处理过程中洗除,否则会影

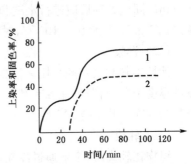

图 1-2-8　活性艳蓝 X-BR 的
上染速率曲线

(染色浓度 1%,浴比 1∶20,染色温度 20 ℃,
固色温度 40 ℃,食盐 50 g/L,
染色 30 min 后加入 NaCO₃10 g/L)
1—上染速率曲线　2—固色速率曲线

响染色产品的牢度。

四、活性染料的染色方法

活性染料的染色有浸染、卷染、轧染、冷轧堆染色等方法,一般用于中、浅色泽的染色,一些新型活性染料的染深性较好,可用于较深色泽的染色。

(一) 浸染

活性染料采用浸染方法染色时,宜采用直接性较高的染料。根据染色时染料和碱剂是否一浴以及上染和固色是否一步,浸染可分为三种方法:一浴一步法、一浴二步法、二浴法。

(1) 一浴一步法也称全浴法,是将染料、促染剂、碱剂等全部加入染液中,染料的上染和固色同时进行。这种染色方法操作简便,但由于染料水解较多,不适于续缸染色,染料的利用率较低。此法在染绞纱、毛巾等疏松产品时,使用较为普遍。应用此法较多的是 X 型活性染料,并且以浅、中色为主。

(2) 一浴二步法是先在中性浴中染色,染色一定时间,染料充分吸附和扩散后,加入碱剂固色。加入碱剂后,由于破坏了原有平衡,染料上染率提高。该法主要适用于小批量、多品种的染色,染料吸尽率较高,被染物牢度较好。

(3) 二浴法是先在中性浴染色,染色一定时间后,再在碱性浴中固色。由于上染和固色在两个浴中分别进行,染料水解较少,可续缸染色,染料利用率高。

现以一浴二步法为例说明活性染料的染色工艺。其工艺流程为:染色→固色→水洗→皂煮→水洗→烘干。染色时,染料的用量根据染色的深浅决定;盐的用量一般为 20～60 g/L,深色产品的用量较浅色大,为了匀染,盐可分批加入,染色前加入一半,染色一段时间后加入另一半;染色浴比不宜过大,否则染料上染率低,而浴比过小对匀染不利,一般采用 1∶20～1∶30;染色温度根据染料的性能而定,X 型为 30～35℃,K 型为 40～70℃,KN 型为 40～60℃,M 型为 60～90℃;染色时间一般为 10～30 min。固色用碱常用纯碱和磷酸三钠,碱剂的用量应根据染料的反应性和染料用量选择,反应性强的染料或染料用量低时,可用较少量的碱。一般纯碱的用量为 10～20 g/L,磷酸三钠为 5～10 g/L。固色温度根据染料的性能而定,X 型为40℃左右,K 型为 85～95℃,KN 型为 60～70℃,M 型为 60～95℃。固色时间一般为 30～60 min。固色处理后应进行水洗和皂煮,去除浮色,保证染色物的染色牢度。皂煮条件为合成洗涤剂 1 g/L,温度 95～100 ℃,时间 10～15 min。

(二) 卷染

活性染料卷染一般采用一浴二步法染色。X 型、M 型和 KN 型染料较适于卷染,可采用较低温度染色,对节约能源有利。卷染的染色和固色一般采用相同的温度,以便于控制,X 型染料为 30℃,KN 型、M 型为 60～65℃。

(三) 轧染

织物在轧染时,染液通过浸轧转移到纤维上,采用直接性较低的染料容易匀染,前后色差小,而且水解染料容易洗净。活性染料的轧染有一浴法和二浴法两种。一浴法染液中含有染料和碱剂,其工艺流程为:浸轧染液→烘干→固色(汽蒸或焙烘)→水洗→皂洗→水洗→烘干。二浴法轧染的染液中,一般不加碱,染液的稳定性较好,在固色液中一般用较强的碱,可在较短的时间内固色。二浴法轧染的工艺流程为:浸轧染液→烘干→浸轧固色液→汽蒸→水洗→皂洗→水洗→烘干。在染液中,通常加入适量的尿素,尿素能促进染料的溶解、纤维的吸湿和溶胀,有利于染料在纤维中的扩散,提高染料的固色率。尿素的用量一般为 $0\sim100$ g/L,X 型、KN 型染料可用较少量的尿素,K 型、M 型染料可用较多量的尿素。为使染液便于渗透到织物内部,可加润湿剂 $1\sim3$ g/L。织物浸轧染液后进行烘干时,宜用红外线或热风预烘,以减少染料的泳移。活性染料固色时,对于反应性高的染料(如 X 型)或耐碱性差的染料(如 KN 型),一般采用较弱的碱,如小苏打;对于反应性低的染料(如 K 型),可采用较强的碱剂,如碳酸钠。

活性染料轧染的固色方法有汽蒸固色法和焙烘固色法。一般 X 型染料适合于汽蒸固色,得色较深,汽蒸温度 $100\sim103$℃,汽蒸时间根据染料的反应性、碱剂的种类和用量决定,一般为 $1\sim2$ min。K 型宜用焙烘固色法,焙烘温度 $150\sim160$℃,热风焙烘 3 min 或远红外线焙烘 $30\sim40$ s。

(四) 冷轧堆染色法

冷轧堆染色具有设备简单、匀染性好、能耗低、染料利用率较高的特点,其工艺流程为:浸轧染液→打卷堆置→后处理(水洗、皂洗、水洗、烘干)。冷轧堆染色一般选择反应性和扩散性较高的活性染料染棉或黏胶,可获得较好的染色效果。

冷轧堆染色的轧染液中含有染料、碱剂、助溶剂、促染剂、渗透剂等。染料可采用 X 型、K 型、KN 型、M 型等。碱剂应根据染料的类型选择,X 型一般用纯碱,用量为 $5\sim30$ g/L;K 型一般用烧碱 $12\sim15$ g/L;KN 型和 M 型可用磷酸三钠 $5\sim8$ g/L+烧碱 $3\sim4$ g/L。由于碱性较强,通常将染料和碱剂分别配制,染色时,将染料和碱剂通过混合器计量加入轧槽。浸轧时,轧余率一般控制在 60% 以下,带液过多,容易产生深浅色的横档。织物浸轧染液后,平整地打成卷,用塑料薄膜包裹起来,在缓慢转动的情况下进行堆置。堆置时间根据染料的反应性和用量、碱剂的种类和用量决定,一般 X 型为 $2\sim4$ h,K 型为 $16\sim24$ h,KN 型和 M 型为 $4\sim10$ h。

为了缩短反应性低的染料的堆置时间,可采用保温堆置的方法,即在打卷时用蒸汽均匀地加热织物,打卷后放入保温蒸箱中堆置。

(五) 短流程湿蒸工艺

活性染料连续轧蒸染色工艺简单,生产速度快,应用广泛,但工艺流程较长,轧液后需进行烘干,能耗较大。在 20 世纪 80 年代,Hoechst 公司提出了 Eco-Steam 活性染料短流程湿蒸染色工艺,简称为湿短蒸工艺。织物浸轧染液后不进行烘干,而是利用安装在固色箱前部的电热红外加热器对织物进行加热,然后在固色箱中进行湿态汽蒸。固色箱中的加热介质是少量的蒸汽和干热空气组成的混合气体,通过调节固色箱内的干、湿球温度,控制固色的温度和相对湿度,使活性染料在织物低带液率的条件下充分渗透和固色。染色后进行后处理,去除浮色。

活性染料采用短流程湿蒸工艺染色时,染料与碱剂处于同一染浴中,其中活性染料可采用 K 型、KN 型、M 型、ME 型、B 型等类型,染料用量根据染色深度决定;碱剂可采用碳酸氢钠,用量为 $10\sim20$ g/L。与传统的浸轧→烘干→焙烘工艺和浸轧→烘干→浸轧→汽蒸工艺不同,在湿短蒸染色工艺的染色液中,可不添加尿素,同时可降低碱的用量。

活性染料短流程湿蒸染色工艺流程为:浸轧染液→湿蒸→水洗→皂洗→水洗→烘干。染液的浸轧采用均匀轧车,根据织物的不同,轧液率为 60%~70%;另外,浸轧液温度不宜过高,以防止染料水解,染液温度一般为 $20\sim25$℃。轧槽的容积应尽可能小(如 20~25 L),以减少色差。湿蒸时,蒸汽的相对湿度和温度应根据染色所用的染料种类确定,如 KN 型活性染料在干球温度 120℃、相对湿度 25%～30% 的条件下固色;反应性较低的 K 型活性染料,湿蒸条件为干球温度 160℃、相对湿度 40%～45%;M 型或 ME 型活性染料,湿蒸条件为干球温度 140℃、相对湿度 35% 左右。湿蒸时间一般控制在 2 min 左右。

活性染料短流程湿蒸染色工艺具有工艺流程短、节能、重演性好、固色率和得色量高、色泽鲜艳等特点,而且可避免由于烘燥不匀所产生的染料泳移现象,匀染性好。

第三节｜还原染料染色

一、简介

还原染料分子结构中含有两个或两个以上的羰基,没有水溶性基团,不溶于水,对棉纤维没有亲和力。染色时,需在强还原剂和碱性的条件下,将染料还原成可溶性的隐色体钠盐才能上染纤维,隐色体上染纤维后再经氧化,重新转变为原来不溶性的染料而固着在纤维上。

还原染料色泽鲜艳,染色牢度好,其耐晒、耐洗牢度尤为其他染料所不及,但价格较高,红色品种较少,缺乏鲜艳的大红色,染浓色时摩擦牢度较低,某些黄、橙色染料对棉纤维有光敏脆损作用,即在日光作用下染料会促进纤维氧化脆损。

可溶性还原染料大多数是由还原染料经还原和酯化而生成的隐色体的硫酸酯钠盐或钾盐。这类染料可溶于水,对纤维素纤维有亲和力,与相应的还原染料隐色体相比,它的亲和力较小,但扩散性好,容易匀染,染色牢度高。可溶性还原染料上染纤维后,在酸及氧化剂的作用下显色,转变为不溶性的还原染料而固着在纤维上,其染色工艺比还原染料简单,染液较稳定。

可溶性还原染料价格较高,递深力低,主要用于中、浅色的染色。

二、染色过程及染色方法

(一) 还原染料的染色过程

还原染料的染色过程包括染料的还原溶解、隐色体的上染、隐色体的氧化、皂洗处理等四个阶段。

1. 染料的还原溶解

还原染料的还原通常采用保险粉和烧碱。保险粉的化学性质活泼,在烧碱溶液中,即使在室温或浓度较低时,也有强烈的还原作用,染料被还原为隐色酸,溶于碱液中生成隐色体,保险粉分解为 $NaHSO_3$ 等酸性物质。

还原染料进行还原时,应根据还原染料的还原性能,确定适当的还原条件。若还原条件控制不当,染料会发生过度还原、水解、分子重排、脱卤等不正常的还原现象,影响染色产品的色光和牢度。还原染料过去一直使用保险粉作为还原剂,但由于保险粉的稳定性差,受潮易燃、易分解,溶于水后分解更快,还原能力迅速下降,而且在使用过程中分解损耗大,并放出二氧化硫刺激性气体,污染环境。近年来人们采用二氧化硫脲代替保险粉,用于还原染料的还原。

二氧化硫脲用于还原染料的悬浮体轧染时,可完全代替保险粉,其用量为保险粉的 1/5～1/6,如还原液中,二氧化硫脲用量为 3.5 g/L,氢氧化钠(40°Bé)34 mL/L,食盐 14 g/L。二氧化硫脲也可与保险粉混合使用,可减少保险粉的用量,提高染液的稳定性,如还原液中,二氧化硫脲用量为 1 g/L,保险粉用量为 10 g/L,氢氧化钠(40°Bé)29 mL/L。由于保险粉属于电解质,而二氧化硫脲不属于电解质,因此,二氧化硫脲代替保险粉用于还原染料隐色体染色时,染液中应适当增加盐的用量。二氧化硫脲作为还原染料的还原剂时,会使某些还原染料产生过度还原现象,尤其是蓝蒽酮类还原染料,导致被染物色光变萎,得色量下降。为避免过度还原现象,可在还原液中加入适量的过还原防止剂,如丙烯酰胺、黄糊精等。

2. 隐色体的上染

还原染料的隐色体对纤维素纤维的上染与阴离子染料相似,首先以阴离子形式吸附于纤维表面,然后再向纤维内部扩散。染色时可用食盐等电解质促染。还原染料隐色体的上染速率和上染百分率较高,特别是初染速率很高,匀染性较差。

3. 隐色体的氧化

还原染料的隐色体上染纤维后,必须经过氧化,使其在纤维内恢复为不溶性的还原染料。大多数还原染料隐色体的氧化速率较快,可通过空气氧化,只要进行水洗和透风就能达到氧化的目的。对于氧化速率较慢的染料隐色体,可用氧化剂氧化,常用的氧化剂有双氧水、过硼酸钠等。

4. 后处理

还原染料隐色体被氧化后,应进行水洗、皂煮处理。皂煮不但可以去除纤维表面的浮色,提高染色牢度,而且还能改变纤维内染料微粒的聚集、结晶等物理状态,从而可获得稳定的色光。

(二) 还原染料的染色方法

根据上染时还原染料形态的不同,还原染料的染色方法有隐色体染色法(包括浸染、卷染)和悬浮体轧染法。

1. 隐色体染色法

该法是将还原染料先还原为隐色体,染料以隐色体的形式上染纤维,然后进行氧化、皂洗的染色方法。

还原染料还原时,根据操作方法的不同,一般有干缸法和全浴法两种还原方法。对于还原速率较慢的染料如还原黄 G,可采用干缸还原法,即把烧碱和保险粉加入较少量的水(约染液总量的 1/3)中,使染料在较浓的还原液和较高的还原温度下还原 10~15 min,染料完全还原溶解后,再加入染液中。全浴法是直接在染浴中加入烧碱和保险粉,在规定温度下对染料进行还原。全浴法适合于还原速率较快、隐色体溶解度低、容易碱性水解的染料,如还原蓝 RSN。

在隐色体染色中,应根据染料的还原性能和上染性能,选择适当的烧碱、食盐用量及染色温度,根据上染条件的不同,一般有甲、乙、丙三种染色方法。

甲法:染浴中烧碱浓度较高,不加盐促染,染色温度 55~60℃。该法适用于隐色体聚集倾向较大而扩散速率较低的染料。

乙法:烧碱用量中等,染色温度 45~50℃,染中、深色时,可加盐促染,元明粉用量 10~15 g/L。

丙法:烧碱用量较少,染色时需加较多的盐促染,元明粉用量 15~25 g/L,染色温度 20~30℃。一般聚集倾向较小而扩散速率较大的染料适于用此法。

染色结束后,根据染料氧化速率的不同,采用不同的氧化方法。有的采用空气氧化,有的采用水洗氧化,有的采用水洗后空气氧化,对于较难氧化的染料隐色体,可水洗后用氧化剂氧化。氧化剂氧化的条件为:双氧水 0.6~1 g/L,30~50℃,10~15 min;或过硼酸钠 2~4 g/L,30~50℃,10~15 min。

氧化后进行皂煮,工艺条件为:肥皂 3～5 g/L,纯碱 3 g/L,在 95℃以上处理 5～10 min。

还原染料隐色体染色法操作麻烦,匀染性和透染性较差,染色产品有白芯现象,宜选用匀染性较好的染料。

2. 悬浮体轧染法

还原染料悬浮体轧染法的工艺流程为:浸轧染料悬浮体→(烘干)→浸轧还原液→汽蒸→水洗→氧化→皂煮→水洗→烘干。

配制悬浮体轧染液时,为保证染液的稳定性,要求染料颗粒的直径小于 2 mm,染料颗粒越小,对织物的透染性越好,还原速率越快。在浸轧染液时,轧槽中的染液温度不宜超过40℃,温度太高,染料易发生凝聚,从而使染色产品产生色差、色点等疵病。织物浸轧染液后,可直接进行还原,也可经烘干后再还原。还原液中烧碱和保险粉的用量应根据染料的浓度而定,染深色时用量较大,烧碱和保险粉的用量比例一般为 1∶1。还原汽蒸时,温度应保持在102～105℃,时间一般为 40～60 s。由于轧染为连续化加工,设备车速较快,氧化时间较短,除很浅的颜色外,一般采用氧化剂氧化,常用的氧化剂是双氧水 0.5～1.5 g/L 或过硼酸钠 3～5 g/L,氧化液温度为 40～50 ℃。织物浸轧氧化液后进行透风,延长氧化时间,使隐色体充分氧化。染料氧化后,织物应进行皂煮、水洗等后处理,去除浮色,提高染色牢度。

悬浮体轧染法对染料的适应性较强,不受染料还原性能差别的限制,可用具有不同还原性能的染料拼色。这种方法具有较好的匀染性和透染性,可改善白芯现象。

第四节　硫化染料染色

一、概述

硫化染料是一种含硫的染料,分子中含有两个或多个硫原子组成的硫键,其分子结构式可用通式 R—S—S—R′ 表示。硫化染料不溶于水,染色时,应先用硫化钠将染料还原成可溶性的隐色体,硫化染料的隐色体对纤维素纤维具有亲和力,上染纤维后再经氧化,在纤维上形成原来不溶于水的染料而固着在纤维上。

硫化染料是由某些有机化合物如芳胺、酚等与硫、硫化钠一起熔融,或者在多硫化钠的水或丁醇溶液中蒸煮而制得的。硫化染料的精制较困难,无法制成晶体或提纯,其化学结构难以确定,商品染料一般是混合物,其组成随制造条件的不同而异。如硫化蓝的可能结构为:

硫化染料制造简单,价格低,水洗牢度高,耐晒牢度随染料品种不同而有较大差异,如硫化黑可达6～7级,硫化蓝达5～6级,棕、橙、黄等一般为3～4级。大多数硫化染料色泽不够鲜艳,色谱中缺少浓艳的红色,耐氯牢度差。硫化染料染色的纺织品在贮存过程中纤维会逐渐脆损,其中以硫化黑染料较为突出。

硫化还原染料(海昌染料)的化学结构属于硫化染料,其染色性能和染色牢度介于硫化染料和还原染料之间。硫化还原染料较难还原,需在较强的还原条件下进行还原,其色光较硫化染料好。

硫化染料商品一般为粉状固体,此外有液体硫化染料。液体硫化染料是一种新型的硫化染料,是加工精制的染料隐色体,由硫化染料隐色体、还原剂和助溶剂等组成,其中染料含量约为15%～40%,还原剂可采用硫化钠或硫氢化钠($NaHS$),助溶剂可采用二甘醇乙醚($HOCH_2$ $CH_2OCH_2CH_2OCH_2CH_3$)、2,4-二甲基苯磺酸钠等。液体硫化染料呈碱性,pH值大于10,可与水以任何比例混溶,染色时可直接加水稀释配制染液。液体硫化染料与粉状硫化染料相比,颜色鲜艳,使用方便,可直接用于纤维的染色,染色过程较粉状硫化染料简便,但成本比粉状硫化染料高,稳定性较差,贮存时发生氧化会产生析出现象。

硫化染料在纤维素纤维的染色中应用较多,也可用于维纶的染色。随着染色废水处理和环保要求的加强,硫化染料的应用有所减少。

二、硫化染料的染色过程

硫化染料的染色过程可分为四个阶段。

(一) 染料还原成为隐色体

硫化染料比较容易还原,可采用还原能力较弱、价格较低的硫化钠进行还原。硫化钠既是强碱又是还原剂。

硫化染料的还原反应如下:

$$Na_2S + H_2O \longrightarrow NaHS + NaOH$$

$$2NaHS + 3H_2O \longrightarrow Na_2S_2O_3 + 8[H]$$

$$R—S—S—R' + 2[H] \xrightarrow{NaOH} R—SNa + NaS—R'$$

硫化染料隐色体

硫化钠的用量对硫化染料染色的影响较大。用量不足,染料不能充分还原、溶解,而且会使染物的摩擦牢度降低;用量过多,染料隐色体不易氧化固着,并使染色产品颜色变浅。硫化钠的用量一般为染料的50%～200%。

(二) 染料隐色体上染纤维

硫化染料隐色体染色时,一般采用较高的染色温度,以增强硫化钠的还原能力,并降低染料隐色体的聚集,提高吸附和扩散速率,提高上染率和匀染性。一般硫化黑染料的染色温度为90～95℃,硫化蓝、绿、棕等色染料在65～80℃时可获得较高的上染率。为提高染料的上染率,染色时应加盐促染,元明粉的用量为5～15 g/L。

(三) 氧化处理

上染纤维的硫化染料隐色体经氧化而固着在纤维上。硫化染料隐色体的氧化比较容易,氧化方法有两种,即空气氧化法和氧化剂氧化法。对于易氧化的硫化染料隐色体可用空气氧化,对于难氧化的硫化染料隐色体可用氧化剂氧化。

1. 空气氧化法

将硫化染料隐色体染色后的被染物充分水洗,再经轧干或离心脱水,在空气中透风 20~30 min,利用空气中的氧气进行氧化。

2. 氧化剂氧化

硫化染料染色常用的氧化剂有重铬酸钠、双氧水、溴酸钠、过硼酸钠、碘酸钠等,其中重铬酸钠的氧化效果较好,但染色产品的手感较粗糙,而且存在重金属污染问题,现在一般采用双氧水氧化。

（四）净洗、防脆或固色处理

硫化染料隐色体上染纤维并氧化后,应进行水洗、皂洗等后处理,以去除染物上的浮色,提高染色牢度和增进染物的色泽鲜艳度。

为提高硫化染料的日晒和皂洗牢度,可在染色后进行固色处理。固色处理的方法有两种:金属盐后处理和阳离子固色剂处理。常用的金属盐有硫酸铜、醋酸铜等,常用的阳离子固色剂有固色剂 Y 和固色剂 M。

某些硫化染料的染色产品在贮存过程中,硫化染料中含有的不稳定的硫,在一定的温度、湿度条件下,易被空气中的氧所氧化,生成磺酸、硫酸等酸性物质,使纤维素纤维发生酸性水解,导致强力降低而脆损。为避免脆损现象的发生,可用碱性物质对染色产品进行防脆处理。常用的防脆剂有醋酸钠、磷酸三钠、尿素等。

三、硫化染料的染色方法

硫化染料成本低廉,一般适用于中、低档产品的染色,染色方法有浸染、卷染、轧染。

硫化染料的浸染以硫化黑为例说明。染液中,染料用量 11%~13%,52%硫化钠用量为染料重的 80%~100%,纯碱用量为 2~3 g/L,浴比 1∶20~1∶30,沸染 60~80 min,充分水洗后再防脆处理。硫化染料隐色体对纤维素纤维的亲和力小,上染百分率低,染色残液中含有大量的染料,为提高染料的利用率,常采用续缸染色。

硫化染料卷染工艺流程为:制备染液→染色→水洗→氧化→水洗→皂洗→水洗(→固色或防脆处理)。染料用量根据颜色深浅而定,52%硫化钠用量为染料重的 70%~250%,染深色时用量较低,染浅色的用量较高。硫化黑染色产品用水洗、透风氧化,不皂洗,应进行防脆处理。硫化染料可用氧化剂氧化,如采用双氧水(浓度 30%)氧化,其用量为 0.3%~0.5%(o. w. f.)。染深色时一般采用续缸染色。

硫化染料轧染工艺流程为:浸轧染液→湿蒸(→还原汽蒸)→水洗→(酸洗)→氧化→水洗→皂洗→水洗→(固色或防脆)→烘干。

硫化染料颗粒较大,杂质含量较多,还原速率慢,一般采用隐色体轧染。轧染液中,染料的用量根据颜色深浅而定,52%硫化钠用量为染料重的 100%~250%,纯碱 1~3 g/L,轧液温度 70~80℃。湿蒸是在蒸箱底部放有一定染料浓度的染液,织物交替进入底部染液和上层蒸汽,有利于染料的扩散和透染。还原汽蒸采用还原蒸箱,温度为 101~105℃,时间 45~60 s,使染料隐色体向纤维内部进一步扩散。轧染时,因氧化时间较短,除硫化黑外都采用氧化剂氧化,如采用双氧水(浓度 30%)氧化,其用量为 1.2~6 g/L。氧化前进行酸洗,对促进氧化及提高耐晒、耐洗牢度有利。

四、液体硫化染料的染色

液体硫化染料可采用浸染或轧染的方法进行染色。液体硫化染料在染色时,为了避免染液中的染料被氧化,常在染液中加入一定量的防氧化剂。防氧化剂一般采用多硫化合物,也可采用葡萄糖,其用量是否合适,直接关系到染色效果的好坏。如果防氧化剂用量过少,染液中的染料会发生氧化,在织物上产生色斑;而防氧化剂用量过多,在氧化前水洗时,染料从织物上脱落较多,颜色变浅在氧化时也会耗用较多的氧化剂。防氧化剂的用量与液体硫化染料的用量有关,一般随染料用量的增加而减少,当染料用量增加到一定程度时,染液中还原剂浓度较高,可不加防氧化剂。

液体硫化染料上染到纤维上后,需进行氧化。氧化剂可采用与染料配套的氧化剂,也可采用重铬酸钠、双氧水、溴酸钠、过硼酸钠、亚氯酸钠等。采用双氧水氧化时,应控制好双氧水的浓度、pH值和氧化的温度,以避免过度氧化或氧化不充分。溴酸钠在醋酸液中氧化效果较好,对于难氧化的液体硫化红棕染料,可通过添加催化剂 $CuSO_4$ 或 $NaVO_3$ 进行氧化,氧化温度控制在 $60 \sim 70 \, ℃$。

液体硫化染料采用轧染工艺时,染液中包括液体硫化染料、防氧化剂和渗透剂,其中染料的用量根据染色深度决定,渗透剂用量为 $1 \sim 2 \, g/L$。染色时,由于液体硫化染料对纤维具有直接性,染槽补充液的浓度应高于染液的浓度,以保证染色的均匀性。染色工艺流程为:浸轧染液→汽蒸→水洗→氧化→水洗→皂洗→水洗→烘干。浸轧液温度一般控制在 $40 \sim 60 \, ℃$,对于液体硫化黑,染液可控制在 $70 \sim 80 \, ℃$。轧液率根据被染物的厚薄和染色深度而定,一般为 $70\% \sim 80\%$。汽蒸温度为 $102 \sim 105 \, ℃$,汽蒸时间约 $60 \sim 90 \, s$。氧化前水洗采用 $40 \sim 60 \, ℃$ 的水,洗除织物上的还原剂和浮色,使布面 pH 值为 $7 \sim 8$,以保证氧化的正常进行。氧化时,若采用双氧水氧化,双氧水的浓度为 $1 \sim 2 \, g/L$,温度 $40 \sim 50 \, ℃$;若采用溴酸钠氧化,溴酸钠用量为 $2 \sim 3 \, g/L$,醋酸 $7 \sim 9 \, g/L$,偏矾酸钠 $0.05 \sim 0.1 \, g/L$,氧化液 pH 值为 $3.5 \sim 4$,氧化温度 $60 \sim 70 \, ℃$。氧化后的水洗主要是去除织物上残余的氧化剂。

液体硫化染料采用浸染工艺时,染液中包括液体硫化染料、防氧化剂和盐,其中染料的用量根据染色深度决定;防氧化剂用量随染料用量增加而减少,一般为 $1 \sim 5 \, g/L$;盐对液体硫化染料的上染具有促染作用,其用量随染料用量的增加而提高,一般为 $10 \sim 30 \, g/L$,可在上染过程中加入。液体硫化染料采用绳状染色时,浴比为 $1:15 \sim 1:20$;采用溢流染色时,浴比为 $1:8 \sim 1:12$。染色工艺流程为:染色→水洗→氧化→水洗→洗→水洗→烘干。染色时,染液温度根据染料品种确定,如液体硫化蓝可采用 $50 \, ℃$,液体硫化黑可采用 $90 \sim 95 \, ℃$。采用过硼酸钠氧化时,过硼酸钠用量为 $1.5 \sim 2 \, g/L$,氧化温度 $60 \sim 70 \, ℃$,氧化时间 $5 \sim 10 \, min$。

此外,液体硫化染料可采用卷染方法染色。

五、硫化还原染料的染色

硫化还原染料大多采用浸染和卷染,其染色方法与硫化染料和还原染料都有相同之处,主要有烧碱—保险粉法、硫化碱—保险粉法两种。烧碱—保险粉法染色可按还原染料甲法进行,上染温度为 $65 \, ℃$ 左右。硫化碱—保险粉法染色成本较低,但色泽鲜艳度较差,染色时可将织物先在加有染料、硫化碱和烧碱的染液中沸染一定时间,然后降温至 $60 \sim 70 \, ℃$,加入保险粉,续染 20～25 min,然后水洗、氧化、水洗、皂洗、水洗。

<h1 style="text-align:center">第五节 涂料染色</h1>

涂料对纤维没有亲和力和反应性,不能直接染着纤维制品。涂料染色是将涂料、黏合剂等制成分散体系,通过浸轧,使织物均匀带液,经预烘使水分挥发,涂料与黏合剂附着在纤维表面,再经高温焙烘,黏合剂大分子交链成网状结构,在织物上形成一层透明而坚韧的树脂薄膜,从而将涂料微粒固着于织物;也可以采用适当的化学助剂,对纤维材料进行化学改性,使化学接枝后的纤维带有正电性,从而较容易地吸附颜料粒子,达到均匀上染的效果。

涂料长期以来应用于织物印花。近年来,随着印染助剂(如黏合剂等)性能的不断改进,扩展了涂料的应用范围。当涂料染色工艺一出现,便受到染整技术人员与印染企业的喜爱与重视,它体现出下列优越性:

(1)品种适应性较强,适用于棉、麻、黏、丝、毛、涤、锦等各种纤维制品的染色。

(2)流程短,设备简单,工艺简便,能耗低,有利于降低生产成本。

(3)不存在发色过程,配色直观,仿色容易。

(4)污水排放量小,能满足"绿色"生产要求。

(5)涂料色光稳定,遮盖力强,不易产生染色疵病。

(6)涂料色谱齐全,各项染色牢度较好,尤其是浅色,而且能生产一般染料无法生产的特殊品种,有利于提高产品的附加值。

但涂料染色也存在不足之处,如摩擦牢度和搓洗牢度不高,尤其是中深色产品;染后织物手感发硬,吸水性会受到一定程度的影响等。所以,尽管近年来新型黏合剂不断涌现,牢度和手感得到了一定的改善,但涂料染色尚不能完全替代传统的染料染色工艺,仅为染料染色的一种补充,目前主要用于棉、涤/棉混纺等织物的中、浅色产品染色。

一、涂料的分类及基本要求

涂料实为颜料,它为非水溶性色素,印染用商品涂料一般以浆状形式供应,其组成包括涂料、扩散剂、润湿剂(如甘油等)、匀染剂、渗透剂、乳化剂(如平平加 O 等)、保护胶体及少量水。

(一)染色用涂料的基本要求

1. 良好的耐光、耐热稳定性　与染料一样,涂料的结构是影响其染品染色牢度的主要因素。为保证涂料染色制品具有良好的日晒牢度,涂料应具备良好的耐光性能。其次,涂料染色通常在高温条件下焙烘固色,而且染后有可能经过热风拉幅、定形、树脂整理等高温处理,所以要求涂料在高温条件下稳定,不发生分解而影响染色织物的色光。

2. 良好的耐化学药剂及有机溶剂稳定性　涂料染色制品根据其风格及用途要求,需经不同的后整理加工,而且在穿着过程中不可避免地要经洗涤,因此要求涂料在接触这些化学试验及有机溶剂时,不易褪色与变色。

3. 较高的着色力　若用少量的颜料就能获得较浓艳的色泽效果,除降低染色成本外,还有利用于改善涂料染色制品的牢度与手感。

4. 较小的颗粒细度　涂料的颗粒细度一般要求为 $0.2\sim2\ \mu m$，过大会影响染色制品的摩擦牢度和刷洗牢度，并且着色力降低。如意大利伦勃蒂公司推出的 Neopat 涂料色浆品种，据介绍细度为 $0.3\ \mu m$ 左右。

5. 适宜的密度　密度是保证涂料色浆分散体系稳定性的重要因素之一。密度太大，颜料色素易沉淀；密度过小，颜料色素易悬浮，均不同程度地影响染液的润湿分散性，从而产生染色疵病。

涂料随着涂料染色工艺的应用和品质要求的提高而不断发展。对染色用涂料色浆，一般除上述要求外，还要求其在快速运行过程中不起泡，有良好的渗透性、匀染性，同时要求其与后整理剂如树脂整理剂等配伍，达到一浴法染色、整理的效果。如上海油墨厂生产的 D 型涂料色浆即属此类。

(二) 涂料的分类

1. 无机颜料

无机颜料主要有：白涂料（钛白粉）、黑涂料（炭黑）、金粉（铜锌合金）、银粉（铝粉）等。它们主要用于印花，其特点是耐碱、耐光、耐热，着色力、遮盖力强，与黏合剂的混溶性好。

2. 有机颜料

(1) 偶氮类：主要品种有黄、红、酱、深蓝等色，如涂料嫩黄 F7G、黄 FG、大红 FFG 等。这类涂料色泽鲜艳，着色力较高，价格低廉，但升华牢度较低。

(2) 还原类：常用品种有青莲、金黄等色。这类涂料日晒牢度高，且耐热、耐溶剂，但着色力较低。

(3) 酞菁类：主要品种是蓝、绿色，如涂料蓝 FFG（6401 涂料）、绿 FB（8601 涂料）等。这类涂料色泽鲜艳，热稳定性好，耐晒和耐气候牢度优良。

(4) 荧光涂料：这类涂料品种不多，如将罗达明 6GDN 与碱性玫瑰精 B 按 1∶5 混合，则得到蓝光荧光红，若按 1∶1 混合可得到黄光荧光红。此类涂料耐晒牢度一般较低。

二、黏合剂、交联剂的分类及基本要求

黏合剂品质是影响涂料染色的至关重要的因素。

(一) 染色用黏合剂的基本要求

理想的黏合剂应该能综合解决染色牢度、手感及黏辊等问题。作为涂料染色用黏合剂，最基本的要求有：

1. 良好的成膜性和稳定性　理想的染色用黏合剂应在室温条件下稳定，不易成膜，在高温条件下迅速成膜，从而降低固色温度与时间。若黏合剂成膜速度太快，成膜温度太低，染液稳定性差，极易沾污辊筒而产生染色疵病。一般可加入适量防黏剂及有机硅型柔软剂等，降低成膜速率，提高染液稳定性。

2. 适宜的黏着力　黏着力是影响涂料染色牢度的主要因素之一。若黏着力太低，染色牢度没有保障；若黏着力太高，易出现沾黏辊筒现象。

3. 较高的耐化学药剂稳定性　染色用黏合剂若不耐化学药剂，在染色后续加工及服用洗涤过程中会导致皮膜软化或溶解，从而影响染色牢度。

4. 皮膜无色透明、不泛黄　涂料染色后，黏合剂将成为染色织物上的一部分，不会因水洗后处理而去除。所以，黏合剂皮膜若不透明或使用过程中发生泛黄等，将使染色织物色泽鲜艳

度降低。

5. 皮膜富有弹性和韧性、不易老化　黏合剂皮膜若弹性和韧性差,在外力作用下易龟裂,从而导致黏合剂包覆性能差,牢度下降。

(二) 黏合剂的分类与性能

涂料染色用黏合剂,按其化学结构可分为三类,即丁苯橡胶乳液类、聚丙烯酸酯类、聚醋酸乙烯酯类;按其反应性能可分为反应型黏合剂和非反应型黏合剂两大类,其中反应型黏合剂又分为交联型和自交联型。

涂料染色用黏合剂在经历了甲壳质、丁苯、丁腈乳液及丙烯酸等合成路线后,以采用丙烯酸酯类黏合剂较为成熟。根据单体种类、配比及合成方法不同,所获得的黏合剂品种性能各异。此类黏合剂一般由下列组分构成:

软单体:如丙烯酸丁酯、甲酯、乙酯、异辛酯等;

硬单体:如甲基丙烯酸甲酯、丙烯腈、苯乙烯、醋酸乙烯酯等;

交联单体:分普通交联单体(如丙烯酸、甲基烯酸、丙烯酰胺、甲基丙烯酰胺等)和自交联单体(如 N-羟甲基丙烯酰胺、N-丁氧基丙烯酰胺、N-甲氧基丙烯酰胺等);

保护胶体:如聚乙烯醇、海藻酸钠、羧甲基纤维素等;

乳化剂:常用的是阴离子或非离子表面活性剂;

引发剂:如过硫酸铵、过硫酸钾等。

涂料染色用黏合剂大多数采用乳液聚合的方法,具有皮膜透明度高、柔韧性好、耐磨性好、不易老化等优点。

国内常用的涂料染色用黏合剂品种有 BPD(常州助剂厂)、PD(上海纺织研究所)、NF-1(上海新型纺纱技术开发中心染化室)等。NF 系列涂料染色黏合剂是丙烯酸、丙烯酸甲酯、丁酯及丁二烯等多元单体的共聚物。该产品系外交联型黏合剂,大大提高了贮存稳定性,同时避免了自交联型由羟甲基丙烯酰胺引起的织物上残留游离甲醛的问题。

国外研发的涂料染色用黏合剂品种有 Helizarin 黏合剂 FWT(德国巴斯夫)、Neopat 黏合剂 PM/S(意大利伦勃蒂)、Imperon 黏合剂 CF(德国赫司托)等。近年来,用于涂料染色的新型水性聚氨酯黏合剂引起了人们的关注,它具有黏着力强、皮膜弹性好、手感柔软、耐低温和耐磨性优异等优点。

(三) 交联剂的分类与性能

采用非交联型黏合剂染色时,为了增强黏合剂的皮膜牢度,提高染色制品的耐洗牢度,一般在涂料染色浆中加入少量交联剂。交联剂按其应用性能可分为两大类。一类是低温交联的多胺类交联剂,如交联剂 FH、EH 等。这类交联剂使用量低,一般加入 $2\sim5$ g/L,牢度可提高半级以上,但轧染烘燥过程中易黏辊筒,并且高温时会泛黄。这类黏合剂阳离子性都很强,会降低涂料轧染液的稳定性,发生破乳或凝聚,导致黏轧辊。但黏合剂 BPD 与这类交联剂的相容性较好。另一类是高温交联型,即用棉织物化学整理的树脂初缩体 N-羟甲基化合物,如甲醚化羟甲基三聚氰胺(改性六羟树脂,即交联剂 M-90)、二羟甲基二羟基乙烯脲(即 2D 树脂)等,用量一般为 20 g/L。六羟树脂的反应性强,对提高摩擦牢度较明显,但会引起手感发硬,也易黏轧辊。若将六羟树脂的甲醚化改为乙二醇醚化,可提高交联温度 20℃左右,有利于减轻黏轧辊现象。2D 树脂的交联温度较高,不易黏轧辊,但牢度提高不显著。这类交联剂均需要高温焙烘,而且要加催化剂,一般以较温和的氯化镁为好。

三、涂料染色方法及工艺

涂料染色多用于连续轧染,浸染目前仅限于成衣染色。

(一)轧染

1. 工艺处方及助剂作用

	浅色	中色
涂料色浆(g/L)	5~10	10~30
黏合剂(g/L)	10~15	20~30
交联剂 EH(g/L)	2~5	5~10
防泳移剂(g/L)	10	20
柔软剂(g/L)	2~8	8~15

影响涂料染色最重要的因素是黏合剂,但其他相关因素也不能忽略。如涂料色浆中,除颜料外,制造商还加入了扩散剂、润湿剂、匀染剂、渗透剂、乳化剂和保护胶体等添加剂,这些助剂若与黏合剂的配伍性能不好,可能影响涂料染色的效果。

此外,交联剂的使用虽能明显增加黏合剂的三维网状交联程度,加快结膜速度,有利于染色牢度的提高,但用量过多易引起黏辊及手感问题。

为了防止涂料在烘燥过程中发生泳移而造成染色不匀,除了从烘燥工艺与设备方面进行改进外,在轧染液中可加入适量防泳移剂。但它的加入会使染液黏度增加,从而加重黏搭辊筒的现象。常用的涂料染色防泳移剂有丙烯酸与丙烯酰胺二元共聚物、丙烯酸多元共聚物等,前者常见产品有德国的 Primasol AMK、英国的 Thermacol AM、国产的 SFH 等;后者常见产品有上海染料研究所研制的防泳移剂 W。这两类产品的化学结构比较接近,都具有良好的防泳移效果,但后者水溶性基团多,相对分子质量低,所以溶解性能好,不易黏辊筒。该产品呈深棕色,对染色织物的色光有影响,应慎重选用。

为了改进涂料染色产品的手感,一般需加入柔软剂。选用的柔软剂要注意能与染液中各种助剂配伍。非硅柔软剂的手感较差,阳离子柔软剂的同浴性差,所以现在多倾向于应用亲水性聚醚型有机硅柔软剂,如 CGF、CGEM 或氨基有机硅柔软剂。这种有机硅柔软剂不仅有较好的柔软效果,与其他助剂的同浴性也好,而且因具有亲水性而增加了其吸湿性,缓解了黏轧辊现象,但价格较高。

尿素或多元醇类亲水性化合物的使用,具有较强的吸湿性,能延缓黏合剂的结膜速度,增强涂料色浆的渗透,但会影响织物的摩擦牢度和刷洗牢度。

可见,助剂的选用应慎重,要考虑对染色效果的综合影响,如牢度、手感、匀染性等,还应保证加工的顺利进行及辅助配套助剂的成本因素等。

2. 工艺流程及工艺条件分析

(1)常规染色法:浸轧染液→烘干→焙烘→(后处理)。

(2)二次染色法:浸轧染液→烘干→浸轧染液→烘干→焙烘→(后处理)。此法可使染色深度明显提高。

(3)两相法:浸轧涂料→烘干→浸轧黏合剂、交联剂、柔软剂→烘干→焙烘;

浸轧涂料、交联剂→烘干→浸轧黏合剂、柔软剂→烘干→焙烘;

浸轧涂料、黏合剂→烘干→浸轧交联剂、柔软剂→烘干→焙烘。

此法有助于改善手感,提高染色牢度,明显消除黏辊筒现象。

涂料轧染时,浸轧温度一般不宜过高,以室温为宜,防止黏合剂过早反应,造成严重黏辊现象,使染色不能正常进行。

预烘应采用无接触式烘干,如红外线或热风烘燥,不宜采用烘筒烘燥。如果浸轧后立即采用烘筒在 100℃下烘干,会造成涂料颗粒泳移,产生条花和不匀,并且易黏烘筒。

焙烘温度应根据黏合剂及纤维材料的性能确定。成膜温度低或反应性强的黏合剂,焙烘温度可以低一些;反之,成膜温度高或反应性弱的黏合剂,焙烘温度必须高些,否则影响染色牢度。一般焙烘温度,真丝为 140~150℃,麻、棉为 160~170℃,涤/棉为 180~195℃。天然纤维尤其是蛋白质纤维制品的焙烘温度太高,会导致织物泛黄,并造成不同程度的损伤。

一般无特殊要求,织物经浸轧、烘干、焙烘即可。但有时为了去除残留在织物上的杂质、改善手感等,可用洗涤剂进行适当的皂洗后处理。

3. 工艺举例

选择具有良好相容性的黏合剂与整理剂,可将染色与硬挺整理、树脂整理及其他功能整理同浴进行,从而大大简化工艺,缩短了流程,显示出涂料染色的优点。如涂料、树脂整理一浴法工艺:19.5 tex×14.5 tex,393.5 根/10 cm×236 根/10 cm,纯棉府绸。

工艺流程:浸轧染液(一浸一轧,室温)→红外线预烘(2 组)→热风烘燥(95℃±5℃)→焙烘(165℃±5℃)

工艺处方:

涂料色浆 8204(g/L)	15
黏合剂 NF-1(g/L)	30
交联剂 EH(g/L)	5
抗皱剂 NA(g/L)	50

(二) 浸染

涂料浸染可应用于成衣、织物及纱线染色,在棉布成衣染色中,结合仿牛仔布的新潮工艺,涂料浸染方法的应用较为广泛。

1. 基本原理   浸染时,涂料不能像轧染那样均匀轧压分布于纤维制品上。涂料浸染是利用颜料分子中所含的 $-NO_2$、$-N=N-$、$-COOC_2H_5$、$-OCH_3$、$-CONH-$、$-NH-$ 等基团的负电性,通过对纤维材料的化学改性,使纤维带上正电荷(即阳离子改性处理),在浸渍染液时,织物就能很容易地吸附颜料颗粒。由于吸附的结合力比较弱,因此,还需借助于黏合剂的作用,以保证涂料附着在织物上的牢度。

涂料浸染分二步进行,即织物预处理(即化学接枝)、涂料上染(即化学吸附)。

2. 工艺举例(牛仔服装)

工艺流程及主要工艺条件:

服装润湿处理(渗透剂 JFC 2~3 mL/L,70℃,10 min)→预处理(70~80℃,15~20 min)→染色(70~80℃,20~30 min)→固色(80℃,15~20 min)→皂洗后处理→柔软处理→脱水→烘干。

预处理处方: 阳离子化改性剂(o.w.f.)   2%~8%

纯碱(调节 pH 值)   7~9(视改性剂的性能而定)

染液处方：	涂料色浆(o. w. f.)	$x\%$
	尿素(g/L)	5～20
	平平加 O(g/L)	1～2
固色液处方：	黏合剂 BH(o. w. f.)	5～8
	交联剂 SE	适量(视牢度要求而定)

尿素具有助溶和膨化作用,还可以吸收涂料中含有的甲醛。平平加 O 起乳化分散作用,可防止黏合剂等黏附于染色机转鼓机壁,导致清洁困难。

第六节　直接染料染色

直接染料是一类应用历史较长、应用方法简便的染料。这类染料品种多、色谱全、用途广、成本低,分子结构中大多具有磺酸基、羧基等水溶性基团,能溶解于水,在水溶液中可直接上染纤维素纤维和蛋白质纤维,可用于纤维素纤维和蛋白质纤维的染色。但其耐洗牢度不好,日晒牢度欠佳,除染浅色外,一般都要进行固色处理,以提高其牢度。在其他新型染料如活性、还原等染料发展后,这类染料的应用量已逐渐减少,但由于其价格便宜、工艺简单,至今仍在使用。经改进的直接染料新品种,如直接铜盐染料、直接耐晒染料等,日晒牢度较高。在棉织物的染色中,直接染料主要用于纱线、针织品以及需耐日晒而对湿处理牢度要求较低的装饰织物,如窗帘布、汽车座套和工业用布等的染色。

一、直接染料的分类及其染色性能

(一) 直接染料的分类

直接染料根据其染色性能,可分为三类。

1. 匀染性染料　这类染料的分子结构比较简单,染液中染料的聚集倾向较小,染色速率高,匀染性好,但水洗牢度差,适于染浅色,如直接冻黄 G,其结构式为:

$$\text{H}_5\text{C}_2\text{O} - \!\!\!\bigcirc\!\!\!- \text{N}=\text{N} - \!\!\!\bigcirc\!\!\!- \text{CH}=\text{CH} - \!\!\!\bigcirc\!\!\!- \text{N}=\text{N} - \!\!\!\bigcirc\!\!\!- \text{OC}_2\text{H}_5$$

直接冻黄G

2. 盐效应染料　这类染料的分子结构较复杂,匀染性较差,但染料分子中含有较多的磺酸基,上染速率较低,染色时,加盐能显著提高上染速率和上染百分率,促染效果明显,所以称为盐效应染料。这类染料在染色过程中必须严格控制盐的用量和促染方法,否则难以染得均匀的色泽。它们一般不适于染浅色,如直接湖蓝 5B,其结构式为:

$$\text{NaO}_3\text{S} \cdots \text{N}=\text{N} - \!\!\!\bigcirc\!\!\!-\!\!\!\bigcirc\!\!\!- \text{N}=\text{N} \cdots \text{SO}_3\text{Na}$$

直接湖蓝5B

3. 温度效应染料　这类染料的分子结构复杂，匀染性很差，染色速率低，染料分子中含有的磺酸基较少，盐的促染效果不明显，而温度对它们的上染影响较大，提高温度，其上染速率加快。这类染料要在比较高的温度下才能很好地上染，但染色时需要很好地控制升温速度，以获得均匀的染色效果。这类染料的水洗牢度较好，一般宜染浓色，如直接黄棕 3G，其结构式为：

$$NaO_3S \text{---} \boxed{} \text{---} N\text{=}N \text{---} \boxed{} \text{---} N\text{=}N \text{---} \boxed{} \text{---} N\text{=}N \text{---} \boxed{} \text{---} N\text{=}N \text{---} \boxed{} \text{---} SO_3Na$$

直接黄棕3G

（二）直接染料的染色性能

直接染料都溶于水，溶解度随温度的升高而显著增大。溶解度差的直接染料可加一些纯碱助溶。直接染料在溶液中离解成色素阴离子而上染纤维素纤维，纤维素纤维在水中也带负电荷，染料和纤维之间存在电荷斥力，这种现象在黏胶纤维染色时更为明显。在染液中加盐，可降低电荷斥力，提高上染速率和上染百分率。盐的促染作用对不同的染料是不同的，对于染料分子中含磺酸基较多的盐效应染料，盐的促染作用显著；对于温度效应染料，盐的作用不明显。染色时盐的用量根据染料品种和染色深度而定。对上染百分率低的染料需要多加盐；对盐效应染料，促染所用的盐应分批加入，以得到均匀的染色产品；对于温度效应染料，染色时可不加盐或少加盐；对匀染要求高的浅色产品，要适当减少盐的用量，对深浓色泽产品应增加盐的用量。

温度对不同染料的上染性能的影响是不同的。对于上染速率高、扩散性能好的直接染料，在 60～70℃得色最深，90℃以上上染率反而下降。这类染料染色时，为缩短染色时间，染色温度采用 80～90℃，染一段时间后，染液温度逐渐降低，染液中的染料继续上染，以提高染料上染百分率。对于聚集程度高、上染速率慢、扩散性能差的直接染料，提高温度可加快染料扩散，提高上染速率，促使染液中染料吸尽，提高上染百分率。在常规染色时间内，得到最高上染百分率的温度称为最高上染温度。根据最高上染温度的不同，生产中常把直接染料分成：最高上染温度在 70℃以下的低温染料，最高上染温度为 70～80℃的中温染料，最高上染温度为 90～100℃的高温染料。在实际生产中，棉和黏胶纤维纺织品通常在 95℃左右进行染色；丝绸的染色温度较低，因为过高的温度有损纤维光泽，其最佳染色温度为 60～90℃，适当降低温度而延长染色时间对正常生产有利。

直接染料不耐硬水，大部分能与钙、镁离子结合生成不溶性沉淀，降低染料的利用率，而且会造成色斑等疵病，因此，必须用软水溶解染料。染色用水如果硬度较高，应加纯碱或六偏磷酸钠，既有利于染料溶解，又有软化水的作用。

二、直接染料的染色方法

直接染料可用于各种棉制品的染色，可用浸染、卷染、轧染和轧卷染色。

直接染料浸染时，染液中一般含有染料、纯碱、食盐或元明粉。染料的用量根据颜色深浅而定。纯碱用量一般为 1～3 g/L。食盐或元明粉用量一般为 0～20 g/L，主要用于盐效应染料。染色浴比一般为 1∶20～1∶40。染色时，染料先用温水调成浆状，在水中加入纯碱，然后用热水溶解，将染液稀释到规定体积，升温至 50～60℃开始染色，逐步升温至所需染色温度，染色 10 min 后加入盐,继续染30～60 min,染色后进行固色后处理。直接染料浸染时,多采用续缸染色,即一批被染物染完后,在染过的染液中补加适量的染料和助剂,再进行染色,这样可节省染化料,尤其是染中、深色时,但续染次数不宜过多。

棉织物的直接染料染色一般用卷染方式进行。卷染工艺基本上和浸染相同,浴比为1∶2～1∶3,染色温度根据染料性能而定,染色时间 60 min 左右。为避免前后色差,染料分两次加入,染色前加 60%,第一道末加 40%,盐在第三、四道末分批加入。

直接染料仅有少量用于棉织物的轧染。轧染时,染液中一般含有染料、纯碱(或磷酸三钠)0.5～1 g/L,润湿剂 2～5 g/L。其工艺流程一般为:二浸二轧→汽蒸(100～103℃,1～3 min)→水洗→固色→水洗→烘干。染料在汽蒸过程中向纤维内部扩散,从而固着在纤维上,所以轧染又称轧蒸法。轧染对纤维的遮盖力和卷染一样,不及绳状浸染,而且轧染不够匀透。

轧卷染色是将织物浸轧染液后打卷,在缓慢转动的情况下堆置一段时间,再进行后处理。若保温(如 80～90℃)堆置,则堆置时间可较短。

三、直接染料的固色处理

直接染料可溶于水,上染纤维后,仅依靠范德华力和氢键固着在纤维上,湿处理牢度较差,水洗时容易掉色和沾污其他织物,应进行固色后处理,以降低直接染料的水溶性,提高染料湿处理牢度。

直接染料的固色处理常用两种方法。

(一) 阳离子固色剂处理

直接染料是阴离子型染料,用阳离子固色剂处理时,染料阴离子可与固色剂中的阳离子结合,生成相对分子质量较大的难溶性化合物而沉积在纤维中,从而提高被染物的湿处理牢度,其作用原理可表示为:

$$DSO_3^- Na^+ + F^+ X^- \longrightarrow DSO_3 F \downarrow + NaX$$

常用的阳离子固色剂有固色剂 Y 和固色剂 M。固色剂 Y 是双氰胺与甲醛缩合物的醋酸盐或氯化铵溶液,可提高直接染料染色织物的湿处理牢度。固色剂 M 由固色剂 Y 和铜盐作用而得,可同时提高湿处理牢度和日晒牢度,但固色后染物的色光会发生变化,故常用于深色染色产品的固色。

采用阳离子固色剂固色时,固色剂用量为 12～30 g/L,醋酸 2 mL/L,在 pH 值为 5.5～6、温度为 50～60℃的条件下,固色处理 20～30 min,然后烘干。

固色剂 Y 与固色剂 M 为含醛固色剂,现在已逐渐被无甲醛固色剂所取代。无醛阳离子固色剂主要是聚季铵盐化合物,如无醛固色剂 NC、无醛固色剂 SS 等。这类固色剂对人体的危害性小,固色时被染物颜色基本不变,对耐晒牢度和耐氯牢度的影响小。

(二) 反应型固色剂处理

反应型固色剂也称为固色交联剂,其活性官能团主要是羟甲基和环氧基,无醛固色交联剂的活性官能团一般是环氧基,如固色剂 C、交联剂 EH、固色交联剂 DE 等。固色交联剂可与纤维和染料发生反应,形成网状结构,从而提高染色产品的湿处理牢度。有些固色交联剂为阳离子型,同时具有阳离子固色剂的固色作用和固色交联剂的交联作用,如固色交联剂 DE:

$$\left[\begin{array}{c} H_2C-CH_2-CH_2-N^+-CH_2 \\ \backslash O / \qquad \begin{array}{c} CH_3 \\ | \\ | \\ CH_3 \end{array} \\ \\ CH_2 \\ H_2C-CH_2-CH_2-N^+-CH_2 \\ \backslash O / \qquad | \\ CH_3 \end{array}\right] \cdot 2Cl^-$$

采用固色交联剂 DE 对染色产品进行固色时,其用量一般为 2~5 g/L,固色温度 60~70℃,处理时间 20~30 min。

四、直接染料的发展

直接染料的最大缺点是染色牢度较差。为了解决这一问题,人们早期是在染色后处理方面进行改进,应用较广的是进行铜盐后处理及重氮化后处理,适用于这类处理的染料分别称为直接铜盐染料和直接重氮染料;随后出现的是有铜络合结构的直接染料,其主要特点是耐晒牢度达 4 级以上,称为直接耐晒染料。

直接交联染料染色时,先用染料组分对被染物进行染色,然后再用交联固色剂组分进行固色处理。固色可采用浸轧→烘干→焙烘的工艺进行。直接交联染料与纤维之间的作用力除范德华力、氢键外,还有共价键结合,从而使染料的染色牢度得到提高。

为适应涤/棉、涤/黏混纺产品的同浴染色,在 20 世纪 70—80 年代开发了新型直接染料,在 130℃以上的高温条件下稳定,不降解,具有较高的直接性和上染率,其湿处理牢度明显提高。这类染料有瑞士 Sandoz 公司的 Indosol SF 型染料(中文名称是直接坚牢素染料)和日本化药公司的 Kayacelon C 型直接染料,我国的 D 型直接混纺染料和 TD 型直接混纺染料也属此类。

直接混纺染料与分散染料的相容性好,能与各种分散染料同浴染色。采用直接混纺染料和分散染料一浴一步法对涤/棉、涤/黏混纺织物进行染色,可缩短生产流程,提高生产效率,节省能源。

第三章

棉织物印花

第一节 概　述

纺织品印花是指将各种染料或颜料调制成印花色浆，局部施加在纺织品上，使之获得各色花纹图案的加工过程。印花过程包括图案设计、筛网制版、色浆调制、印制花纹、后处理（蒸化和水洗）等几个工序。印花色浆一般由染料或颜料、糊料、助溶剂、吸湿剂和其他助剂等组成。

印花和染色一样，也是染料在纤维上发生染着的过程，但印花是局部着色。为了防止染液的渗化，保证花纹的清晰精细，必须采用色浆印制；因与染色相比浴比小，所以印花要尽可能选择溶解度大的染料，或加大助溶剂的用量；另外，由于色浆中糊料的存在，染料对纤维的上染过程比染色时复杂，一般染料印花后需采用蒸化或其他固色方法来促进染料的上染；最后印花织物要进行充分的水洗和皂洗，以去除糊料及浮色，改善手感，提高色泽鲜艳度和牢度，保证白地洁白。

纺织品印花主要是织物印花，其中多数是纤维素纤维织物、真丝织物、化纤及混纺织物、针织物印花。纱线、毛条也有印花，纱线印花可织出特殊风格的花纹，毛条印花可织造成具有闪色效应的混色织物。

印花方法可根据印花工艺和印花设备来分，从工艺上分有以下几种：

1. 直接印花　是将印花色浆直接印在白地织物或浅地色织物上（色浆不与地色染料反应），获得各色花纹图案的印花方法，其特点是印花工序简单，适用于各类染料，故广泛用于各类织物印花。

2. 拔染印花　在织物上先进行染色而后进行印花的加工方法。印花色浆中含有一种能破坏地色染料发色基团而使之消色的化学物质（称拔染剂），印花后经适当的后处理，使印花之处的地色染料破坏，最后从织物上洗去，印花之处成为白色花纹，称为拔白印花；如果在含拔染剂的印花色浆中，还含有一种不被拔染剂所破坏的染料，在破坏地色染料的同时，色浆中的染料上染，从而使印花处获得有色花纹的称为色拔印花。拔染印花能获得地色丰满、轮廓清晰、花纹细致、色彩鲜艳的效果，但地色染料的选择受一定限制，而且印花周期长，印花成本高。

3. 防染印花　是先印花后染色的加工方法。印花色浆中含有能破坏或阻止地色染料上染的化学物质（防染剂），印花处地色染料不能上染织物，织物经洗涤后，印花处呈白色花纹的称为防白印花;若在防白的同时,印花色浆中还含有与防染剂不发生作用的染料,在地色染料上染的同时,色浆中染料上染印花之处,则印花处获得有色花纹,这便是色防印花。防染印花所得的花纹一般不及拔染印花精细,但适用于防染印花的地色染料品种较前者多。

4. 防印印花(防浆印花) 是在印花机上通过罩印地色进行的防染或拔染印花方法。

以上印花工艺应根据印花效果、染料性质、花型特征及加工成本进行选择。

一、常用印花方法

(一) 筛网印花

筛网印花是目前应用较普遍的一种印花方法,来源于型板印花。此方法中筛网是主要的印花工具,有花纹处呈漏空的网眼,无花纹处网眼被涂覆,印花时,色浆被刮过网眼而转移到织物上。

根据筛网的形状,筛网印花可分为平网印花和圆网印花两种。

1. 平网印花

平网印花的筛网是平板形的,印花机有三种类型,即手工平网印花机(又称台板印花机)、半自动平网印花机和全自动平网印花机,这三种设备的基本机构都是由台板、筛网和刮浆刀组成,只是机械化、自动化程度不同而已。

全自动平网印花机如图 1-3-1 所示,印花时,由上浆装置在橡胶导带上涂布一层贴布浆,然后自动将布贴在橡胶导带上,当筛网降落到台板上,由橡胶或磁棒刮刀进行刮浆,刮毕,筛网升起,织物随橡胶导带向前运行,这些连锁过程都是由自动印花装置控制的。每只筛网印一种颜色,织物印花后,进入烘燥装置烘干,然后进行后处理,而橡胶导带则转到台板下面,经水洗装置洗除上面的贴布浆和印花色浆。

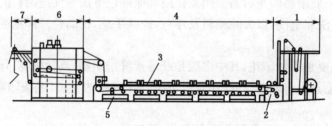

图 1-3-1   全自动平网印花机示意图

1—进布装置 2—导带上浆装置 3—筛网框架 4—筛网印花部分
5—导带水洗装置 6—烘干设备 7—出布装置

全自动平网印花具有劳动强度低、生产效率较高的特点,而且花型大小和套色数不受限制,印花时织物基本不受张力,但如采用冷台板,在连续印花时易出现搭色疵病。

2. 圆网印花

圆网印花机的基本构成与全自动平网印花机相似,如图 1-3-2 所示。与后者的不同在于印花机的花版是圆网,由金属镍制成,网孔呈六角形,刮浆刀系采用铬、钼、钒、钢合金制造。印花时,圆网在织物上面固定位置旋转,织物随循环运行的导带前进。印花色浆经圆网内部的刮浆刀挤压透过网孔而印到织物上。圆网印花是自动给浆,全部套色印完后,织物进入烘干装置烘干。

圆网印花具有劳动强度低、生产效率高、对织物的适应性强等特点,能获得花型活泼、色泽浓艳的效果，但对云纹、雪花等结构的花型受到一定限制，花型大小也受到圆网周长的限制。

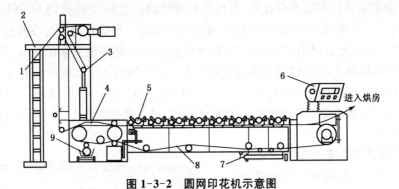

图 1-3-2　圆网印花机示意图

1—织物　2—进布架　3—张力调节器　4—加热板　5—圆网印花单元
6—控制台　7—导带水洗装置　8—印花导带　9—上浆装置

(二) 转移印花

转移印花是先用印刷的方法将花纹用染料制成的油墨印到纸上制成转移印花纸，然后将转移印花纸的正面与被印织物的正面紧贴，进入转移印花机，在一定条件下，使转移印花纸上的染料转移到织物上。

转移印花的图案花型逼真，花纹细致，加工过程简单，特别是干法转移印花无需蒸化、水洗等后处理，节能无污染。

转移印花有干法热转移印花和湿法转移印花两种，前者采用具有热升华性能的分散染料，适用于疏水性强的合成纤维；后者适用于各类染料。本节简单介绍棉织物用活性染料湿法转移印花。

活性染料是纤维素纤维染色和印花最常用的一类染料，由于它是离子性染料，很难升华转移，所以，研究活性染料在湿态下的转移印花倍受关注。1984 年丹麦的 Dansk 开始研究，随后同其他公司合作，共同开发了棉和其他天然纤维的活性染料转移印花，特别是称为"Cotton Art-2000"的活性染料转移印花技术获得了成功。它包括印花色浆、转移印花纸、转移印花设备及转移印花工艺等方面的技术。

转移印花色浆中染料的选择很重要，由于转移印花时，色浆中的水比直接印花少，所以染料的溶解性要好，固色速率要快，而水解稳定性要好；另外，色浆中的其他组分如增稠剂、pH 调节剂等也要仔细筛选。活性染料只有在湿态溶解后才能对纤维发生吸附、扩散和固着，所以一般采用织物先浸轧固色剂（碱剂）后进行转移印花的工艺，印花后冷堆使染料发生上染和固着，然后冲洗烘干。"Cotton Art-2000"活性染料转移印花运行示意图如图 1-3-3 所示。

织物通过浸液槽浸渍工作液（含有固色

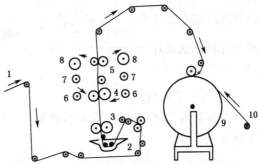

**图 1-3-3　"Cotton Art-2000"活性染料转移
印花运行示意图**

1—前处理后的半制品　2—浸液槽　3—第 1 道均匀轧车
4—第 2 道均匀轧车　5—第 3 道均匀轧车
6—转移印花纸供给辊　7—转移印花纸备用辊
8—剥离纸卷取辊　9—卷布装置　10—塑料衬膜供给装置

碱剂等)后,向上运行进入第 1 道均匀轧车,轧液后与转移印花纸进入第 2 道均匀轧车和第 3 道均匀轧车,使织物和转移纸充分接触,活性染料发生湿转移转印到织物上,转印过的印花纸则在经第 3 道轧车后被剥离卷取,转印织物通过导布辊进入有塑料薄膜衬垫的打卷装置,打卷后室温堆置 12~20 h 充分固色,然后经三格热水槽洗去浮色和其他残余的组分,最后烘干拉幅即可,不必经过蒸化固色,与常规直接印花比可节能 50%。转移纸仅起载体作用,它不吸附染料,染料很易转移,约有 95% 的色浆可以从纸上转移到织物上,其中的 90%~98% 可被固着,因此印花后水洗较容易,只需冲洗即可,和普通直接印花相比,可以节省大量水,而且污水也少。

(三) 喷墨印花

喷墨印花系将含有色素的墨水在压缩空气的驱动下,经由喷墨印花机的喷嘴喷射到被印基质上,由计算机按设计要求控制形成花纹图案,根据墨水系统的性能,经适当后处理,如焙烘等,使纺织品获得具有一定牢度和鲜艳度的花纹,如图 1-3-4 所示。

图 1-3-4 数码印花机

如活性染料油墨用于棉织物喷墨印花的工艺流程为:织物印花前处理→烘干→喷墨印花→烘干→汽蒸→水洗→烘干。

二、印花制版

(一) 平网制作

系采用一定规格的锦纶丝或涤纶丝等制成,平网花版制作的常用方法是感光法。

该法是用手工、照相或电子分色法将单元花样制成分色描样片,描样片上有花纹处涂有遮光剂。将分色描样片覆在涂有感光胶的筛网上进行感光,感光时,光线透过无花纹处的透明片,使感光胶感光生成不溶于水的胶膜堵塞网眼,而在有花纹处,光线被遮光剂阻挡,感光胶未感光,仍为水溶性,经水洗露出网孔,便成为具有花纹的筛网,经生漆等加固,制版即完成。

筛网涂过氯乙烯打毛 ——→ 涂感光胶 ——→ 覆片曝光 ——→ 光洗显影 ——→ 烘干 ——→ 用醋酸丁酯

单元花样制成正片 ——→

擦花 ——→ 修版 ——→ 打样

(二) 圆网花筒制作

圆网制版需先制作圆网(六角形的镍网),然后再用如上所述的感光法制成花版。圆网感光法制版工艺过程:

圆网选择 ——→ 圆网清洁去油 ——→ 上感光胶 ——→ 曝光 ——→ 显影 ——→ 检查修理 ——→ 焙烘

黑白稿的准备和检查 ——→

——→ 胶接闷头

(三) 电子分色制版

电子分色制版是运用计算机、分色软件、激光及喷墨、喷蜡等技术进行印花分色、制网的新技术。电子分色制版的过程如图 1-3-5 所示。

图 1-3-5 电子分色制版过程

从图 1-3-5 可以看出,来样(图案设计稿或布样)由扫描仪或数码照相机输入,经计算机及分色软件对所输入的图案信息处理并分成单色片。单色片信息输出方式根据所使用的制版设备而定,如激光照排机输出的是印花分色胶片,可直接拿到制网间去感光网板;喷蜡(墨)制网机输出指电脑将单色片数据喷印在筛网上感光;激光雕刻机输出指电脑直接将单色片数据传送给激光头雕刻网版。

1. 电子分色制版系统组成

电子分色制版系统通过下列工艺路线完成分色胶片制作:来样稿→扫描→接回头→修改→分色→激光成像。

(1)图像输入系统(电子扫描):图像输入主要采用彩色图像扫描仪。扫描仪有平板式和滚筒式两种,其扫描幅面有 A3(297 mm×420 mm)、A4(210 mm×297 mm)等数种。对于大门幅的床单或装饰布而言,通常需要用较大幅面的扫描仪,如使用彩色扫描/胶片制图机,其工作面积可达 1.2 m×1.2 m 及以上,也有个别可达 1.2 m×1.8 m,不但满足了大型图像扫描输入的需要,也可满足分色胶片制图的要求。

来稿可以是布样,可以是美工人员设计的画稿,也可以是照片和宣传画,扫描的精度可在 1 200 dpi 以下任选,对大花回来样,也可以分块扫描,计算机可自动拼接。当用户提供的花回尺寸不能适合圆网印花机的要求时,比如圆网滚筒的直径不是花回尺寸的整数倍,就需适当对花样进行缩放,改变花样在计算机内的宽度或高度。

扫描线可任意选择,扫描线数越高,来样失真度就越低,但所需的扫描时间越长,处理图案的工作量也大;另外,还要考虑输出设备的精度,扫描线的选择以能被输出设备精度数整除为宜。所以,一般扫描线的确定应以满足分色效果为前提,不宜过高。一般色差大、花型大、以色块为主的花样,扫描线可以低些;细茎、泥点、撇丝等抽象、精细花型,扫描线高些;云纹花样一般不宜太高,以有利于色彩层次过渡柔和。

(2)图形工作系统:它由电脑主机、彩色显示器、操作工具及存贮器等组成,其功能为显示图像并在软件控制下进行图案设计和分色描稿。分色描稿系统软件即计算机上所安装的自动描稿系统,具有颜色的测量输入、信息处理与传送功能,可对图样上的所有颜色进行有效的控制,通过显示屏及打印机等输出设备调校与再现图样颜色,通过颜色数据采集、处理、传送及再现,实现所见即所得,提供企业与客户双方对商品的迅速确定,随即输出用于制版的分色片或直接驱动制版机制版。

分色处理是指计算机上接回头、并色、修改及取单色稿的过程。

① 接回头:由于来样一般是一个小的完整花回(有时回头不十分准确),在出分色胶片时,要在竖直、水平方向上连晒数倍,才能形成整幅图案,计算机分色设计中考虑了工艺上常用平

接(1/1)、跳接(1/2、1/3、1/4)的接回头方法,并能自动确定最小花回。

② 并色:由于来样(布样)带有布纹、杂色、折皱以及色均度差等情况,扫描进入计算机内的图案显现的色彩很杂,经过扫描处理工序后,还需经过专门的并色处理。并色处理就是把图像中相近的颜色合并、归类,减少套色数。通过并色将图案中的各种色彩归类为原图样的颜色种数,并色处理就是将其还原为原来的色彩。系统为用户提供 256 套颜色,并以调色板的形式显现在屏幕上供人们选择,用户可以通过窗口的操作,将图案还原为原来布样所具有的套色数。

③ 修改及分色处理:由于来样带有杂色等情况,并色后还需要经过修改处理。系统专门为花样的修改提供了 30 多种修改工具,如橡皮(去杂色)、剪刀(对图案进行裁边处理)、旋转(让花样以任意角度在平面内旋转)、缩放(将花样的宽高缩放至印花工艺所需尺寸)、边缘平滑(将色块、线条的边界自动平滑,或者叫去毛刺)等等,可以满足各种花型的修改和综合处理。经过修改的花样,输出胶片的精度高、色泽纯、线条光洁。如有的图案有压色、借线、合成色、防留白、留白等印花工艺要求时,可以在分色过程中使用全部扩张、局部扩张和其他绘图工具进行处理,达到工艺所需要求。常规分色是指在图案中设置几个中心色,然后整幅图像按照该中心色所代表的颜色进行分类。

(3) 激光成像:激光成像是指每一颜色的黑白稿从彩色稿中分出并连晒,通过印花激光成像机输出胶片的过程。激光成像机采用声光调制器,四路激光同时扫描,并采用真空泵吸附,使胶片严格处于光学平面上,保证了重复成像的高精度。该系统将成像数据压缩发送到控制器的前置存储器内,控制器内设置了二级 CPU,首级 CPU 将前置存储器内的压缩数据恢复输送到后置动态存储器内,由后级 CPU 将恢复的图像数据同步输给激光成像机。采用这种控制方式,对于一般花样,色块的压缩倍数很大,最大在 100 倍以上,这使成像速度主要决定于成像机的成像速度。对于泥点、云纹、抽象等数据复杂、规律性差的花样,只要用相当高的倍数压缩,同样可和一般花样那样具有满意的控制速度。输出精度为 1 200 dpi,可满足各种精细花样及云纹的要求。用户如需制作更大面积的花样,系统可以在胶片四角加定位十字线输出,输出胶片后进行拼接,可以做到精确无误。

2. 喷射制网技术

喷射制网采用电子制网一步到位的思想,图案或样稿经扫描仪分色后,计算机将产生的图案文件(分色稿)由 CAD 系统转换成数据文件并输入喷射制版机,直接转移到网版上。与传统感光制版不同,它不需要制作黑白稿或感光连拍,而是借助喷射技术,按照所需花型对平网或圆网表面进行"射凿"。对因其喷出的介质不同分成喷蜡制网和喷墨制网,它们各有其特点,但运行机理和操作方法基本相同。

(1) 喷蜡制网:喷蜡制网技术的工作原理是:采用一种新型喷印头,喷印头上装蜡,在喷射前将喷印头加热,通过电脑控制的数字信息,把液体蜡滴喷到光敏性涂层的网上,蜡形成一层对光不受影响的"薄膜",获得表面正片的功能,然后在整体光源下曝光、显影和固化,最终制成镂空花版。

其工艺路线为:坯网→涂层→喷射制网→曝光、显影、聚合。在这条工艺路线中,坯网、涂层、曝光、显影、聚合和传统的制网工艺相同,所不同的是对原先用激光照排机出胶片并将显影后的胶片拿到曝光机上包网感光的过程,改成电脑直接控制喷印头处理。喷印头通过计算机将分色数字化信息按花型喷出蜡滴对网版进行"射凿"。圆网情况下是以滚筒围绕纵轴回转,喷蜡头沿其运行。对于平网则是将其插入一个垂直的机架中,喷蜡头一行一行地射凿。

喷蜡制网的优点在于液态蜡喷到网版上不会溅开,不会使图像产生虚化。蜡与网版结合性紧密,其边缘位置不会出现折射而影响精度。喷蜡制网机的蜡需专业生产,目前售价偏高(今后会有降低趋势),又因为固态蜡融成液态蜡需要加热周期和循环过程,对喷蜡制网机的使用环境和维护会有一些要求。由于喷蜡制网机在国内外推出使用较早,在国内无版制网设备使用的客户中占有较大比例,在使用中有许多成功的经验和工艺技术,国内也有单位在考虑降低喷蜡制网机专用蜡的生产成本,所以在一个较长的时间内,喷蜡制网机还将存在和发展下去。

(2)喷墨制网:喷墨制网机也是一种无版制网机,直接由计算机将分色后的单色图像喷印在网上。与喷蜡制网机不同的是,两者喷印的遮光介质,喷蜡制网机喷射的是一种遮光蜡,喷墨制网机喷射的是一种墨水。喷墨制网机的主要优势在于使用的墨水较普通,从而降低了生产成本。又因为它的喷头与用于印纸的普通打印机相近,而普通打印机技术发展迅速,从而使喷墨制网机的喷头产品技术发展很快,喷头使用、更换、维修都方便。

对于喷蜡、喷墨技术的评价不仅在于喷蜡和喷墨本身,作为一台制网机,机械喷印方式、精度、容错性、稳定性及性能价格比都是重要的指标。目前除专业生产喷蜡制网机或专业生产喷墨制网机的厂家外,有个别厂家生产喷射制网机,同时带有两种喷印系统,即同一台设备,装上喷蜡头及附件即成为喷蜡制网机,卸去喷蜡头及附件,装上喷墨系统又成为喷墨制网机,供用户选择使用。

3. 激光制网技术

(1)激光雕刻花网:激光雕刻花网的原理是采用二氧化碳大功率激光器,把几百瓦的激光功率聚焦到一点,直接烧蚀一定厚度的感光胶。激光雕刻花网工艺流程是将坯网进行特定的涂层,然后通过计算机将印花花样分色数据传送到激光头,在网版上进行激光雕刻。目前激光雕刻花网仅适宜于圆网,制作时,圆网作旋转运动,激光头作直线运动,激光束按分色的信息瞬时气化圆网上的胶质,雕刻出分色图案花纹。

激光雕刻花网的雕刻时间取决于网版速度和分辨率,一般圆网激光雕刻时间在 30 min 左右;激光雕刻花网的精细度由激光束聚焦后的光斑直径决定,即与分辨率有关;激光雕刻花网所用感光胶在激光作用后从网上挥发,雕刻后不需显影和水洗,所以工序清洁、简单。

(2)激光电铸花网:激光电铸花网是将镍网制网与花版雕刻结合于一体的制造技术,首先制造出一张无网孔的镍网,再进行雕刻蚀孔。由于不需涂感光胶,雕刻工序简单,只要由计算机将分色后的图案信息传送到激光头直接雕刻。这样,成品网只在图案部分有网孔,所以花网的耐化学腐蚀性好;而且雕刻机可在同一网上雕出大小不等的网孔,从而在网上可以形成不同形状、大小、密度的网点,使云纹图案层次丰富、细腻、逼真。激光电铸花网技术能生产高水平的花网,完成高精度的印花,但由于设备投资大,一般印花厂难以接受,适合于制网中心使用。

总之,现代电子制版技术不仅大大缩短了印花生产周期,而且能生产出更精细、重现性也更好的网版和花型,特别是解决了云纹花样制网的困难,提高了印花产品的质量和档次。

第二节｜印花原糊

　　印花原糊是具有一定黏度的亲水性分散体系,是染料、助剂溶解或分散的介质,并且作为载递剂把染料、化学品等传递到织物上,防止花纹渗化,当染料固色以后,原糊从织物上洗除。印花色浆的印制性能很大程度上取决于原糊的性质,所以原糊直接影响印花产品的质量。制备原糊的原料为糊料,用作印花的糊料在物理性能、化学性能和印制性能等方面都有一定的要求。

　　从物理性能方面看,糊料所制得的色浆必须具有一定的流变性,以适应各种印花方法、不同织物的特性和不同花纹的需要。流变性是色浆在不同切应力作用下的流动变形特性,色浆的流变性能可以通过不同切应力作用下黏度的变化来测定。糊料要有适当的润湿、吸湿和良好的抱水性能,这对染料的上染和花纹轮廓清晰关系密切。糊料应和染料、助剂有较好的相容性,即对染料、助剂有较好的溶解和分散性能。糊料对织物还应具有一定的黏着力,特别是印制疏水性纤维织物,黏着力低的糊料形成的色膜易脱落。

　　化学性能方面,糊料应较稳定,不易和染料、助剂起化学反应,贮存时不易腐败变质。印制性能方面,糊料成糊率要高,所配的色浆应有良好的印花均匀性、适当的印透性和较高的给色量。糊料的易洗涤性要好,否则将影响成品的手感。

　　糊料按其来源可分为:淀粉及其衍生物、海藻酸钠、羟乙基皂荚胶、纤维素衍生物、天然龙胶、乳化糊、合成糊料等。印花糊料应根据印花方法、织物品种、花型特征及染料的发色条件而加以选择,在生产中常将不同的糊料拼混使用,以取长补短。

(一) 淀粉及其变性产物

　　1. 淀粉糊　淀粉按来源可分为小麦淀粉和玉米淀粉。淀粉难溶于水,在煮糊过程中,发生溶胀、膨化而成糊。

　　淀粉按分子结构可分为链淀粉和胶淀粉两种。链淀粉是 α-D-葡萄糖剩基通过 1,4 苷键连接而成的直链分子:

　　胶淀粉的分子结构上除直链外,还有支链,由葡萄糖剩基以 α-1,6 苷键连接而成:

淀粉糊在高温时遇酸性物质会水解,原糊变稀;在碱性中成透明胶态物;与重金属盐类作用会产生沉淀;贮存时易变质腐败。

淀粉糊煮糊方便,成糊率高,给色量高,印制花纹轮廓清晰,蒸化时无渗化,但渗透性差,印制大面积花纹时均匀性不好,洗涤性差。它主要用作不溶性偶氮染料、可溶性还原染料的印花原糊,对活性染料印花不适用。

2. **印染胶和糊精** 印染胶和糊精均是淀粉加热焙炒后的裂解产物。淀粉经 200～270℃ 高温裂解,所得产品称为印染胶,少量的酸可加剧裂解过程。淀粉经 180℃ 炒焙,加稀酸处理得黄糊精;在 120～130℃ 下用稀酸处理使淀粉水解,最后加以中和可制得白糊精。

淀粉的裂解产物,聚合度下降,分子链末端潜在醛基的还原性有所显示;分子链间氢键减少,结构黏度下降,成糊率低,给色量下降,印透性和印花均匀性比淀粉好,吸湿性强,易于洗涤,但蒸化时易渗化,特别是印染胶。因此,常与淀粉糊拼混,一般用于还原染料印花的糊料。

3. **淀粉衍生物** 淀粉衍生物是利用淀粉本身的结构特点,采用适当的试剂使淀粉进行醚化和酯化而得到的产物,如羧甲基淀粉等。取代度为 0.5～0.8 的羧甲基淀粉可溶于冷水。羧甲基淀粉的分子结构中含有较多的羧基阴离子,糊的黏度对 pH 的变化比较敏感,遇金属离子会发生凝结或沉淀,适用于阴离子染料印花。取代度高的产品可用于活性染料印花。用羧甲基淀粉原糊配制的色浆印花,匀染性和透印性比较好,浆膜比较柔软,也易于洗涤。

(二) 海藻酸钠

海藻胶是海藻的主要胶质,由海藻酸和它的钠、钾、铵、钙、镁等金属盐组成,其中钠盐的成分最多,所以简称海藻酸钠。海藻酸由 β-D-甘露糖醛酸剩基和 β-L-古罗糖醛酸剩基所组成。

β-D-甘露糖醛酸剩基 β-L-古罗糖醛酸剩基

海藻酸钠的制糊较简单,将海藻酸钠(6%～8%)在搅拌下慢慢加入含有六偏磷酸钠的温水中,不断搅拌至无颗粒,再用纯碱调节 pH 值为 7～8,过滤备用。

海藻酸钠糊呈黄褐色,在 pH 值 6～10 之间的稳定性较好,pH 值高于或低于此范围有凝胶产生,遇重金属离子也易产生凝胶。用硬水制糊时,易生成钙盐沉淀,所以,制糊时加入六偏磷酸钠的目的在于络合重金属离子,并起软化水的作用。

海藻酸钠糊印制的花纹均匀,轮廓清晰,印透性和吸湿性良好,易于洗涤。但给色量较低。由于海藻酸钠分子中的羧基负离子与活性染料阴离子存在斥力,有利于活性染料上染纤维,是活性染料印花最好的糊料。

(三) 植物胶及其衍生物

1. **合成龙胶**

合成龙胶又称羟乙基皂荚胶。皂荚胶是槐树豆荚的果仁磨成的粉,也称皂仁粉,主要成分是甘露糖和半乳糖的聚合物。用皂仁粉与氯乙醇、烧碱在乙醇介质中反应而得合成龙胶。合成龙胶的耐酸性较好,但在碱性介质中易凝胶,对硬水和金属离子较稳定,渗透性、给色量中等,易洗涤性好,不能用作活性染料印花的原糊。

2. 瓜耳胶

瓜耳胶是植物胶中产量最高的,约 $70\%\sim80\%$ 产于印度。瓜耳胶中甘露糖与半乳糖之比约为 $2:1$。瓜耳胶在冷水中就能溶解,但印制效果不尽如人意,现在使用的都是经过醚化等化学改性的瓜耳胶。醚化瓜耳胶易洗涤性好,得色均匀,上色率高。

(四) 乳化糊

乳化糊是两种互不相溶的液体在乳化剂作用下,经高速搅拌而制成的乳化体。乳化糊有油分散在水中(称为油/水型乳化液)和水分散在油中(称为水/油型乳化液)两大类。用于印花的乳化糊以油/水型比较适宜。乳化糊的性质和乳化剂的性质、用量有很大关系,为了增加乳化糊的稳定性,除了加乳化剂外,还需加入一些高分子溶液作保护胶体,如羧甲基纤维素或合成龙胶等。

一般乳化糊处方如下(%):

白火油	$70\sim80$
水	$15\sim20$
平平加 O(乳化剂)	$2\sim3$
羧甲基纤维素或合成龙胶	$1\sim5$
合成	100

乳化糊含固量低,刮浆容易,润湿和渗透性好,得色鲜艳,手感柔软,但黏着力低,单独作一般染料印花的糊料渗化严重,主要用于涂料印花,也可和其他亲水性糊料拼混制成半乳化糊。但乳化糊的火油用量大,成本高,烘干时火油挥发对环境造成污染。

(五) 合成增稠剂

近年来,合成增稠剂代替乳化糊用于涂料印花,并可用于分散染料和活性染料的印花。合成增稠剂用烯类单体经反相乳液共聚而成,所用的烯类单体一般有三种或三种以上。

第一类单体是丙烯酸、马来酸等含羧基的亲水性单体。它的作用是使合成增稠剂大分子链上含有高密度羧基,中和后羧基负离子互相排斥,体系黏度提高并具有良好的水溶性或水分散性,其含量约为 $50\%\sim80\%$。

第二类单体是丙烯酸酯类疏水性单体,其作用是提高给色量,含量为 $15\%\sim40\%$。

第三类单体是含有两个烯基的交联性单体如甲叉双丙烯酰胺,在大分子链上形成轻度交联的网状结构,可显著提高增稠效果,其含量为 $1\%\sim4\%$。

使用时,在快速搅拌下将合成增稠剂加入水中,经高速搅拌一定时间即可增稠。合成增稠剂调浆方便,增稠性极强,一般在色浆中用 $1\%\sim2\%$(固体含量 $0.3\%\sim0.6\%$)即可,但遇电解质黏度大大降低。印后焙烘时氨挥发,有利于黏合剂的交联反应,可提高涂料印花的牢度。由于其用量极少,含固量很低,印后可不经洗涤,手感柔软。合成增稠剂具有高度的触变性,印制轮廓清晰,线条精细,表观给色量高,是筛网印花的理想原糊。但吸湿性强,汽蒸固色时易渗化。用合成增稠剂印制疏水性的轻薄、平滑的合纤织物的效果较好。

第三节 活性染料直接印花

活性染料印花工艺简单,色泽鲜艳,湿牢度好,中浅色色谱齐全,拼色方便,并能和多种染料共同印花或防染印花,成本低廉,是印花中最常用的染料。但活性染料不耐氯漂,固色率不高,水洗不当易造成白地不白。

选择印花用活性染料要保证色浆稳定,直接性小,亲和力低,有良好的扩散性能,固色后不发生断键现象。

活性染料印花工艺按色浆中是否含碱剂而分为一相法和两相法。

一、一相法印花

一相法印花是将染料、原糊、碱剂及必要的化学药剂一起调成色浆。

工艺流程:白布印花→烘干→蒸化→水洗→皂煮→水洗→烘干。

色浆处方(%):

活性染料	1.5～10
尿素	3～15
防染盐 S	1
海藻酸钠糊	30～40
小苏打(或纯碱)	1～3(1～2.5)
加水合成	100

一相法印花工艺适用于反应性低的活性染料,主要采用 K 型活性染料,KN 型和 M 型活性染料也有应用,这样印花色浆中所含的碱剂对色浆的稳定性影响较小。

活性染料与纤维素纤维的反应是在碱性介质中进行的,反应性差的活性染料应选用纯碱为碱剂;反应性较高的宜选用小苏打为碱剂,它的碱性较弱,有利于色浆稳定,在汽蒸或焙烘时,小苏打分解,织物上色浆的碱性增加,促使染料与纤维反应:

$$2NaHCO_3 \longrightarrow Na_2CO_3 + H_2O + CO_2\uparrow$$

尿素是助溶剂和吸湿剂,可帮助染料溶解,促使纤维溶胀,有利于染料扩散。防染盐 S 即间硝基苯磺酸钠,是一种弱氧化剂,可防止高温汽蒸时染料受还原性物质作用而变色。海藻酸钠糊是活性染料印花最合适的原糊,因为其分子结构中无伯羟基,不会与活性染料反应,而且海藻酸钠中的羧基负离子与活性染料阴离子有相斥作用,有利于染料的上染。

印花后经烘干、固色,染料由色浆转移到纤维上,扩散至纤维内部与纤维反应呈共价键结合。固着工艺有汽蒸(100～102℃,3～10 min 或 130～160℃,1 min)和焙烘(150℃,3～5 min)。

固色后,印花织物要充分洗涤,去除织物上的糊料、水解染料和未与纤维反应的染料等。活性染料的固色率不高,未与纤维反应的染料在洗涤时会溶落到洗液中,随着洗液中染料浓度的增加,会重新被纤维吸附,造成沾色。保证白地洁白的关键是首先用大量冷流水冲洗,洗液迅速排放,再经热水洗、皂洗,否则,在碱性的皂洗液中会造成永久性沾污。

二、两相法印花

两相法印花的色浆中不加碱剂,印花后再进行轧碱固色,适用于反应性较高的活性染料,提高了色浆的稳定性,避免了堆放过程中"风印"的产生。最常用的轧碱短蒸法工艺流程为:白布→印花→面轧碱液→蒸化(103～105℃,30 s)→水洗→皂洗→水洗→烘干。

轧碱处方(g):

烧碱(36°Bé)	30
纯碱	150
碳酸钾	50
淀粉糊	100
食盐	15～30
加水合成	1L

碱液中的食盐可防止轧碱时织物上的染料溶落。淀粉糊能增加碱液的黏度,防止花纹渗化。

两相法印花的固色工艺还有:浸碱法,即对高反应性的二氟一氯嘧啶类活性染料可用浸碱法固色而勿需汽蒸;轧碱冷堆法,即印花烘干后轧碱、打卷堆放 6～12 h 固色;预轧碱法,织物印花前预先轧碱,烘干后印制活性染料色浆,再烘干、汽蒸固色。

第四节　涂料直接印花

涂料印花是借助于黏合剂在织物上形成的树脂薄膜,将不溶性颜料机械地黏着在纤维上的印花方法。涂料印花不存在对纤维的直接性问题,适用于各种纤维织物和混纺织物的印花。另外,涂料印花操作方便,工艺简单,色谱齐全,拼色容易,花纹轮廓清晰,但产品的某些牢度(如摩擦和刷洗牢度)还不够好,印花处特别是大面积花纹的手感欠佳。目前涂料印花主要用于纤维素纤维织物、合成纤维及其混纺织物的直接印花,有时也可以利用黏合剂成膜而具有的机械防染能力,用于色防印花。

一、涂料印花色浆的组成

涂料印花色浆一般由涂料、黏合剂、乳化糊或合成增稠剂、交联剂及其他助剂组成。

1. 涂料

涂料是涂料印花的着色组分,系由有机颜料或无机颜料与适当的分散剂、吸湿剂等助剂以及水经研磨制成的浆状物。选用的颜料要耐晒和耐高温,色泽鲜艳,并对酸、碱稳定。颜料颗粒应细而均匀,颗粒大小一般控制在 $0.1～2\ \mu m$,还应有适当的密度,在色浆中既不沉淀又不上浮,具有良好的分散稳定性。

2. 黏合剂

黏合剂是具有成膜性的高分子物质,一般由两种或两种以上的单体共聚而成,是涂料印花色浆的主要组分之一。涂料印花的牢度和手感由黏合剂决定。作为涂料印花的黏合剂,应具有高黏着力、安全性及耐晒、耐老化、耐溶剂、耐酸碱,成膜清晰透明,印花后不变色也不损伤纤维,有弹性、耐挠曲,手感柔软,易从印花设备上洗除等特点。

黏合剂可分为非交联型、交联型和自交联型三大类。

(1)非交联型黏合剂:在黏合剂分子中不存在能发生交联反应的基团,是线型高分子物。这类黏合剂的牢度较差,需要加入交联剂,通过交联剂自身和交联剂与纤维上的活性基团的反应形成网状结构,才能保证其牢度。按单体原料来划分,一般可分为以下两类。

第一种为丙烯酸酯的共聚物。这类黏合剂具有透明、耐光、耐热的特点,但耐干洗、耐磨和弹性稍差,皮膜手感易发黏,与丙烯腈等共聚可改善其性能。

这类黏合剂的典型产品是丙烯酸丁酯和丙烯腈的共聚物,如东风牌黏合剂,其结构式如下:

$$-CH_2-CH-CH_2-CH_2-CH-$$
$$H_9C_4OOC \qquad\qquad CN$$

改变丙烯酸丁酯和丙烯腈的单体配比,可以调节黏合剂的手感、黏附性和牢度。丙烯酸丁酯的含量高,皮膜软而黏,抗张强度较低;反之,丙烯腈用量增加,皮膜抗张强度提高。

第二种为丁二烯的共聚物,如丁苯胶乳和丁腈胶乳,分别由丁二烯与苯乙烯或丙烯腈共聚而成。其特点是皮膜弹性好,手感柔软,耐磨性亦好,但由于大分子链中含有双键,耐热和耐光性差。它往往和醋酸甲壳质溶液混合使用,黏合剂 BH 就属此类。

(2) 交联型黏合剂:此类黏合剂分子中含有一些反应基团,可以和交联剂反应,形成轻度交联的网状薄膜,提高涂料印花的牢度,但交联型黏合剂不能和纤维素等大分子链上的羟基反应,也不能自身发生反应。这类黏合剂是在共聚物中引入了以下一些单体:①含羧基的单体,如丙烯酸、甲基丙烯酸等;②含氨基和酰胺基的单体,如丙烯酰胺、甲基丙烯酰胺等。交联型黏合剂有网印黏合剂、海立柴林黏合剂 TS 等。这类黏合剂在使用时一定要加入交联剂。

(3) 自交联型黏合剂:在自交联黏合剂中,含有可与纤维素上的羟基或自身反应的官能团,如 N-羟甲基丙烯酰胺等,在一定条件下,这些官能团不需要交联剂就能在成膜过程中彼此间相互交联或与纤维素纤维上的羟基反应,所以称为自交联型黏合剂,如 KG-101 等。目前的涂料印花黏合剂主要是自交联型黏合剂。

3. 交联剂

交联剂是一类具有两个或两个以上反应官能团的物质,能和黏合剂分子或纤维上的某些官能团反应,使线型黏合剂成网状结构,降低其膨化性,提高各项牢度。常用的交联剂 EH 由己二胺和环氧氯丙烷缩合而成,具有两个活泼基团——环氧乙烷基。交联剂 FH 可能是六氢-1,3,5-三丙烯酰三氮苯或 2,4,6-三环氮乙烷三氮苯,具有多个反应基团。对于非交联型黏合剂和交联型黏合剂,色浆中一般要加入交联剂,以保证印花织物的牢度;对于自交联型黏合剂,一般不加交联剂。另外,在黏合剂中加入热固性树脂,使线性高分子形成网络状,可使黏合剂皮膜在水中的膨化性降低,牢度提高。

涂料印花一般用乳化糊作原糊,其用量少,含固量低,不会影响黏合剂成膜,手感柔软,花纹清晰。用合成增稠剂代替乳化糊可避免火油挥发造成的环境污染,而且成本低。

二、涂料直接印花工艺

1. 工艺处方(%)

	白涂料	彩色涂料	荧光涂料
黏合剂	40	30~50	30~40
乳化糊或 2%合成增稠剂	x	x	x
涂料	30~40	0.5~15	10~30
尿素	—	5	—

交联剂	3	2.5～3.5	1.5～3.0
水	y	y	y
合成	100	100	100

2. 工艺流程

印花→烘干→固着。

固着主要是交联剂和交联型黏合剂、交联剂自身之间、交联剂和纤维上的活性基团或自交联型黏合剂之间及和纤维上的活性基团发生交联反应。固着有两种方式：汽蒸固着（102～104℃，4～6 min）和焙烘固着（110～140℃，3～5 min）。一般涂料印制小面积花纹可不进行水洗，但若乳化糊中火油气味大，需皂洗。

第五节　防染印花

防染印花是通过在防染印花浆中加防染剂而达到对地色染料的局部防染的。防染剂可分为物理防染剂和化学防染剂。物理防染剂是局部机械阻碍地色染料与织物接触，一般配合化学防染剂使用；化学防染剂是破坏或抑制染色体系中的化学物质，使其不能发挥有利于染色进行的作用，需根据地色染料发色的条件加以选择。

活性染料由于色谱全、色泽鲜艳、牢度好而广泛用于棉织物的染色和印花。用活性染料作地色的防染工艺，以酸防染、Na_2SO_3防染和机械性半防染印花为主。

一、酸性防染印花

活性染料中浅地色的防染印花是在印花色浆中加入酸性物质如有机酸、酸式盐或释酸剂作防染剂，中和地色轧染液中的碱剂，抑制染料和纤维的键合，从而达到防染的目的。常用的防染剂为硫酸铵，色防染料可选择涂料、不溶性偶氮染料等，它们的发色不受酸性物质的影响。活性染料地色酸防染效果除与酸的种类和用量有关外，主要取决于地色染料与纤维的亲和力，与纤维亲和力大的染料防染效果差，如活性黄 X-RN、活性黄 K-R、活性艳橙 K-R、K-G、活性艳红 X-3B。

工艺流程：白布印花→烘干→轧活性染料地色→烘干→汽蒸→水洗→皂洗→水洗→烘干。

1. 印花色浆

防白印花浆（g）：

处方①	硫酸铵	50～70
	龙胶糊	300～400
	增白剂 VBL	5
	水	x
	总量	1 000
处方②	硫酸铵	40～50
	淀粉印染胶糊	200～300
	涂料白	200～400

水	x
总量	1 000
处方③ 硫酸铵	40～50
涂料白	200～400
黏合剂	40
5%DMEU	50
乳化糊/龙胶糊	x
总量	1 000
处方④ 柠檬酸(1∶1)	200
耐酸原糊	300～400
水	x
总量	1 000

处方①为一般防白浆。当 X 型活性染料的地色浓度高时,会发生少量罩色现象,在防白浆中加入涂料及黏合剂有助于提高防白度,如处方②。涂料为机械性防白剂,若加入黏合剂可将涂料固着于纤维表面,产生立体感的白色花纹。用于涂料防白浆的黏合剂应是耐酸的。交联剂宜用 DMEU 代替,以免活性染料吸附而沾污防白涂料花纹,如处方③。处方④适应 KN 型活性染料地色。

涂料色防印花色浆(g):

涂料	10～100
尿素	50
黏合剂	400～500
乳化糊	x
硫酸铵	30～70
龙胶糊	y
50%DMEU	50
配成	1 000

色浆中的黏合剂,以聚丙烯酸酯类为好,不能用带阳荷性的黏合剂,同时也不用交联剂 EH 或 FH,而用 DMEU 代替。色浆中加入合成龙胶糊,以增加色浆黏度,提高防染效果。

2. 轧染地色

轧地色处方(g):

活性染料	x
尿素	10～15
水	y
海藻酸钠糊	50～100
小苏打	15～20
防染盐 S	7～10
配成	1 000

初开车冲淡,浸轧温度 25～30℃,一浸一轧。地色染料在汽蒸时固着,汽蒸条件为 102～104℃,5～7 min。

二、亚硫酸钠防染印花

利用亚硫酸钠可与乙烯砜型（KN 型）活性染料反应，使其失去与纤维的反应能力，而 K 型活性染料对亚硫酸钠较稳定的特点，可进行 K 型活性染料防染乙烯砜型活性染料的印花。

KN 型活性染料中的乙烯砜基遇亚硫酸钠会生成亚硫酸钠乙基砜，使染料失去活性：

$$D—SO_2CH_2CH_2OSO_3Na \longrightarrow D—SO_2CH=CH_2 + Na_2SO_4$$

$$D—SO_2CH=CH_2 + Na_2SO_3 \longrightarrow D—SO_2CH_2CH_2SO_3Na$$

$$D—SO_2CH_2CH_2OSO_3Na + Na_2SO_3 \longrightarrow D—SO_2CH_2CH_2SO_3Na + Na_2SO_4$$

这个反应速率比染料与纤维的反应要快得多，因此对 KN 型活性染料地色，可用 Na_2SO_3 作防染剂进行防染印花。同时，K 型活性染料大部分较耐 Na_2SO_3，可作着色防染染料。因此有活性防活性印花工艺。

1. 工艺流程

白布印花烘干→面轧活性染料地色→烘干→汽蒸→冷流水洗→水洗→ 皂洗→水洗→烘干。

2. 印花色浆

防白浆（g）：

Na_2SO_3	7.5～20
水	x
白涂料	100～200
淀粉糊/合成龙胶糊	400～500
配成	1 000

防白浆中的涂料为机械性防染剂，可改善防染效果和提高花纹轮廓清晰度。

色防浆（g）：

K 型活性染料	x
尿素	50
海藻酸钠糊	400～500
防染盐 S	10
Na_2SO_3	10～20
小苏打	15
水	y
配成	1 000

依次用水溶解后加入色浆合成 100％色防浆。

亚硫酸钠的用量随 KN 型地色的深浅而增减，地色浅用量少，一般用量不宜超过 1.2％，以免使花纹处给色量降低，色浆稳定性差。

3. 地色染液处方（g）

KN 型活性染料	x
尿素	50
海藻酸钠糊	100
防染盐 S	10

| 小苏打 | 12～15 |
| 配成 | 1 000 |

一些结构复杂的 KN 型活性染料,虽然可与 Na_2SO_3 反应失去与纤维反应的能力,但靠直接性仍会使花纹处罩色,如翠蓝 KN-G 等。

轧染地色后应及时汽蒸,防止地色产生风印。

三、半防印花

半防印花又称不完全的防染印花或半色调印花。它利用机械阻隔作用,使花纹处地色不能充分上染,造成花纹处色浅或叠色效应。半防印花工艺过程同一般防染印花,但防染色浆不同于前面的酸性防染或 Na_2SO_3 防染。

半防印花方法:

(1) 先印上印花原糊,再轧染或罩印地色,地色染液或色浆在花纹处被稀释,即可取得稀释效果,获深浅层次花纹。

(2) 印花色浆中加入钛白粉、涂料白、明胶之类机械性防染剂,罩印(面轧)地色时,花纹处地色仅能部分上染,获得深浅色花纹。

(3) 醇类防染是利用醇羟基和活性染料反应,使活性染料不能再和纤维反应,也可达到半防印花的目的。如色浆中加入甘油、硫代双乙醇或色酚 AS—D 等都能降低花纹处活性染料的得色量。

三乙醇胺的加入也能提高半防印花效果,调节三乙醇胺的用量可以获得深浅不同的花纹层次。

半防印花是不彻底的防染印花,它不仅适用于罩印的防浆印花法,还适用于印花前轧地色,或印花后染地色法。活性染料地色的固着可采用汽蒸法、两相汽蒸法和烧碱快速固着法。半防染程度取决于防染剂种类和它的用量及地色浓度,可随需要调节。

半防染印花浆举例(g):

	Ⅰ	Ⅱ	Ⅲ
海藻酸钠糊	500	300	500
钛白粉	—	100	100
乳化糊	—	100	—
三乙醇铵	—	—	30～50
总量	1 000	1 000	1 000

处方Ⅰ的半防效果差,处方Ⅲ的半防效果最好,处方Ⅱ可与直接印花的活性染料色浆拼混进行叠色印花。

第六节 特种印花

一、印花泡泡纱

印花泡泡纱是通过印花的方法将织物局部进行化学处理,使之收缩,未收缩处便形成凹凸的泡泡。其印制方法有:

1. 印碱法

用刻有直条花纹的印花滚筒在单辊印花机上印 $36\sim40°Bé$ 的 NaOH 溶液,透风烘干,棉纤维便剧烈收缩,而未印碱处的棉纤维只能随之卷缩而成凹凸不平的泡泡,然后经松式洗涤去除烧碱。

2. 印树脂法

棉织物上先印防水剂,使印花处产生拒水性,烘干后,将织物浸轧烧碱溶液,然后透风。印有防水剂处,烧碱液不能进入,而未印花处棉纤维在碱液作用下收缩,产生泡泡。

泡泡纱的印花在加工中必须不受张力,在后处理平洗时采用松式设备,否则会把泡泡拉平。泡泡纱印花可在漂白、染色、印花布上进行,但选用的染料必须耐浓碱且不发生变色。

二、烂花印花

烂花印花产品常见的有烂花丝绒和烂花涤/棉织物,它们的基本原理相同,即利用两种纤维的不同耐酸性能,用印花方法(印酸浆)将一种纤维烂去,而成半透明花纹的织物。

烂花涤/棉的坯布采用涤/棉包芯纱,纱的中心是涤纶长丝,外面包覆棉纤维。通过印酸、烘干、焙烘或汽蒸,棉纤维被酸水解炭化,而涤纶不受损伤,再经过松式水洗,印花处便恢复了涤纶的透明。烂花丝绒的坯布地纱是真丝乔其纱,绒毛是黏胶丝,在这种织物上印酸,将黏胶绒毛水解或炭化去除,而蚕丝不受侵蚀,便留下乔其纱底布。能侵蚀棉、黏胶等纤维素纤维的酸剂有硫酸、硫酸铝、三氯化铝等,目前使用最多的是硫酸。原糊需耐酸,常用白糊精。印浆中加入分散染料上染涤纶,可获得彩色花纹。

三、特种涂料印花

1. 金银粉印花

专门用于金粉(铜锌合金粉末)或银粉(多为漂浮型铝粉)印花的印花浆由性能特殊的高分子黏合剂、高效抗氧化色变剂、稳定剂、手感调节剂、特种印花糊料等组成。可将其印制在各类纺织品上;也可用于真皮革和湿法 PU 革的印花,得到似黄金或白银般高贵华丽的花型图案,起到镶金嵌银的效果。

20 世纪 90 年代以来出现的新材料,以特殊的晶体为核心,外包增光层、钛膜层、金属光泽沉积层,每层按顺序包覆,组成新的金光或银光颜料粉用于印花。这种晶体包覆新材料不易氧化,具有良好的耐气候、耐高温、耐化学品性,应用性能优于原来的金粉(铜锌合金粉)和银粉(铝粉),但是新材料的光泽与传统的金粉和银粉相比略有差异,人们习惯使用后者,只是在客户订单指定要环保型的金银粉时才会使用前者。

(1) 金属颜料:

① 铜粉:铜粉即习惯称为金粉的金属颜料,实际上是铜或铜的合金(一般铜锌合金多)。金粉有 170 目、240 目、400 目、600 目、800 目、1 000 目等多种规格。金粉目数越低光泽越高,通常用 400 目金粉印花为多。金粉对化学品比较敏感。耐光性好的金粉在制造时表面涂了一层硬脂酸或其他脂肪酸类润滑剂。铜粉在水相体系中分散不理想,印花浆中必须加入适当的非离子表面活性剂,以得到均匀饱满的花纹效果。

② 铝粉:铝粉就是银粉印花用的银白色金属铝颜料。铝粉在空气中比较稳定,因为它本身会形成一层透明氧化膜,但是粉状的铝(细雾状和片状)可与水反应放出氢而生成氢氧化铝,

制造铝粉时在表面涂有硬脂酸,但是在水性的涂料印花浆系统中,经调浆、印花、加热烘干后,光泽会发生变化,明显变暗。现在铝粉制造商和专用印花浆制造专业厂已研制出新型的即用型金银粉印花浆。

(2)金银粉专用印花浆组成:

金银粉印花对光泽的特殊要求决定了印花浆体系必须具有稳定的抗氧化性能,而且对配入的黏合剂、糊料等都有特定的要求。

① 抗氧化剂:铜合金或金属铝粉易在空气中氧化变色,常选用的抗氧化剂有米吐尔,学名对甲氨基酚,此外,还有对抑制铜氧化有特效的苯并三氮唑或者进口的 Bright Gold BBC 3324 和 GBV 2837 等可供选用。

② 糊料:金银粉印花糊与直接印花糊的要求不一样,要求加入金粉或银粉之后,经搅拌易分散,与黏合剂配伍性好,调好的金银粉印花浆应具有一定黏度才能使所印花型饱满、清晰,这就需要有符合这些要求的特殊糊料供配浆应用。

③ 黏合剂:可选择 PA 接硅树脂或 PU 树脂,要求黏合剂稳定性好,手感与牢度能兼顾,同时要能耐干洗,有自润湿组分的优质黏合剂供配浆用。

④ 其他添加剂:包括印浆流变性能调节剂、手感牢度调节剂等多种组分,它们都是改善金粉印花印制性能所必需的助剂。

最好由专业厂按上述要求选择原料,并经合理的复配工艺制成性能良好且质量稳定的金粉印花浆,印染企业只要加入适量金粉(一般为 10%～15%)调匀,即可上机印花,十分方便,意大利和日本均有这类即用型商品,可使金粉印花纺织品的质量保持相对稳定。

(3)即用型金银粉印花浆印花举例:

这种印花浆使用方便,只需加入适量的金粉调匀即可直接用于印花。印花织物热处理后,能保持良好的金粉光泽,手感及牢度均佳。

① 参考处方(%):

金粉印花浆	85
350～400 目金粉	15
合计	100

② 工艺流程:印花→预烘(105～110℃,2 min)→焙烘(130～160℃,1.5 min)→成品。

金粉印花花版应排在最后一套色位,这样金粉印花的亮度好。即使采用金粉浆罩印,因为金粉涂料有较强的遮盖力,也能取得较好的效果。金粉印花与染料印花同印,特别是湿罩湿印花时,红色的活性染料对金属离子很敏感,接触后会形成金属络合物而产生色变。为了确保金粉印花后的牢度,最好采用干热风固化工艺,尽量少采用汽蒸工艺,因为采用汽蒸工艺黏合剂固化不完全,会影响牢度。

2. 珠光印花

珠光印花的历史源远流长,早期使用的珠光颜料是从鱼鳞中提取的一种物质,叫做鸟粪素(Cuanine),它的主要成分是 2-氨基-6-羟基嘌呤,因为资源有限、价格昂贵,难以满足纺织品印花的市场需要。此后人们研究了人工珠光体,如碱式碳酸铅等,但是珠光效果决定于表面光滑和完整晶体的形成,制造工艺要求很高,且用此晶体制成的印花浆稳定性较差,宜随配随用,不能贮存,使用运输均不方便。20 世纪 80—90 年代,人们研制了以云母微核包覆钛等金属氧化物的新材料,制得能产生珍珠光泽的颜料,其外观透明、扁平,具有光滑的平面和高折射率及优良的光泽,而且不局限于单一色调(即银白色)。除白色系列外,还有彩虹色系列、着色系列(不但有珍珠般的光泽,而且带有透明颜料所具有的迷人色彩)、云母铁系列(产生金属光泽)、金色系列(不但具有珍珠光泽,而且呈现出金色光泽,有很好的金粉印花效果)。

作为高附加值纺织品的印花浆,它的组成关键是成膜之后膜必须无色透明,膜的折射率应在 1.5 左右,与玻璃相似,才能印制出高质量的产品。

(1)珠光印花浆的成膜条件:

① 黏合剂成膜后应全透明,耐光、耐热等性能要好,最好能耐干洗,同时希望它对珠光颜料的分散性能好,更希望它有自润湿性能,可在添加 10%～15% 的珠光粉成浆后在 80 目左右的网上顺利印花,同时要求在加热固化后有较好的牢度和手感。

② 增稠剂本身是高分子材料,也会成膜,其具体要求基本上同黏合剂,高温焙烘成膜之后不能泛黄。增稠剂本身不能带色,一般涂料直接印花中所用的外观呈黄色且煤油味重的增稠剂均不可用。

(2)即用型珠光印花浆应用举例

① 参考处方(%):　　　　珠光粉　　　　　　10～15

　　　　　　　　　　　　　珠光印花浆　　　　x

　　　　　　　　　　　　　合计　　　　　　　100

可加适量的 A 邦浆或增稠剂糊料调制,在 60～80 目筛网上印花。注意 A 邦浆虽有利于印制,但油相系统的糊料对珠光光泽有一定程度的影响。

② 棉织物工艺流程: 印花→预烘(105～110℃,2 min)→焙烘(165～170℃,2～3 min)→成品。

印花时筛网一般多选用粗网目的花版,以 60～80 目为宜,其中又以 80 目为主,少数要求印花后的花纹上带有金属多彩闪烁效果者,可用 50～60 目筛网印花。调制印花浆时加入珠光粉,不要长时间高速打浆,以免破坏珠光颜料的晶体结构,造成光泽度下降。

3. 夜光印花

利用自发光材料对纺织品进行印花,使得印花后的织物在黑暗条件下显现出晶莹发亮、美丽多彩的花型图案,在有光条件下,是浅色或无色的,随着光强度的变化而呈现隐隐约约、忽隐忽现的奇特感觉。这种利用不同发光波长和不同余辉的光致发光物质产生的动态印花效果是十分迷人的。

(1)夜光印花浆的组成:

① 发光材料:发光材料目前可以分为两种类型,传统型发光材料是余辉时间短的硫化物复合材料,新型发光材料是稀土金属盐。各种发光材料的余辉时间和发光颜色都是有重要实用价值的参数。印花时材料不能太细,细的发光效果差,当颗粒小至 5 nm 即不能发光。

② 糊料、黏合剂及助剂:因为稀土铝酸盐发光材料易水解,所以配制印花浆时,最好采用标准白火油制备的特种乳化糊(与 A 帮浆类似),以手感柔软、牢度好、成膜透明的黏合剂配伍,一般不加交联剂即可保证其各项牢度符合标准。为改善加入夜光粉后印花浆的流变性能,可以加入油性的流变性能调节剂和手感牢度调节剂,以求得到最佳印花效果。

(2)即用型夜光印花浆夜光印花举例:

① 参考处方(%):　　　　夜光粉　　　　　　15～25

　　　　　　　　　　　　　夜光印花浆　　　　x

合计　　　　100

② 工艺流程：印花→预烘（105～110℃，2 min）→烘焙（130～165℃，1.5 min）→成品。

实际生产时，一般与其他染料或涂料共同印花，花版色位的排列次序，一般染料或涂料色位在先，夜光印花浆在后，不能将夜光浆叠印在其他印花浆上，否则将影响发光。纺织品的地色对发光有很大影响。如以白地色夜光印花的亮度为100，那么浅地色的印花亮度只有80～90，而深地色的印花亮度在80以下。发光材料受印花浆及外部环境的影响很大，在配浆及应用过程中，要避免与强电解质以及铅、钴、镉等重金属离子接触。

四、金属箔印花

金属箔印花实际上是一种热压转移印花，使用的是特殊的热熔黏合剂，将具有金色或银色的金属薄膜转移到纺织品上的印花方法。金属箔印花的纺织品多为妇女服用的针织布或机织布，以点、线及流畅的花型为多，因为金属箔的镜面光反射作用强，它的光亮度大大高于常规的金粉或银粉印花，更显现出富丽华贵的效果。

1. 金属箔

在聚酯薄膜上按序加脱膜层、着色层，然后在高温及真空条件下将铝蒸发成气体并均匀地扩散和分布在聚酯薄膜上形成真空镀铝层，这就是一般的铝膜。通过特定的氧化处理及染色可以获得黄色的金箔。最后涂覆热熔黏合层组成金属箔印花的金属箔。

2. 金属箔印花黏合剂

这是一种性能特殊的黏合剂，也是金属箔印花得以成功的关键。它由合适的热熔胶如聚酰胺、聚酯、聚乙烯树脂和黏合树脂如聚氨酯系树脂组成。要求配成的印花浆透网及流动性能良好，能在织物表面得到均匀的涂层，且能向基布适当而不过度地渗透，还应具有热熔点低、不收缩、耐水洗、耐干洗性好、手感柔软等特点。

3. 金属箔印花工艺

金属箔印花工艺有两种，在织物上印热熔黏合剂和在金属箔上印热熔黏合剂。

（1）织物印烫金胶（热熔黏合剂）→预烘（100℃，1 min）→金属箔贴合→热压（将金属箔局部转移到织物上，130～160℃，30 s）→金属箔与聚酯膜剥离并黏合于织物上。

印烫金胶（热熔黏合剂）可以在手工台板、平网、圆网等设备上进行。

（2）金箔纸→黏合剂印花→预烘（70～80℃，30～60 s）→与染色织物贴合热轧（160～170℃，15～30 s）→贴合织物打卷→50～70℃熟化堆放→剥离→成品。

为了提高织物与金属箔之间的黏结牢度，在热轧之后，应有一道熟化工序（温度维持在50～70℃之间，时间在20h左右），然后进行剥离即成。

五、发泡印花

发泡印花是用发泡印花浆，经涂料印花工艺，在纺织品上形成一种立体效果的特种涂料印花，又称立体印花、凸纹印花或浮雕印花。这种印花方法可以印制韵味独特的花型。

严格地说，发泡印花可分为起绒印花和发泡印花两种方式，虽然都可以产生立体印花的效果，但是前者为物理方法，而后者为化学方法，前者具有绒绣状的绣花效果，而后者只有浮雕效果。

1. 物理发泡法

物理发泡法采用"微胶囊"技术,将发泡剂包覆在数十微米大小、稳定的"微胶囊"中,微胶囊的囊壁由偏氯乙烯与丙烯腈共聚体、聚苯乙烯、聚氨酯、聚氯乙烯等组成。微胶囊中贮有易气化的有机溶剂,如异丁烷等。最后将微胶囊分散在丙烯酸系列的黏合剂中组成发泡印花浆。这种印花浆印在织物上后,在烘干发泡阶段,微胶囊芯材中的有机溶剂受热后很快气化,将胶囊膨胀成气泡,体积可增加 50 倍左右。

　　2. 化学发泡法

　　化学发泡法是采用化学发泡剂产生发泡的气体,将高分子聚合物胶乳和发泡剂等组成化学发泡浆,在织物上印花后,给予烘干热处理,在某一合适的温度下,化学发泡剂分解产生大量气体,将胶乳构成的树脂层膨胀,从而产生浮雕效果。发泡剂多为有机发泡剂,如偶氮二异丁腈、偶氮二甲酰胺等,配方中加入合适的助剂(如尿素)和金属盐(如氯化锌)均有降低发泡温度的效果。在由以上物质组成的发泡浆中,还必须有包覆泡沫、稳定泡沫的黏合剂。为了形成强度好的泡沫孔型结构,只加聚丙烯酸酯黏合剂还不够,还须加入适量的 PVC 树脂,以使发泡浆印花后的织物有较柔软的手感和较好的弹性。

　　3. 发泡印花工艺举例

　　(1) 印花浆处方(g):

悬浮级聚苯乙烯树脂	180
乙酸乙酯	340
丙烯酸酯共聚体	350
增稠剂 M	17
二丁基苯磺酸钠	5
偶氮二异丁腈	8
偶氮二甲酰胺	60
尿素	30
硬脂酸	10
合计	1 000

　　(2) 工艺流程:半制品→印花→烘干→焙烘(压烫或定形,130℃,30 s)→柔软拉幅。

　　发泡印花的关键是严格控制烘及焙的温度,烘干织物时不能让它发泡,焙烘时既要完成树脂的固化过程,又要完成发泡过程。因为发泡最合理的温度范围很窄,温度不足,发泡高度不够,固化不完全,牢度也不好;温度过头已发起的泡沫结构表层坍塌,造成发泡高度下降,达不到预定效果。进行涂料着色发泡印花时,要注意涂料色浆对发泡高度的负面影响,一般涂料用量不能超过 5%。发泡印花浆是一种高含固量的印花浆,操作时,稍有不慎就易出现堵网问题,因此无论是手工台板或是机印均应在冷条件下进行,不能用热台板印花。当进行多套色印花时,发泡印花的花位(板或筒)应排列在最后的色位进行,不然会影响发泡印花效果。

六、弹性胶浆印花

　　弹性胶浆不同于传统的涂料罩印浆,专用于弹力织物,特别是针织物的印花。印花后在织物上形成一种既有弹性和良好遮盖性,同时表面有消光或光泽酷似皮革的字母花型。弹性透明胶浆则可以在弹力或轻薄型的白色织物上印制出具有似透明效果的花型。

　　1. 弹性胶浆的品种与组成

（1）弹性白胶浆：不同于传统的以纯 PA 树脂为原料的白胶浆，它是以高含固量的 PA 接硅树脂和 PU 树脂复配作为弹性主黏合剂，配以不同比例晶型（锐钛型和金红石型）的钛白粉、高效分散剂、稳定剂、印浆流变性能调节剂和手感调节剂等组成的特殊罩白印花浆，可在织物上形成具有橡胶皮膜感的花型。

（2）弹性不透明胶浆：它以改性 PA 与 PU 树脂共混乳胶为基材，适量配以不透明聚合物和印浆流变性调节剂及手感调节剂组成。不透明聚合物是采用一种新颖特殊的乳液聚合工艺制造的高分子新材料，能够有效地将入射光散射，借此加强了涂料的遮盖力。

（3）弹性透明胶浆：这种胶浆基材同样为改性 PA 树脂或 PU 树脂，同时配以印浆流变性及手感调节剂。

弹性透明胶浆可以用于弹性织物涂料直接印花，能在白地纺织品上得到着色特别鲜艳、更有弹性的花型，使织物具有不同于普通涂料直接印花的特殊手感与风格。它还可用于薄型纺织品的仿烂花印花工艺，形成酷似烂花印花的透明图案。

2. 弹性胶浆印花举例

（1）白色弹性罩印浆 S-420 等即用型产品可直接用于印花，焙烘固化条件为 130℃，2～3 min。

（2）彩色弹性罩印浆 MS-520 使用时可取原浆 100 g，加入着色涂料 1～5 份调制成均匀的色浆，即可上机罩印彩色花型于深地色的织物上，它属于即用型罩印浆，焙烘固化条件为 130～150℃，2～3 min。

七、反光印花

反光印花是采用特殊的印花工艺，在织物上印上以高折射率反光体为基础的反光单元，将外来光源射来的光线集成锥状光束再向光源反射，当光的折射角在一定范围内都可以保持这种反光特征，故称定向反光印花。

定向反光具有强烈的"醒目"效应，行人穿着该类印花服装，在夜间车灯的照射下，能反射明亮的光，引起驾驶员的高度注意，以避免交通事故。

反光印花中的反射体为球形透镜型的玻璃微珠，由二氧化硅、二氧化钛、氧化钡、二氧化锆、氧化锌等组成，折射率在 1.9～2.3，粒径 40～90 μm。如将玻璃珠做成有色的，则可获得彩色的反光效果。

反光印花工艺举例

（1）色浆处方（g/L）：

着色剂	适量
消泡剂	10～50
反射体	300～500
黏结促进剂 506	10～200
黏合剂 RA-801	x

（2）工艺流程：织物→印花→烘干（100～105℃）→焙烘（150℃，3 min）。

反光印花必须选择成膜性强和透明度高的黏合剂。为了提高产品的牢度，必要时应加入交联剂。用不同颜色色浆印制的反光花型其反光强度是不同的，因为不同颜色的着色剂对光的吸收能力不同，着色剂的色泽越深，吸收光的能力越强，反光强度越低。

第七节 | 数字喷墨印花

数字喷墨印花技术是基于一种细小的色墨流体,分裂成可控的微小墨滴,施加于纺织品上的印花方法。

一、数码喷墨印花的原理

数码印花一个重要的技术指标为分辨率(dots per inch,简称 dpi)。在喷墨印花时,不同的基布对分辨率的要求不同。一般情况下,dpi 为 180~360 时,图像已清晰。对很精细的图像,dpi 达到 360~720 即可。分辨率提高后对喷嘴的喷射频率、定高精度的要求更高。

数码喷墨印花的机器设备中,其关键部分是喷头,通常可分为:

1. 连续喷射式(Continuous Ink Jet,简称 CIJ)

连续喷射式原理是通过对印墨施加以高频震荡压力,使印墨从喷嘴中喷出形成均匀连续的微滴流。在喷嘴处设有一个与图形光电转换信号同步变化的电场。喷出的液滴在充电电场中有选择地带电,当液滴流继续通过偏转电场时,带电的液滴在电场的作用下偏转,不带电的液滴继续保持直线飞行状态。直线飞行的液滴不能到达待印基质而被集液器回收,带电的液滴喷射到待印基质上。

2. 按需喷射式(Drop on Demand,简称 DOD)

按需喷射式喷印是目前常用的印花系统,其工作原理是当需要印花时,系统对喷嘴内的色墨施加高频机械力、电磁式热冲击,使之形成微小的液滴从喷嘴喷出,喷射到设定的花纹处。

二、喷墨印花用油墨的基本性能

1. 基本性能

用于印花的墨水均需符合严格的理论指标,使其具有特定性能,才能形成最佳状态的墨滴,去适应特定的喷墨系统,才能在纺织品上得到色彩鲜艳、色牢度高、手感好的印花织物,基于使用要求,墨水的基本参数为:

(1)表面张力:墨水的表面张力对墨滴的形成与印花品质有极大关系。表面张力既不能太高又不能太低,否则会产生墨滴"拖尾巴"或呈"卫星状"生成溅射飞点,影响印花图形效果。通常在使用按需供墨(DOD)方式喷墨印花机时,墨水的表面张力参数应该低于纤维的表面张力,墨水的液滴才能润湿织物并在织物上渗透和铺展。常用的纤维表面张力分别为:棉纤维 64 mN/m,聚酯(涤纶)纤维 43 mN/m,聚酰胺(尼龙)纤维 46 mN/m。故墨水的表面张力一般设定在 30~40 mN/m。

(2)黏度:这一物理概念与表面张力一同影响墨滴的形成。黏度太高墨滴呈拉丝拖尾状,同时降低喷射速度,墨滴甚至无法喷射至基布的相同点上,而黏度太低则墨滴易碎,形不成规则墨滴。一般按需供墨(DOD)印花机墨水的黏度为 3~10 mPa·s。

(3)粒径:因为喷嘴的孔径微细,为防止大粒径颗粒物堵孔,一般平均粒径参数为 0.5 μm,最大值不超过 1 μm。

(4)导电率:由于 DOD 方式下的喷墨印花,墨滴是依带电荷偏转工作原理进行的,水相体系的墨水,本身导电性良好,导电率要求在 750 Ω^{-1} 以上。

(5) 染料/颜料的纯度和浓度:喷墨印花墨水中所含的染料/颜料的浓度比纸张打印机的要高,一般高 3～5 倍。对所使用的染料/颜料的纯度、稳定性、色牢度要求的也高。

喷墨印花专用的墨水是影响印花品质和其产业化发展的关键因素之一,在实践中必须认真对待。

三、喷墨印花墨水

喷墨印花墨水按大类可分为水性墨水和溶剂型墨水,后者常称为油墨,前者有的文献中也称为油墨或印墨,这是不科学的称呼,应规范称为水性墨水。水性墨水按所使用的色素可分为染料墨水和颜料(涂料)墨水,如按墨水溶液状态分类则可分为真溶液墨水和水分散墨水。真溶液墨水包含活性染料和酸性染料墨水,是分子级完全溶解的真溶液系统;水分散墨水包含分散染料和颜料墨水,是分散染料或颜料粉的固体超细微粒的乳化悬浮体系,其制备方法较复杂,颗粒粒径应小于 200 nm 并稳定在悬浮液中,才能应用。

纤维素纤维墨水主要由色素(染料或颜料)、分散剂、保湿剂、pH 值缓冲剂、杀菌剂、添加剂、溶剂、水等组分经复杂工艺制成。

以活性染料为例,它们一般是一氯均三嗪活性染料(%):

活性染料	2～15
表面活性剂	15～45
杀菌剂	0.1～0.5
pH 值缓冲剂	0.1～0.5
去离子水	82.8～39

常规印花时,活性染料和碱剂等添加剂调在一起制成色浆进行印花,印花后经烘干、汽蒸或焙烘,最后水洗。

四、纤维素纤维织物喷墨印花工艺过程

喷墨印花的坯布需特殊的上浆预处理准备工序,将常规印花时印浆中所用的助剂、糊料调成浆液浸轧到织物上,只是浓度比一般的印花色浆小很多。

1. 工艺流程

浸轧或单面上浆→70～80℃烘干→喷活性染料墨水→烘干→汽蒸(102℃,10～15 min)→3～4 格冷水淋洗→90℃,2 min 皂洗,净洗剂 3 g/L→水洗→烘干。

2. 活性染料喷墨印花织物预处理处方(普通)

中黏度海藻酸钠	100～200 g/L
尿素	100 g/L
碱剂(如 Na_2CO_3 或 $NaHCO_3$)	25～30 g/L
防染盐 S	10 g/L
合成	1 L
轧液率	75%～90%

第四章

棉织物整理

第一节 概　述

一、织物整理的定义和目的

纺织品整理是指通过物理、化学或物理和化学联合的方法,改善纺织品外观和内在品质,提高服用性能或其他应用性能,或赋予纺织品某种特殊功能的加工过程。广义上讲,纺织品从离开(编)织机后到成品前所进行的全部加工过程均属于整理的范畴,但在实际生产中,常将织物练漂、染色和印花以外的加工过程称为整理。由于整理工序多安排在整个染整加工的后期,故常称为后整理。

纺织品整理的内容丰富多彩,其目的大致可归纳为以下几个方面:

(1) 使纺织品幅宽整齐均一,尺寸和形态稳定。如定(拉)幅、机械或化学防缩、防皱和热定形等。

(2) 增进纺织品外观,包括提高纺织品光泽、白度,增强或减弱织物表面绒毛等。如增白、轧光、电光、轧纹、磨毛、剪毛和缩呢等。

(3) 改善纺织品手感,主要采用化学或机械方法使纺织品获得柔软、滑爽、丰满、硬挺、轻薄或厚实等综合性触摸感觉。如柔软、硬挺、增重整理等。

(4) 提高纺织品耐用性能,主要采用化学方法,防止日光、大气或微生物等对纤维的损伤或侵蚀,延长纺织品使用寿命。如防蛀、防霉整理等。

(5) 赋予纺织品特殊性能,包括使纺织品具有某种防护性能或其他特种功能。如阻燃、抗菌、防污、拒水、拒油、防紫外线和抗静电等。这种整理也称为纺织品功能整理或特种整理。

二、织物整理的分类

按照纺织品整理效果的耐久程度,可将整理分为暂时性整理、半耐久性整理和耐久性整理三种。

1. 暂时性整理

纺织品仅能在较短时间内保持整理效果,经水洗或在使用过程中,整理效果很快降低甚至消失,如上浆、暂时性轧光或轧花整理等。

2. 半耐久性整理

纺织品能够在一定时间内保持整理效果,即整理效果能耐较温和及较少次数的洗涤,但经多次洗涤后,整理效果仍然会消失。

3. 耐久性整理

纺织品能够较长时间地保持整理效果,即整理效果能耐多次洗涤或较长时间应用而不易消失。如棉织物的树脂整理、反应性柔软剂的柔软整理、树脂和轧光或轧纹联合的耐久性轧光、轧纹整理等,都属于耐久性整理。

纺织品整理除按照上述方法分类外,还有:按照整理加工工艺性质分类,如物理机械整理、化学整理、机械和化学联合整理;按照被加工织物的纤维种类分类,如棉织物整理、毛织物整理、化纤及混纺织物整理等;按照整理要求或用途分类,如一般整理、特种整理等。但是,不管哪一种分类方法,都不能把纺织品的整理划分得十分清楚。有时一种整理方法可以获得多种整理效果,有时织物整理和染色、印花等工艺结合进行。

第二节　棉织物的一般整理

一、硬挺整理

硬挺整理是利用高分子物质制成浆液浸轧到织物上,经干燥后在织物或纤维表面形成皮膜,从而赋予织物平滑、硬挺、厚实和丰满等手感。由于硬挺整理所用的高分子物多被称为浆料,所以硬挺整理也叫做上浆。

硬挺整理剂有天然浆料和合成浆料两类。天然浆料有淀粉及其变性物、田仁粉、橡子粉、海藻酸钠及动植物胶等。淀粉上浆的织物手感坚硬、丰满,田仁粉成糊率高,整理后织物弹性较好,但硬挺性较差。采用淀粉等天然浆料作为硬挺剂的整理效果不耐洗涤。为了获得比较耐洗的硬挺效果,可采用合成浆料上浆,合成浆料的浆膜具有较高的强度和较大的延伸性。应用较多的合成浆料有高聚合度、部分或完全醇解的聚乙烯醇以及聚丙烯酸酯等。另外,采用混合浆料进行硬挺整理,如淀粉和海藻酸钠、纤维素衍生物、聚乙烯醇或聚丙烯酸酯等混合,可以使各种浆料的优势互补,获得良好的整理效果。

进行硬挺整理时,整理液中除浆料外,一般还加入填充剂、防腐剂、着色剂及增白剂等。填充剂用来填塞布孔,增加织物重量,使织物具有厚实、滑爽的手感,应用较多的有滑石粉、膨润土和高岭土等。天然浆料容易受微生物作用而腐败变质,加入防腐剂可防止浆液和整理后织物贮存时霉变。常用的防腐剂有苯酚、水杨酰替苯胺和甲醛等。此外,整理液中加入某些染料或颜料可改善织物色泽。

二、柔软整理

1. 化学柔软整理

棉及其他天然纤维都含有脂蜡类物质,化学纤维上施加有油剂,因此都具有柔软感。但织物经过练漂及印染加工后,纤维上的蜡质、油剂等被去除,织物手感变得粗糙发硬,故常需进行柔软整理。织物柔软整理有机械整理和化学整理两种方法。化学方法是在织物上施加柔软剂,降低纤维和纱线间的摩擦系数,从而获得柔软平滑的手感,而且整理效果显著,生产上常采用这种整理方法。柔软剂的种类很多,如表面活性剂、石蜡、油脂等乳化物、反应性柔软剂及有机硅等。石蜡、油脂及表面活性剂等物质沉积在织物表面形成润滑层,使织物具有柔软感,但它们均不耐洗,效果不持久。反应性柔软剂,如柔软剂 VS、柔软剂 ES、防水剂 RC 等,它们的分子结构中具有较长的疏水性脂肪链和反应性基团,能和纤维上的羟基和氨基等形成共价键结合,不但耐洗涤,而且有拒水效果。

2. 机械柔软整理

柔软整理也可以用机械方式进行。它一般采用气流式柔软整理机,织物运行完全依靠气流的动力,这样可避免机械传动可能造成的挤压和摩擦,使织物得到柔的处理。在整理过程中,由于气流和织物、织物和管壁、织物与织物、织物和栅格、织物和助剂间的物理摩擦、搓揉、拍打及化学作用,可消除织物在纺、织、染过程中的内应力,使织物组织蓬松、纤维蠕动、微纤起茸,最终获得良好的柔软蓬松感,并可基本消除整理过程中产生的皱印等疵病。

三、拉幅整理

织物在练漂和印染加工过程中,持续地受到经向张力的作用,而纬向受到的张力较小,因而造成织物经向伸长而纬向收缩,并且产生其他缺点,如幅宽达不到规定尺寸、布边不齐、纬纱歪斜等。定幅整理的目的是使织物具有整齐均一且形态稳定的门幅,并克服上述其他缺点。一般棉织物在出厂前都需要进行定幅整理。

定幅整理的原理是利用棉纤维在潮湿状态下具有一定的可塑性,将织物门幅缓缓地拉到规定的尺寸,逐渐烘干,并调整经纬纱在织物中的状态,从而使织物幅宽达到规定尺寸和均匀一致,并使尺寸、形态稳定及纬斜等疵病得到纠正。除棉纤维外,其他天然纤维,如毛、麻、丝等以及吸湿性相对较强的化学纤维,在潮湿状态下也有不同程度的可塑性,其织物也能通过类似的作用达到定幅的目的。

织物定幅整理在拉幅机上进行。拉幅机一般由给湿、拉幅和烘干三个主要部分组成,并附有整纬等辅助装置。拉幅机有布铗拉幅机和针板拉幅机等。棉织物的定幅多采用前者,后者则多用于毛织物、丝织物、化学纤维及其混纺织物的定幅整理。

一般热风布铗拉幅机的示意图见图 1-4-1。它主要由轧车、整纬装置、一组烘筒、伸幅装置、热风烘房等组成。织物进行定幅整理前,先经过两辊或三辊轧车轧水给湿,再经烘筒初步烘干到回潮率约为 $10\%\sim15\%$,以减轻热烘房的负担。除浸轧给湿方式外,还有毛刷滚筒给湿、斜板溅射给湿等方式。

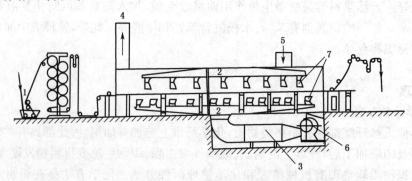

图 1-4-1   热风布铗拉幅机

1—给湿装置   2—主风管   3—加热器   4—废气排出口   5—吸入新鲜空气的管道   6—送风机   7—喷风口

布铗拉幅机的拉幅部分安装在热烘房内,其主要机件除驱动设备和机架外,还有布铗链、调幅螺杆和开铗装置组成的伸幅机,它的结构与布铗丝光机的伸幅部分相同。织物由拉幅机构左右两侧的两串布铗啮住布边进入热烘房内,布铗链敷设在轨道上,沿着轨道循环运行。两串布铗链间的距离逐渐增大,从而使织物门幅扩伸。布铗链间距在机器后部趋于平行,使织物保持所需的幅宽,直至烘干。布铗链的长度一般为 15～34 m,多为 27 m。织物在拉幅机上拉伸的程度,一般是使整理后的幅宽控制在成品幅宽公差的上限。

织物拉幅时的烘干以热风烘燥为多,也有采用蒸汽散热片管或煤气等火口加热的。热风烘燥是利用送风机将冷空气压送至加热器加热,再经主风道及支风管分送至热风喷口,垂直喷射到织物上、下两面。喷风口可随织物的门幅调整宽度。

除上述主要部件外,拉幅机上往往还附有整纬装置。正常情况下,织物经、纬纱应保持互相垂直状态。织物在前处理及印染加工过程中,由于经纱和纬纱受到的张力不均匀,或织物中部与两边所受的张力不一致,往往会造成纬斜或纬歪等现象,拉幅烘干后,这种状态会固定下来,因此,在定幅整理时需要用整纬装置加以纠正。整纬装置有机械式和光电式两种,机械整纬装置又分为差动齿轮式和辊筒式。

热风布铗拉幅机常与轧车、预烘设备等组合而成浸轧、拉幅、烘干联合机,这样不但可进行单独的定幅整理,还可以使上浆、柔软、增白、树脂整理等与定幅整理同时进行。

针板拉幅机的结构与布铗拉幅机基本相同,其主要区别是以针板代替布铗。它的特点是可以超速喂布,在拉幅过程中减少了经向的张力,有利于扩幅,同时,又使织物经向获得一定的回缩,起到预缩的效果。针板拉幅机还可用于树脂整理和合成纤维织物的热定形。这种拉幅机的缺点是加工织物的布边留有针孔,针杆易折断,不宜用于轧光及电光等织物。

四、预缩整理

棉织物在织造和染整加工之后,形状往往处于不稳定状态,具有潜在收缩性。织物在松弛状态下落水或洗涤以后,会发生收缩变形,这种现象称为缩水。织物按规定的洗涤方法洗涤前后经向或纬向的长度差占洗涤前长度的百分率,称为该织物的经向或纬向缩水率,即:

$$缩水率(\%) = \frac{L_0 - L}{L_0} \times 100$$

式中,L_0 为洗涤前织物经向(或纬向)长度(m);L 为洗涤后织物经向(或纬向)长度(m)。

用具有潜在收缩的织物制作服装,洗涤后,由于发生一定程度的收缩,导致服装变形走样,影响服用性能,给消费者造成损失。因此,需要对织物进行必要的防缩整理。缩水率是棉织物出厂前的重要考核指标之一。

1. 织物缩水的原因

纤维或纱线在纺、织、染加工过程中经常受到拉伸作用而伸长,特别是在潮湿状态下更易发生伸长,如果维持在这种拉伸状态下干燥,则会使伸长状态暂时固定下来,造成所谓“干燥定形”变形,从而使纤维或纱线存在内应力。织物再度润湿并在自由状态下干燥时,由于内应力松弛,纤维或纱线长度发生收缩,造成织物缩水,这种情况称为织缩调整引起的缩水。但具有正常捻度纱的织物缩水率很少超过 2%,而棉织物的缩水率有时可高达 10%。显然,内应力松弛只是织物缩水的原因之一。棉织物缩水的另一主要原因在于纤维吸湿后呈现各向异性溶

胀,引起织缩增大。织缩可由织物中纱线长度与织物长度之差对织物长度的百分比来计算,即:

$$织缩(\%) = \frac{L_1 - L_2}{L_2} \times 100$$

式中,L_1为织物中纱线长度(m);L_2为织物长度(m)。

除上述原因外,织物缩水还和织物的组织结构以及纤维的特性有关。

2. 预缩整理方法

为了减小织物的经向收缩现象,需要对织物进行防缩整理。其方法有化学整理和机械预缩整理两类。化学方法的基本原理是采用某种化学物质,主要是树脂或交联剂对织物进行处理,封闭棉纤维上的亲水基团,从而降低纤维的亲水性,抑制纤维的吸湿溶胀作用,达到降低织物缩水率的目的。这种整理实际上类似于织物的树脂整理。机械预缩整理则是通过机械作用使织物经向织缩增加,织物长度缩短,潜在收缩减小或消除,达到防缩的目的。

织物机械预缩整理多在压缩式预缩机上进行,其中橡胶毯和毛毯压缩式预缩机在棉织物上应用最普遍。橡胶毯压缩式三辊预缩机的预缩装置结构如图1-4-2所示,主要由橡胶毯、承压辊和导辊组成。橡胶毯为无接缝环状,具有一定的弹性和厚度。承压辊表面为光滑的铜质或不锈钢,中间可加热。通常织物在进入预缩装置前,先经过给湿装置给湿,以使纤维较柔软并具有可塑性。然后,织物紧贴于橡胶毯上进入预缩机。橡胶毯经过导辊时其表面呈拉伸状态,而当它绕经承压辊时则变成收缩状态。这样,织物也随橡胶毯的收缩而发生同步收缩。由于承压

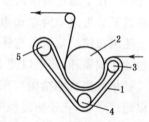

图1-4-2 三辊预缩机预缩装置

1—橡胶毯 2—加热承压辊
3,4,5—导辊

辊提供的热量烘去部分水分,使收缩后的织物结构得到基本稳定。织物经过导辊和承压辊之间轧点的挤压作用,对其收缩和定形也有一定影响。若出机后织物再经过无张力烘干设备进一步烘干,则可获得更加稳定的防缩效果。一般经上述加工后,织物经向缩水率可降低到1%以下,且手感柔软丰满。毛毯压缩式预缩机的工作原理与橡胶毯预缩机基本相同。

五、外观整理

织物的光泽主要由织物表面对光的反射情况决定。织物表面光滑一致,纤维或纱线彼此平行排列,入射到织物表面的光线将沿一定角度被反射,反射光较强,织物光泽就强。织物经练漂及印染加工后,纱线弯曲程度增大,起伏较多。另外,织物表面还附有绒毛,造成表面不光滑,反射光就以不同角度向各个方向漫射,因此光泽较暗。织物的光泽整理通常有轧光和电光整理两种方法。

轧光整理的原理是借助于棉纤维在湿热条件下具有一定的可塑性,通过机械压力的作用,将织物表面的纱线压扁压平,竖立的绒毛压伏,从而使织物表面变得平滑光洁,对光线的漫反射程度降低,进而达到提高织物光泽的目的。

织物轧光整理在轧光机上进行。轧光机主要由辊筒和加压装置等组成,辊筒可有2~7个,分软辊筒和硬辊筒两种,软、硬辊筒交替排列,软辊筒也可连续排列。软辊筒也称为纤维质辊筒,由羊毛、棉花或纸帛经高压压实再经车光磨平制成。硬辊筒由铸铁等金属制成,

中空,可加热,表面光滑。普通轧光机由三只辊筒组成,适合一般光泽的轧光整理。五辊以上的轧光机也称通用轧光机,通过软硬辊筒的不同排列形式,可分别用于单面、双面、摩擦及叠层轧光等。

轧光前,织物一般先给湿或浸轧整理液,然后进行拉幅烘干。轧光时,织物环绕经过轧光机各只辊筒,在辊筒之间受到湿、热及压力的作用,使织物烫平,获得光泽,同时手感也有改善。轧光整理效果与织物含湿率、轧辊温度、辊筒间的压力及轧点数等因素有关。

叠层轧光是将数层织物叠在一起,通过同一轧点进行轧光,由于织物间的相互碾压作用,使织物表面产生波纹效应,除了能获得柔和的光泽外,还可使织物手感柔软、纹路清晰。

为了使织物获得更强烈的光泽,可采用摩擦轧光机对织物进行摩擦轧光。摩擦轧光机由两个或三个辊筒组成。三辊摩擦轧光机的中间一个辊筒为软辊筒,上、下两个辊筒为硬辊筒,其中上面的辊筒可加热,又称为摩擦辊筒。摩擦辊筒通过过桥齿轮和变换齿轮驱动,转数由变换齿轮的齿数调节,一般比下面两个辊筒超速 $30\% \sim 300\%$。轧光时利用织物行进时的线速度与摩擦辊筒转动速度之差,使织物受到摩擦轧压作用,从而获得强烈的光泽。

电光整理的原理和加工过程与轧光整理基本类似,其主要区别是电光整理不仅把织物轧平整,而且在织物表面轧压出互相平行的线纹,掩盖了织物表面纤维或纱线的不规则排列现象,因而对光线产生规则的反射,获得强烈的光泽和丝绸般的感觉。电光整理机的构造及工作原理与轧光机类似。电光机多由一硬一软两个辊筒组成,其中硬辊筒不但可以加热,而且在表面刻有与辊筒轴心成一定角度且相互平行的细斜纹,斜纹的角度和密度因加工织物的品种和要求而有不同。

轧纹整理(又称轧花整理)与轧光、电光整理相似,也是利用棉纤维在湿热条件下的可塑性,通过轧纹机的轧压作用,使织物表面产生凹凸的花纹。轧纹整理机由一个可加热的硬辊筒和一个软辊筒组成,硬辊筒表面刻有阳纹(凸纹)花纹,软辊筒上则压有与之相吻合的阴纹(凹纹)花纹。织物轧纹时,软、硬辊筒保持相同的线速度运转,在织物上轧压出花纹。

棉织物的光泽和轧纹整理过去常用淀粉类浆料作整理剂,但整理后织物光泽和花纹的耐久性差。为了获得耐久性整理效果,光泽和轧纹整理可与树脂整理、拒水拒油及涂层等化学整理相结合。光泽及轧纹整理也可用于麻、涤/棉混纺、锦纶和涤纶等织物。

六、增白整理

棉织物经过漂白加工后,虽然白度有了很大的提高,但常常还带有浅黄和褐色,这是由于纤维吸收了少量的蓝色光而使反射光中带有黄色光引起的。为了进一步提高漂白织物的白度,一般应进行增白整理。早期的增白整理是采用所谓的上蓝处理,即在织物上染着某些能吸收黄色光的蓝、紫色染料或涂料,使织物的反射光中的蓝紫色光增强。这种增白处理效果较差,亮度降低而略有灰暗感,而且不耐水洗。

目前,织物增白整理多采用荧光增白剂。荧光增白剂的增白原理和上蓝不同,它能吸收紫外光线而放出蓝紫色的可见光,与织物上反射出来的黄光混合成为白光,从而使织物达到增白的目的。由于用荧光增白剂处理后织物反射光的强度增大,所以亮度有所提高。荧光增白剂实际上是一种近乎无色的染料,对纤维有亲和力,具有一定的耐洗牢度。

棉织物常用的增白剂有荧光增白剂 VBL 和 VBU 等,它们和直接染料的性质类似,可溶于水。荧光增白剂 VBL 的化学结构式如下:

式中 R 为 —OH、—N(CH₂CH₂OH₂)₂ 或—NHCH₂CH₂OH 等。

棉织物的增白整理可单独进行,也可与染色、柔软或硬挺整理等同时进行。荧光增白剂 VBL 整理液的 pH 值以 8～9 为宜,最高用量为织物重量的 0.6%。荧光增白剂 VBU 较耐酸,可和树脂整理同时进行加工。

第三节 | 棉布的树脂整理

一、树脂整理的目的和原理

棉、黏胶纤维及其混纺织物具有许多优良特性,但也存在弹性差、易变形、易折皱等缺点。所谓树脂整理就是利用树脂来改变纤维及织物的物理和化学性能,提高织物防缩、防皱性能的加工过程。树脂整理主要以防皱为目的,故也称为防皱整理。实际上,许多防皱整理剂并不一定都是树脂,但习惯上仍沿用树脂整理这一名称。从整理发展过程来看,树脂整理经历了一般防缩防皱、免烫(或"洗可穿")和耐久压烫(简称 PP 或 DP 整理)三个阶段。

织物产生折皱可简单地看成是由于外力作用,使纤维弯曲变形,外力去除后形变未能完全复原造成的。从微观上讲,则是由于纤维大分子或基本结构单元间交联发生相应变形或断裂,然后在新的位置上重建而引起的。就纤维素分子而言,大分子链上有许多羟基,并在大分子之间形成氢键交联。当受到外力作用时,纤维发生变形,大分子间原来建立的氢键被拆散,基本结构单元发生相对位移,纤维大分子在新的位置上形成新的氢键。外力去除后,由于新形成的氢键的阻碍作用,使纤维素大分子不能回复到原来的状态,这就是造成织物折皱的原因。

树脂整理剂能够和纤维素分子中的羟基结合而形成共价键,或者沉积在纤维分子之间,从而限制了大分子链间的相对滑动,提高织物的防皱性能,同时也可获得防缩效果。

二、树脂整理剂和树脂整理工艺

树脂整理剂的种类很多,目前最常用的是 N-羟甲基化合物,如二羟甲基脲(脲醛树脂,简称 UF)、三羟甲基三聚氰胺(氰醛树脂,简称 TMM)、二羟甲基乙烯脲(简称 DMEU)和二羟甲基二羟基乙烯脲(简称 DMDHEU 或 2D)等,其中 2D 树脂的整理效果最好,应用也最广泛。

2D 树脂分子式

树脂整理的一般工艺流程为:浸轧树脂整理液→预烘→拉幅烘干→焙烘→皂洗→烘干。

1. 浸轧树脂整理液

浸轧方式为二浸二轧或一浸一轧两道,轧余率65%~70%,浸轧液温度为室温。树脂整理液由树脂初缩体、催化剂及其他添加剂组成。树脂初缩体一般由酰胺与醛反应制得,如2D树脂初缩体是由尿素、甲醛和乙二醛在一定条件下缩合而成。催化剂的作用是加速树脂整理剂自身及其与纤维之间的反应,降低反应温度、缩短处理时间。树脂整理中使用的催化剂种类很多,如酸、铵盐、金属盐等。常用的有氯化镁、硝酸铵、磷酸二氢铵、柠檬酸等。采用混合催化剂可以提高催化效率,显著降低焙烘温度,缩短焙烘时间。由于经树脂整理后的织物断裂强力、撕破强力及耐磨性能等有一定程度的降低,织物手感也变得较为粗糙,为改善上述缺点,在树脂整理液中常加入一些添加剂。常用的添加剂为一些热塑性树脂,如聚乙烯乳液、聚丙烯酸酯乳液等以及聚氨酯、有机硅和其他柔软剂。另外,为了增加树脂初缩体的渗透性,整理液中还可加入适量的润湿剂,如渗透剂JFC、平平加O等。

2. 预烘

采用红外线或热风烘燥机于80~100℃烘燥,使织物含湿率降低到30%以下,以防止织物上的树脂初缩体在烘干时产生泳移,造成整理效果不均匀。

3. 拉幅烘干

拉幅烘干的目的是使树脂整理后织物的幅宽达到规定要求,并把织物烘干。拉幅烘干一般在热风布铗拉幅机或热风针板拉幅机上进行。针板拉幅机可超速喂布,有利于提高织物防缩效果。

4. 焙烘

焙烘是利用较高温度对干燥后的织物进行处理,使树脂初缩体在较短的时间内自身缩合或与纤维发生交联反应。焙烘的温度和时间根据催化剂种类和用量而定,一般为140~150℃,3~5 min。焙烘设备有悬挂式、导辊式和卷绕式焙烘机等。悬挂式焙烘机有长环和短环两种,织物呈松弛状态悬挂在导辊上,导辊由链条带动运转。导辊式焙烘机是一种常用焙烘设备,其特点是织物受热均匀,容布量大,焙烘时织物经由导布辊进入预烘区,使织物表面温度升高,并烘除残留的水分,然后进入焙烘区使树脂反应,最后经冷却区降温,冷却后落布。

5. 皂洗、烘干

皂洗的目的在于洗除织物上的树脂反应副产物,如甲基胺等,它有难闻的鱼腥味。同时可洗除织物上的催化剂及其他残余物。皂洗后织物用水清洗,最后烘干。

三、低甲醛和无甲醛树脂整理剂和整理工艺

由于树脂整理剂绝大多数是含甲醛的N-羟甲基化合物,用这类整理剂整理的织物在湿热条件下一般都存在不同程度的甲醛释放问题。甲醛为有毒物质,会刺激人的眼睛和鼻黏膜,引起皮肤过敏及皮炎,释放在空气中会造成严重污染。为此,许多国家对织物上甲醛的释放规定了严格的允许限量。我国的《GB 18401—2001 纺织品甲醛含量的限定》中规定甲醛的限量为:婴儿服装≤20 mg/kg,直接接触皮肤的服装≤75 mg/kg,非直接接触皮肤的服装和装饰织物≤300 mg/kg。因此降低整理织物的甲醛释放量非常重要。

整理织物上的甲醛释放有一部分来源于树脂初缩体中的游离甲醛,因为在N-羟甲基类

防皱整理剂的制备过程中,羟甲基化反应是一个可逆反应,在合成整理剂的平衡状态下都存在未反应的甲醛。N-羟甲基等的分解也是导致整理织物不断释放甲醛的重要原因。采用 N-羟甲基类整理剂对织物进行整理时,除了部分自聚以及和纤维发生交联反应外,还会发生如下的反应从而释放出甲醛:

$$\underset{\substack{|}}{\overset{\overset{\displaystyle O}{\|}}{—C}}—NCH_2OH \Longleftrightarrow \underset{\substack{|}}{\overset{\overset{\displaystyle O}{\|}}{—C}}—NH + HCHO$$

整理剂和纤维素分子间生成的交联键的水解断裂也是整理织物上甲醛释放的一个来源。研究表明,未交联的 N-羟甲基是整理织物主要的甲醛释放源。为了降低整理织物上的游离甲醛含量,可以选用低甲醛或无甲醛整理剂。

1. 低甲醛整理剂及整理工艺

低甲醛整理剂是指整理剂初缩体中的游离甲醛含量在 0.5% 以下,整理品释放甲醛为 30~300 mg/kg 的整理剂。对于 N-羟甲基类整理剂来说,其羟甲基的醚化是制造低甲醛整理剂的有效途径,因为醚化的 N-羟甲基酰胺类树脂以烷基取代了 N-羟甲基中的氢原子,所形成的醚键不仅稳定,降低了原有体系的极性和电荷,而且形成的烷氧基的供电性比羟基大,从而使 N-C 键的稳定性提高,使树脂和纤维之间的交联键耐酸、碱水解,稳定性大大提高,从而减少了甲醛的释放量。但整理剂的交联活性减小,降低了抗皱和耐久压烫的效果。常用的醚化剂为醇类化合物,如甲醇、乙醇和乙二醇等。甲醚化和乙醚化可得低甲醛整理剂,整理织物的甲醛释放量可减少至 200~300 mg/kg;多元醇醚化可制得超低甲醛整理剂,整理织物的甲醛释放量可低于 150 mg/kg;目前实际应用较多的是各类醚化 2D 树脂,其醚化反应如下:

$$\text{HOH}_2\text{C—N} \quad \text{N—CH}_2\text{OH} + 2\text{ROH} \xrightarrow{\text{H}^+} \text{ROH}_2\text{C—N} \quad \text{N—CH}_2\text{OR}$$

纯棉织物用低甲醛整理剂的整理工艺举例如下:

工作液组成:醚化 2D 树脂 50 g/L,有机硅柔软剂 20 g/L,氯化镁 35 g/L,渗透剂 JFC 2 g/L。

工艺流程:二浸二轧→红外线预烘→拉幅烘干→焙烘(165~167℃, 3.5 min)→平洗→烘干。

但是,即使采用醚化的低甲醛整理剂进行整理,整理织物也不可避免地存在甲醛释放问题。

2. 无甲醛整理剂及整理工艺

目前研究和应用的无甲醛整理剂主要是多元羧酸类,如丁烷四羧酸(BTCA)、丙三羧酸(PTCA)、柠檬酸(CA)和低聚合度的聚马来酸(PMA),其结构式分别如下:

$$\begin{array}{l}CH_2\!\!-\!\!COOH\\ |\\ CH\!\!-\!\!COOH\\ |\\ CH\!\!-\!\!COOH\\ |\\ CH_2\!\!-\!\!COOH\end{array}\qquad\begin{array}{l}H_2C\!\!-\!\!COOH\\ |\\ HO\!\!-\!\!C\!\!-\!\!COOH\\ |\\ H_2C\!\!-\!\!COOH\end{array}\qquad \begin{array}{l}\Big[CH\!\!-\!\!CH\Big]_m\\ \ \ |\quad\quad\ |\\ HOOC\quad\ COOH\end{array}$$

丁烷四羧酸   柠檬酸   聚马来酸

多元羧酸与纤维素纤维的交联机理是,首先多元羧酸在高温和催化剂的作用下,相邻的两个羧基脱水,形成酸酐,然后酸酐再和纤维素分子上的羟基进行酯化反应,形成交联,其反应如下:

对多元羧酸和纤维素纤维反应有较好催化效果的催化剂是无机磷系,其中以次磷酸钠为最好,其次是磷酸二氢钠,磷酸氢二钠、焦磷酸钠和磷酸三钠等也具有一定的催化作用。应用多元羧酸作为纤维素纤维织物的防皱整理剂时,应加入胺类化合物(如三乙醇胺、异三乙醇胺)和多元醇类化合物(如季戊四醇、丙三醇、聚乙二醇等),以提高整理织物的强度,增加织物的柔韧性和白度。

(1) 丁烷四羧酸:丁烷四羧酸的整理效果比较理想,其整理产品的耐久压烫等级、白度、耐洗性、手感和强力保持率等都令人满意,某些指标甚至超过 2D 树脂,且加入催化剂的工作液不会自聚,可长期存放。用于纯棉织物的防皱整理工艺举例如下:

工作液组成:丁烷四羧酸 6.3%,催化剂 $NaH_2PO_2 \cdot H_2O$ 6.5%,有机硅柔软剂适量,聚乙二醇 1%。

工艺流程及条件:浸轧工作液(轧余率 110% 左右)→预烘(80℃, 5 min)→焙烘(180℃, 1.5 min)→水洗→烘干。

(2) 聚马来酸:聚马来酸具有较好的整理效果,如高的免烫性、强力保持率及耐水洗性,而且价格便宜,具有良好的应用前景,但整理效果比丁烷四羧酸略差。纯棉织物聚马来酸防皱整理的工艺举例如下:

工作液组成:聚马来酸 8%,柔软剂 2%,次亚磷酸钠 4%,渗透剂 0.2%。

工艺流程及条件:二浸二轧(轧余率 70%~80%)→预烘(85℃, 3 min)→焙烘(180℃, 1 min)→水洗→烘干。

第四节 │功能性整理

一、拒水整理

(一) 拒水拒油整理的概念

在织物表面施加一种具有特殊分子结构的整理剂,改变纤维表面的组成,并牢固地附着于纤维或与纤维化学结合,使织物不再被水和常用的食用油类所润湿,这种整理称为拒水或拒油整理,所用的整理剂分别称为拒水剂或拒油剂。

拒水整理和防水整理是有区别的。前者利用具有低表面能的整理剂,藉表面层原子或原子团的化学力使水不能润湿。织物经拒水整理后,仍能保持良好的透气和透湿性,不会影响织物的手感和风格,水在压力下仍能透过织物,但不会损害它的拒水性。后者是在织物表面涂布一层不透气的连续薄膜,如橡胶等,填塞织物的孔隙,籍物理方法阻挡水的透过,即使在外界水压作用下也有高的抗水渗透能力,但往往不透气和不透湿,穿着也不舒适。防水整理属涂层整理范畴。虽然近年来随着涂层技术的进步,透气、透湿而不透水的涂层织物早已问世,但其表面仍不能达到水不能润湿的程度,除非经拒水剂处理或在涂层浆中加入拒水剂组分。

拒水剂和拒油剂是一种具有低表面能基团的化合物,用于整理织物,可在织物的纤维表面均匀覆盖一层拒水剂或拒油剂分子,并由它们的低表面能原子团组成新的表面,使水和油均不能润湿。水具有高的表面张力($72.8\ \mathrm{mN\cdot m^{-1}}$),因此,以临界表面张力 γ_c 为 $30\ \mathrm{mN\cdot m^{-1}}$ 左右的疏水性脂肪烃类化合物,或用 γ_c 为 $24\ \mathrm{mN\cdot m^{-1}}$ 左右的有机硅整理剂可获得足够的拒水性。拒水性脂肪烃油类的表面张力约为 $20\sim30\ \mathrm{mN\cdot m^{-1}}$,必须用含氟烃类整理剂才能使纤维的临界表面张力降到 $15\ \mathrm{mN\cdot m^{-1}}$ 以下。所以,拒水剂一般选用烷基($-C_nH_{2n+1}$,$n>16$)为拒水基团,拒油剂必须选用全氟烷基($-C_nF_{2n+1}$,$n>7$)为拒油基团。此外,拒水剂或拒油剂要牢固地附着于纤维表面,其分子结构中还必须具有其他相应基团,最好能与纤维反应,或与纤维有较强的黏附功。

(二) 常用拒水拒油剂的结构、性能和整理工艺

根据拒水整理效果的耐洗性,可将拒水整理分为不耐久、半耐久和耐久性三种,主要取决于所用拒水剂本身的化学结构。按标准方法洗涤,能耐 30 次以上洗涤的,称为耐久性拒水整理,耐 $5\sim30$ 次洗涤的称为半耐久性拒水整理,耐 5 次以下洗涤的称为不耐久拒水整理。

已研究或使用过的拒水剂种类很多,主要有金属皂类(铝皂和锆皂)、蜡和蜡状物质、金属络合物、吡啶类衍生物、羟甲基化合物、有机硅(聚硅氧烷)和含氟化合物等。但由于或者耐久性差或者对纤维有损伤或者不符合环保要求以及气味、颜色等多种原因,目前常用的拒水剂主要是有机硅和含氟化合物,拒油剂则是含氟化合物。

1. 有机硅拒水剂

有机硅是以 —O—Si—O— 为主链的聚合物,这些聚合物称为聚硅氧烷:

$$R-\underset{\underset{R}{|}}{\overset{\overset{R}{|}}{Si}}-\left[-O-\underset{\underset{R}{|}}{\overset{\overset{R}{|}}{Si}}-\right]_n-O-\underset{\underset{R}{|}}{\overset{\overset{R}{|}}{Si}}-R$$

用于纺织品拒水整理的有机硅中的取代基 R 通常是甲基(聚二甲基硅烷或称二甲基硅油)、氢(聚甲基含氢硅烷或称含氢硅油)或羟基(如聚 ω, α- 二羟基硅烷或称二羟基硅油)。

聚二甲基硅烷在纤维表面可形成柔性薄膜,赋予整理品以柔软的手感。但聚二甲基硅烷无活性基团,且与织物的黏接性差,不宜单独作为织物的拒水整理剂。

聚甲基含氢硅烷中的硅氢键具有较大的活性,在催化剂作用下,易发生水解反应,水解形成的 Si—OH 键可自身脱水缩合、交联成弹性膜,或与纤维素上的羟基反应形成醚键,也可与含氢硅油中的氢、羟基硅油中的羟基缩合、交联,形成更大的网络。固化后的有机硅弹性膜冠于织物表面,可赋予织物耐洗涤的优良拒水性能。其反应式如下:

与纤维素纤维的反应:

$$
\text{水解:} \quad R-\underset{\underset{O}{|}}{\overset{\overset{O}{|}}{Si}}-H + H_2O \xrightarrow{\text{催化剂}} R-\underset{\underset{O}{|}}{\overset{\overset{O}{|}}{Si}}-OH + H_2
$$

$$
\text{交联:} \quad R-\underset{\underset{O}{|}}{\overset{\overset{O}{|}}{Si}}-OH + HO-\underset{\underset{O}{|}}{\overset{\overset{O}{|}}{Si}}-R \longrightarrow R-\underset{\underset{O}{|}}{\overset{\overset{O}{|}}{Si}}-O-\underset{\underset{O}{|}}{\overset{\overset{O}{|}}{Si}}-R + H_2O
$$

$$
-\underset{\underset{OH}{|}}{\overset{\overset{CH_3}{|}}{Si}}-O-\underset{\underset{OH}{|}}{\overset{\overset{CH_3}{|}}{Si}}-O- + 2\text{Cell} \xrightarrow{\triangle} -\underset{\underset{O\text{Cell}}{|}}{\overset{\overset{CH_3}{|}}{Si}}-O-\underset{\underset{O\text{Cell}}{|}}{\overset{\overset{CH_3}{|}}{Si}}-O-
$$

有机硅拒水剂可采用浸轧法或浸渍法对织物进行处理。采用浸轧法时,先浸轧有机硅拒水剂,而后烘干,然后于 120～150℃焙烘数分钟。有机硅类拒水剂整理的织物其增重达到 1%～2%就可获得良好的耐久性拒水效果,特别适用于合成纤维及其混纺织物,在合成纤维织物特别是长丝织物上的拒水效果耐水洗和干洗性非常好,但在棉和黏胶纤维织物上的耐洗效果稍差些,这是因为纤维素纤维在水中的溶胀使赋予拒水性的有机硅薄膜破裂所致。

有机硅拒水剂整理工艺举例如下:

浸轧液组成(g):

甲基含氢硅烷乳液	30
羟基硅烷乳液	70
胺化环氧交联剂	14.2
结晶醋酸锌	10.8
氯氧化锆	5.4
一乙醇胺	4.5
水	x
总量	1 000

整理工艺：　二浸二轧(轧余率 70%)→烘干(100～105℃)→焙烘(150～160℃，5～7 min)→水洗→皂洗→水洗→烘干。

2. 含氟化合物拒水拒油剂

含氟化合物既能拒水又能拒油，而有机硅和脂肪烃类化合物只有拒水作用，所以有机硅类拒水剂已逐渐被含氟烃类化合物所取代。含氟烃类化合物的拒油性与其具有低的表面能有关。

含氟拒水拒油整理剂中氟原子的电负性大，直径小，且 C—F 键的键能高。因此，含有大量 C-F 键的化合物分子间凝聚力小，使化合物的表面自由能显著降低，从而形成了很难被各种液体润湿、附着的特有性质，表现出优异的疏水疏油性，经整理后的织物同时具有拒水、拒油、防污性能。含氟整理剂有低浓度高效果的特点，可使处理后的织物保持良好的手感和优异的透气、透湿性，特别是含氟聚合物的整理效果更耐水洗和干洗，因此，在纺织品加工中的应用日趋广泛。

含氟拒水拒油整理剂一般由一种或几种氟代单体和一种或几种非氟代单体共聚而成。氟代单体一般为含氟(甲基)丙烯酸酯，提供整理剂拒水拒油性。非氟代单体一般为含有乙烯基的单体，可赋予整理剂成膜性及与底材的黏合性。

含氟拒水拒油整理剂的通式可表示为：

$$\cdots-(-CH_2-\underset{\underset{\underset{\underset{R_F}{|}}{X}}{\underset{|}{O}}}{\overset{\overset{R}{|}}{\underset{|}{C}}}-)_a(-CH_2-\underset{\underset{R_1}{\underset{|}{O}}}{\overset{\overset{R}{|}}{\underset{|}{C}}}-)_b(-CH_2-\underset{\underset{Y}{|}}{\overset{\overset{Cl}{|}}{\underset{|}{C}}}-)_c(-CH_2-\underset{\underset{R_2}{\underset{|}{NH}}}{\overset{\overset{R}{|}}{\underset{|}{C}}}-)_a\cdots$$

式中，R＝—H，—CH$_3$；Y＝—H，—Cl；R$_F$＝—CF$_3$CF$_2$—(CF$_2$CF$_2$)$_m$—，m＝3，4，5，6；R$_1$＝—C$_n$H$_{2n+1}$，R$_2$＝—CH$_2$OH，—C(CH$_3$)$_2$CH$_2$COCH$_3$。

含氟聚合物可以和非含氟拒水剂混合使用。研究发现含氟聚合物和吡啶类拒水剂混合使用，在棉织物上具有良好的协效应，而且拒水性和耐洗性极好。各种疏水性烃类拒水剂都可以增强含氟聚合物拒水拒油剂的拒水拒油性和耐洗性，这就是一般在拒油整理中添加耐久性拒水剂的缘故。

含氟聚合物适用于合成纤维织物、天然纤维织物及其混纺织物的拒水拒油整理。在纤维素纤维织物的整理中，加入树脂类交联剂能提高含氟聚合物整理效果的耐久性，改善抗皱性，并可提高洗可穿性和耐久压烫性能。

含氟聚合物拒水拒油剂可采用浸轧法或浸渍法应用，通常采用浸轧法。涤棉卡其织物拒水拒油整理的处方和工艺举例如下：

浸轧液处方(g)：

Asahiguard AG-70　　　　　50

羟甲基类拒水剂	40
DMDHEU	30
结晶氯化镁	12
水	x
总量	1 000

整理工艺：二浸二轧（轧余率 70%～75%）→烘干（充分烘干）→热处理（160℃，3 min）→水洗→皂洗→水洗→烘干。

拒水拒油整理可以和其他整理结合进行。在涂层整理中，为防止涂层浆渗透到织物背面，可以先对基布进行拒水拒油预处理。涂层后再经拒水或拒油整理，可以增加织物的功能性。

二、阻燃整理

约半数以上的火灾是由纺织品不阻燃而引起或扩大的，因为常见的纺织纤维都是有机高聚物，在 300℃ 左右就会裂解，生成的部分气体与空气混合形成可燃性气体，这种混合可燃性气体遇到明火会燃烧。经过阻燃整理的纺织品，虽然在火焰中达不到完全不燃烧，但能使其燃烧速度缓慢，离开火源后能立即停止燃烧，这就是阻燃整理要达到的目的。发达国家对纺织品的阻燃制订了系统的法规，我国 1998 年颁布实施了《消防法》，规定公共场所的室内装修、装饰应当使用不燃或难燃材料，使阻燃材料的应用有了法律保障。

纺织品的阻燃性能主要通过两种途径获得，对纺织品进行阻燃整理和使用阻燃纤维，前者加工容易，成本低，但耐久性不及后者。

（一）纺织品的燃烧性

纺织品燃烧的过程包括受热、熔融、裂解和分解、氧化和着火等阶段，如图 1-4-2 所示。纺织品受热后，首先是水分蒸发、软化和熔融等物理变化，继而是裂解和分解等化学变化。物理变化与纺织纤维的比热容、热传导率、熔融热和蒸发潜热等有关；化学变化决定于纤维的分解和裂解温度、分解潜热的大小。当裂解和分解产生的可燃性气体与空气混合达到可燃浓度并遇到明火时，着火燃烧，产生的燃烧热使气相、液相和固相温度上升，燃烧继续维持下去。影响这一阶段的因素主要是可燃性气体与空气中氧气的扩散速度和纤维的燃烧热。

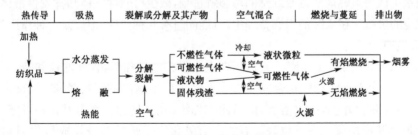

图 1-4-2 纺织品燃烧的模式

纺织品燃烧中，热裂解是至关重要的步骤，它决定裂解产物的组成和比例，与能否续燃的关系极大，决定了纤维的燃烧性。由纤维对热的一些物理常数能概略地看出各种纤维的燃烧性能，如表 1-4-1 所示。

表 1-4-1 常见纤维对热的物理常数

纤维	玻璃化温度 T_g(℃)	熔融温度 T_m(℃)	热裂解温度 T_p(℃)	燃烧温度 T_c(℃)	极限氧指数 LOI(%)	燃烧热 (kJ·g^{-1})	火焰最高温度(℃)
羊毛	—	—	245	600	25	20.5	941
棉	—	—	350	350	18.4	16.3	860
黏胶纤维	—	—	350	420	18.9	16.3	850
三醋酯纤维	172	290	305	540	18.4	—	886
锦纶6	50	215	431	450	20~21.5	33.0	875
锦纶66	50	265	403	530	20~21.5	33.0	—
涤纶	80~90	255	420~477	480	20~21	23.8	697
腈纶	100	>220	290	>250	18.2	—	855
丙纶	−20	165	466	550	18.6	46.4	—
改性腈纶	<80	>240	273	690	29~30	—	—
氯纶	<80	>180	>180	450	37~39	21.3	—
诺曼克斯	275	375	410	>500	28.5~30		
凯夫拉	340	560	>590	>500	29		

　　纤维的可燃性可用极限氧指数(LOI值)来表示。极限氧指数是指纤维在氮氧混合气体中保持烛状燃烧所需要的氧气的最小体积分数。空气中,氧气的体积百分浓度为21%,但发生火灾时由于空气的对流、相对湿度等环境因素的影响,达到自熄的LOI值有时必须超过27%。一般来说,LOI<20%的为易燃纤维,20%~26%之间的为可燃纤维,26%~34%之间的为难燃纤维,35%以上的为不燃纤维。

　　燃烧是一个复杂的过程,不同的纤维和不同的阻燃剂又有各种不同的性质,所以迄今尚未建立对各方面都适用的阻燃理论。目前的阻燃机理主要有四种理论:覆盖论、气体论、热论和催化脱水论。覆盖论认为某些阻燃剂在低于500℃下是稳定的,但在温度较高的情况下,能在纤维表面形成覆盖层,隔绝氧气,并阻止可燃性气体向外扩散。气体论认为阻燃剂在燃烧温度下能分解出不燃性气体,将纤维热分解放出的可燃性气体浓度稀释至可燃浓度以下,或者生成能俘获活泼性较高的游离基的抑制剂,终止游离基反应的进行。热论认为阻燃剂在高温下能发生熔融、气化等吸热作用,减少热量的生成,阻止燃烧的蔓延,或者是使热量迅速扩散,使织物达不到燃烧温度。催化脱水论认为阻燃剂能改变纤维的热裂解过程,减少可燃性气体和挥发性液体的生成量,从而抑制燃烧的进行。在实际的阻燃整理中,可能同时有几种作用,但以某一种作用为主。

　　(二)阻燃剂

　　具有阻燃效果的元素,主要限于元素周期表中Ⅲ族的硼和铝,Ⅳ族的钛和锆,Ⅴ族的氮、磷和锑,以及Ⅶ族的卤素。硼和铝化合物在织物上常用作不耐洗的阻燃整理。如硼砂和硼酸按1:0.4~1:1(摩尔比)配制的水溶液,即可用作棉织物的阻燃剂,其阻燃作用可能与其熔点较低又会形成玻璃状涂层覆盖在纤维表面有关。氢氧化铝受热时会分解成氧化铝和水,分解时吸收大量的热量是它起阻燃作用的主要方面,其次是产生一定量的水分。

　　氮化合物不能单独作阻燃剂,但与膦化合物混用时会有协合阻燃效果。膦化合物是阻燃剂中一个最大的家族,具有阻燃作用的化合物有膦酸铵和聚磷酸铵类、膦酰胺类、膦酸酯类、亚膦酸酯类、膦酸酯类等,其对纤维素纤维的阻燃作用主要是脱水作用,属凝固相阻燃作用。

　　三氧化二锑单独作阻燃剂不常见,与卤素阻燃剂混用可产生良好的协合阻燃效果,主要用于合纤及其与纤维素纤维的混纺织物。

含卤素的阻燃剂主要是有机化合物,其中以溴化合物居多。其阻燃作用是在燃烧气体中生成卤元素游离基,与高能量游离基产生链转移反应而阻止燃烧反应进行,其生成的卤化氢气体本身有稀释作用,也能起一定的抑制燃烧的作用,这类阻燃剂的阻燃作用主要在气相中进行。

(三) 棉纤维的阻燃机理

纤维素热裂解时,可能产生如下两类反应:

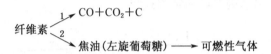

棉纤维在200℃以下,纤维素吸热产生一些不燃性气体,如水蒸汽和痕量的二氧化碳;温度超过200℃后,水蒸汽和二氧化碳的生成量减少,可能纤维素的分子链开始切断,但生成的气体仍不会着火燃烧,在这个阶段,纤维素的失重很小,称为起始裂解阶段。当温度超过300℃后,热裂解进入活跃阶段,由原来的吸热反应变为放热反应,裂解产物主要是可燃性的醛酮类和焦油等,此阶段纤维素的失重极大,是主要裂解阶段。当温度在500℃以上,则主要生成碳化物残渣。

棉纤维经含膦阻燃剂整理后,其裂解起始温度降低了,甚至其裂解终止温度比未阻燃棉纤维的裂解起始温度还要低些,而残渣的重量却增加了,这是阻燃剂存在下改变了棉纤维的裂解机理:经阻燃整理的棉纤维在300℃左右就开始脱水炭化,这样就抑制了在340℃以上纤维素的1,4苷键断裂。因为β-葡萄糖1,4苷键的断裂,其中间产物可能是左旋葡萄糖或1,6脱水β-D呋喃葡萄糖,形成左旋葡萄糖后就容易生成各种可燃性气体。

含膦阻燃剂在较低温度下还会分解生成磷酸,随着温度的升高变成偏磷酸,继之缩合成聚偏膦酸。聚偏膦酸是一种强烈的脱水剂,能促使纤维素炭化,抑制可燃性裂解产物的生成,从而起阻燃作用。此外,分解产生的磷酸,又会形成不挥发性的保护层,既能隔绝空气,又是纤维素燃烧中使碳氧化成一氧化碳的催化剂,因而,减少了二氧化碳的生成。由于碳生成一氧化碳的生成热(110.4 kJ/mol)小于生成二氧化碳的生成热(394.6 kJ/mol),这样就有效地抑制了热量的释放,能阻止纤维素的燃烧。故其阻燃作用主要发生在凝固相部分。

(四) 纤维素纤维织物的阻燃整理工艺

纤维素纤维织物的阻燃整理工艺,按其阻燃性能的耐洗涤程度可分为暂时性阻燃整理、半耐久性阻燃整理和耐久性阻燃整理三类。

1. 暂时性阻燃整理

暂时性阻燃整理是利用水溶性阻燃整理剂,如硼砂、硼酸、膦酸二氢铵、膦酸氢二铵和聚膦酸铵等,用浸渍、浸轧、涂刷或喷雾等方法均匀施加于织物上,经烘燥即有阻燃作用,适用于不需洗涤或不常洗涤的棉和黏胶纤维纺织品如窗帘、床罩等,处理方便,成本较低,但不耐洗涤。织物经水洗后,其阻燃性能可再行处理使之恢复。

2. 半耐久性阻燃整理

半耐久性阻燃整理是指整理后的织物能耐10~15次温和洗涤仍有阻燃效果,但不耐高温皂洗,这种整理工艺适用于室内装饰布等。半耐久性阻燃整理的阻燃剂多数是磷酸和含氮化合物的组合物,如尿素-磷酸、双氰胺-磷酸。这类整理剂经高温处理,能使纤维素纤维变成纤维素膦酸酯而产生半耐久的阻燃效果。

3. 耐久性阻燃整理

耐久性阻燃整理所整理的产品能耐 50 次以上洗涤，而且能耐皂洗，适用于经常洗涤的纺织品，如工作防护服、消防服等。耐久性阻燃整理大多采用以有机膦为基础的阻燃剂，其中以 N-羟甲基二甲基膦酸基丙酰胺（NMPPA）和四羟甲基氯化膦最为常用，这些整理剂可与纤维素纤维上的羟基发生化学结合而赋予耐久性整理效果。

N-羟甲基二甲基膦酸基丙酰胺的结构式为：

$$\begin{array}{c} CH_3O \quad O \\ \diagdown \;\; \parallel \\ P\!-\!CH_2CH_2 \\ \diagup \qquad\qquad | \\ CH_3O \qquad C\!=\!O \\ \qquad\qquad\quad | \\ \qquad\qquad NHCH_2OH \end{array}$$

它首先由瑞士 Ciba—Geigy 公司于 20 世纪 70 年代初推出，商品名为 Pyrovatex CP，现已有耐洗性更佳的 Pyrovatex CP new。我国的同类商品有阻燃剂 CFR-201、FRC-2、SCP-1、CR3031、FR-101 等。

NMPPA 一般和树脂拼用，其整理工艺流程如下：

室温浸轧（带液率 85％～100％）→烘干（105℃）→焙烘（150～160℃，3～5 min）→中和皂洗（皂粉 2 g/L，纯碱 20 g/L，80℃）→热水洗→水洗→烘干。

焙烘时和纤维反应，产生耐洗的阻燃效果。

浸轧液组成举例（g/L）：

阻燃剂 CFR-201	350～400
甲醚化羟甲基三聚氰胺	60～100
尿素	20
柔软剂 CGF	3～5
磷酸（85％）	10～25
或氯化铵	4～6

三、抗菌防护整理

生物界包括动物、植物和微生物。微生物包括细菌（如金黄色葡萄球菌、大肠杆菌、枯草杆菌、乳酸链球菌）、真菌（如霉菌、酵母菌）和病菌。微生物在自然界的物质漫长进程中起着极其重要的作用。有些微生物对人类有益，有些则对人类有害。

微生物在自然界中到处存在，并在一定条件下生长、繁殖，甚至变异。如在一般人的上半身，每平方厘米的皮肤上有有益的或有害的微生物约 50～5 000 个，人体分泌的汗水和皮脂等排泄物附在皮肤上，容易导致微生物的滋生和繁殖。在人们日常使用的衣被、室内装饰品以及医疗纺织品上也都可能有微生物寄生着，在贮存过程中，当温湿度适宜时，会引起微生物的繁殖，如霉菌的繁殖形成霉斑，使纺织品局部着色，甚至使天然纤维降解发生脆损，影响衣被等纺织品的使用价值，并使卫生性能受到影响。

纺织品卫生整理的目的就是使纺织品具有杀灭致病菌的功能，保持纺织品的卫生性，防止微生物通过纺织品传播,保护使用者免受微生物的侵害,并保护纺织品本身的使用价值,使纺织品不被霉菌等降解。经过卫生整理的纺织品还能治愈人体上的某些皮肤疾病,阻止细菌在织物上不断繁殖而产生臭味,改善服用环境。

目前,国内外抗菌纺织品的生产主要有两种方法,一种是先制得抗菌纤维,然后再制成抗菌织物;另一种是将织物进行卫生整理而获得抗菌性能。前者所获得的抗菌效果持久,耐洗涤性好,但抗菌纤维的生产比较复杂,对抗菌剂的要求也比较高,一般多选用能耐高温的无机抗菌剂。后者的加工工艺比较简单,抗菌剂的选择范围广,但抗菌效果的耐洗涤性不及前者。当前市场上的各种抗菌织物,以后整理加工的居多。随着化学纤维的迅速发展和在纤维消费领域中逐渐占据主导地位以及化学纤维结构改性和共混改性技术的逐渐成熟,用抗菌纤维生产抗菌织物将是重要的发展方向。另外,有些纤维本身就具有抗菌作用,如甲壳素纤维。

(一) 卫生整理的机理

卫生整理的机理随选用的抗菌剂的不同而不尽相同。抗菌剂的抗菌机理主要有三种:

(1) 菌体蛋白变性或沉淀。高浓度的酚类和金属盐及醛类都属于这种杀菌机理。

(2) 抑制或影响细胞的代谢。如氧化剂的氧化作用、低浓度的金属盐与蛋白质中的—SH结合破坏菌体的代谢。

(3) 破坏菌体细胞膜。如阳离子型的抗菌整理剂能吸附于细菌表面,改变细胞膜的通透性,使细胞膜的内容物漏出而起到杀菌作用。

(二) 卫生整理剂和卫生整理工艺

卫生整理剂一般是杀菌剂,作为卫生整理剂应尽量满足如下要求:(1)具有广谱抗菌能力,抗菌效果明显,即对革兰氏阳性菌、革兰氏阴性菌、真菌(多种癣菌和霉菌)、放射菌等具有良好的抗菌效果;(2)整理剂和整理后织物要求安全无害,对人体及环境无生态毒性,目前用于纤维或织物的抗菌整理剂绝大部分属于低毒或中等毒性,今后需开发毒性小或无毒的抗菌整理剂;(3)抗菌效率高,抑菌效果好,能耐水洗,且热稳定性好;(4)对纤维或织物原有的物理机械性能、色泽、染色性能无影响。代表性的卫生整理剂包括有机硅季铵盐抗菌整理剂、二苯醚类抗菌防臭整理剂、芳香族卤化物抗菌防臭整理剂和无机金属离子抗菌剂等。近年来随着生态纺织品标准的严格实施,过去一些著名的卫生整理剂,如 2,4,4′,-三氯-2′羟基苯醚、2-溴化肉桂醛、2-(3,5-二甲基吡唑基)-4-羟基吡啶和 2-(4-噻唑基)-苯并咪唑等,因对人体有害已禁止在服装用纺织品上使用。

1. 有机硅季铵盐抗菌整理剂

有机硅季铵盐抗菌整理剂以美国道康宁化学公司生产的 DC-5700 为代表。它是一种安全性好、抗菌谱广、用以生产抗菌效果耐久的非溶出型抗菌防臭纺织品的抗微生物整理剂,是目前最优良的抗菌剂之一,可对棉、羊毛等天然纤维和涤纶、锦纶、腈纶、氨纶等合成纤维及其混纺织物进行整理。柏灵登公司的抗菌剂 Biogard TM 及国产的 SAQ-1、AV-990、STU-AM101、SGJ-963 等都属于同类产品。

DC-5700 是含有效成分 42% 的甲醇溶液,呈琥珀色,能与水、醇、酮、酯等溶剂以任何比例混溶。它的主要成分是 3-(三甲氧基甲硅烷基)丙基二甲基十八烷基季铵氯化物,其结构式如下:

$$H_3CO-\underset{\underset{OCH_3}{|}}{\overset{\overset{OCH_3}{|}}{Si}}-(CH_2)_3-\underset{\underset{CH_3}{|}}{\overset{\overset{CH_3}{|}}{N^+}}-C_{18}H_{37}\cdot Cl^-$$

DC-5700 的整理工艺较简单,既可采用浸轧法也可采用浸渍法。将被处理的织物充分洗净,浸渍或浸轧整理液后,在 $80\sim120℃$ 下烘干,去除水分和甲醇后,DC-5700 就会在纤维表面产生缩聚或与纤维结合,一般不需特殊的热处理。

(1) 浸轧焙烘法工艺流程:二浸二轧(轧液率 $70\%\sim80\%$)→烘干(温度低于 $120℃$)。

处方:

抗菌剂	$2\sim10$ g/L
阳离子或非离子渗透剂	0.5 g/L

(2) 浸渍法:在 $0.1\%\sim1\%$(o. w. f)抗菌剂水溶液中浸渍 30 min,脱水、烘干即可。

2. 胍类抗菌整理剂

在医药领域双胍类消毒剂有着广泛的应用。Zeneca 公司开发的用于棉及其混纺织物的抗菌剂是聚六亚甲基双胍盐酸盐(简称 PHMB),商品名为 Repulex 20,其化学结构式如下:

$$\left[(CH_2)_4—NH—\underset{\underset{NH}{|}}{C}—CN—\underset{\underset{NH}{|}}{C}—NH_2 \right]_n n\,HCL$$

PHMB 广谱抗菌,对革兰氏阳性菌、革兰氏阴性菌、真菌和酵母菌均有杀伤能力。其抗菌机理与季铵盐相似,通过阻碍细胞的溶菌酶作用,使细胞表层结构变性或破坏。PHMB 的毒性很低,$LD_{50}>2\,500$ mg/kg,对皮肤无刺激反应,可长期使用。

PHMB 可采用浸轧、浸渍和喷淋三种方法处理纺织品。浸轧法可与柔软剂、交联剂和大多数荧光增白剂等同浴进行,浸轧后烘干即可。与树脂或交联剂同浴使用,能提高抗菌效果的耐久性。

浸轧法的工艺举例如下:

工艺流程:二浸二轧整理液(轧液率 $60\%\sim70\%$)→预烘→焙烘($160℃$, 1.5 min)。

处方(g/L):

	抗菌剂	$3\sim5$
	无甲醛树脂	$30\sim40$
	非离子渗透剂	0.5

浸渍法在中性或弱碱性溶液中,浴比 1∶10,$40℃$ 浸渍 30 min 后,棉织物几乎可全部吸尽有效成分,脱液后烘干即可。

PHMB 整理的纯棉毛巾,洗涤 50 次后仍能全部杀死细菌,洗涤 100 次后能杀死 99% 的细菌。

3. 无机抗菌剂

将含有银、铜、锌等抗菌成分的金属无机盐、金属氧化物等,用沸石、陶瓷、硅胶等为载体,可制成各种粒径小至纳米级的无机抗菌剂。相对于有机抗菌剂而言,无机抗菌剂具有热稳定性好、安全性能高、抗菌谱广、效果持久、所需用量少等不可比拟的优点,因此近些年这一领域的研究越来越多,产品也较多。无机抗菌剂中以具有离子交换性能、与银等金属离子结合的泡沸石为代表,其主要成分为:$xM_{2/n}O\cdot Al_2O_3\cdot ySiO_2\cdot zH_2O$,式中 n 为金属的原子价,M 为 $1\sim3$ 价的金属,以 Ag、Cu、Zn 为多。抗菌机理一般认为是银离子溶出,与光作用产生活性氧。这类抗菌剂非常安全,急性毒性 $LD_{50}>5\,000$ mg/kg,变异原试验呈阴性,对皮肤刺激呈阴性,美国环境保护局 EPA 的毒性试验及环境影响均认为是安全的。

无机抗菌剂耐高温,多混入化学纤维纺丝液中制成抗菌纤维。但对于天然纤维,只能采用后整理法。由于这类整理剂对纤维没有亲和力，一般需借助黏合剂或涂层剂将无机抗菌剂固着在织物上，目前耐洗性尚不十分理想。

4. 天然抗菌整理剂

许多天然物质都具有抗菌作用，这些物质主要来自植物或动物的提取物。如由桧柏蒸馏提取的桧柏油，为浅黄色透明油，由酸性油和中性油两种成分组成，对革兰氏阴性菌、革兰氏阳性菌均有杀灭效果，对真菌的抗菌性也很强，而且安全性很高。鱼腥草的叶、茎具有抗菌防臭作用，对葡萄球菌、线状菌有较强的抗菌作用。从芦荟中提取的芦荟素有抗炎症、抗菌、防霉等作用。从蟹壳、虾壳、贝类和昆虫的外皮中提取的壳聚糖具有良好的生物相容性和消炎、止痛、促进伤口愈合等生物活性，对大肠杆菌、枯草杆菌、金黄色葡萄球菌和绿脓杆菌等致病菌有一定的抑制能力，而且无毒。

天然抗菌整理剂由于具有很好的安全性而受到极大关注，但由于存在成本高、耐久性不够理想等问题，目前尚处于研究之中。

四、防紫外线整理

紫外线是一种波长在 $200 \sim 400 \ nm$ 范围内的电磁波，国际照明委员会将紫外光分为 3 个波段，即波长 $400 \sim 320 \ nm$ 的近紫外线（简称 UV-A）、波长为 $320 \sim 280 \ nm$ 的远紫外线（简称 UV-B）和波长为 $280 \ nm$ 以下的超短波段紫外线（简称 UV-C）。紫外线对人类以及地球上的所有生物都是必不可少的，因为它不仅具有杀菌消毒功能，还能合成具有抗佝偻病作用的维生素 D。因此，适当照射太阳光对身体是有好处的，但过多地接受紫外线却对身体有害。它主要影响眼睛和皮肤，引起急性角膜炎和结膜炎、慢性白内障等眼疾，严重的会诱发皮肤癌。

三种波段的紫外线中，UV-A 基本上不被大气臭氧层吸收，大部分可以到达地面，其辐射量的变化同臭氧层的变化关系不大，危害性较小，进入皮肤的深度比 UV-B 深些，能深入皮肤的真皮层，使皮肤中产生色素的细胞生成色素沉淀，使皮肤发黑，并逐渐破坏弹力纤维，使皮肤失去弹性，出现皱纹，导致皮肤老化。但黑色素能吸收紫外线，成为紫外线的遮挡物，保护肌肉免遭紫外线的侵袭。

UV-B 的辐射量同臭氧层的变化密切相关，由于大气臭氧层的吸收，只有极少量可到达地面，但比 UV-A 的危害性大，能渗入皮肤的表皮层。夏季的阳光中含有较多的 UV-B，人体长时间照射后能使血管扩张，形成透过性亢进，皮肤变红，生成红斑，强烈的还会生成水疱，形成日光性皮炎。

超短紫外线 UV-C 的光能最大，对皮肤和眼睛的损伤也最大，会破坏细胞的 DNA。但这种强烈的紫外线基本上被距地面 $10 \sim 50 \ km$ 的臭氧层吸收，一般无法到达地面。

总的来说，只有波长大于 $300 \ nm$ 的紫外线才能到达地球表面，且其强度随着波长的增大而增强。最有害的紫外线是 UV-B 中波长为 $310 \sim 300 \ nm$ 的紫外线，$300 \sim 400 \ nm$ 的紫外线平均光能也较高，对人体皮肤的穿透力强，危害也大。紫外线还会使织物褪色、纤维脆损、强力下降。因此对紫外线的防护主要是针对这部分紫外线，即 UV-A 和 UV-B，特别是 UV-B 中 $310 \sim 300 \ nm$ 波段的紫外线。

由于人类对大气臭氧层的破坏，使地面的紫外线辐射量大为增加，据测定每破坏 10% 臭氧层，到达地面的紫外线就增加 20%。过量的紫外线辐射对人体和人类的生存环境是十分有害的。目前，在很多国家，因紫外线辐射而导致的皮肤癌及各种皮肤疾病的患者急剧上升，这使得纺织品的防紫外线功能日益受到人们的重视。纯棉织物是夏季的主要服装，但棉纤维对紫外线的屏蔽效果是各种纤维中最差的，因此，防紫外线整理研究的重点是纯棉织物。

（一）影响纺织品紫外线透过率的因素

影响纺织品紫外线透过率的因素很多，但主要是纤维的种类、织物的组织结构和覆盖系数。染整加工对织物的紫外线透过率也有影响。

1. **纤维种类**   任何纤维都有一定的防紫外线辐射能力，但彼此之间差异很大。棉和黏胶纤维的紫外线透过率较高。羊毛、蚕丝等蛋白质纤维的分子结构中含有芳香族氨基酸，具有较高的紫外线吸收能力，对 300 nm 以下的紫外线有强烈吸收。涤纶由于含有芳香环结构，同样具有较高的紫外线吸收能力。锦纶相当容易透过紫外线。腈纶由于氰基之间的偶极作用，抗紫外线能力较差。合成纤维中加入消光剂二氧化钛对紫外线透过率也有影响，消光剂起漫射作用，使紫外线透过困难。一般来说，天然纤维和常规纤维制品尚达不到保护人体免受紫外线伤害的保健要求。

2. **织物的覆盖系数**   织物的覆盖系数越大，其紫外线透过率越低，因为纤维与纤维之间、纱线与纱线之间的空隙小。同一组织织物，织物的克重越大，厚度越大，紫外线透过率越低。

3. **染整加工**   棉蜡、果胶质等棉纤维的伴生物能吸收紫外线，因此，煮练、漂白后的棉织物较坯布具有更大的紫外线透过率。许多染料均可吸收紫外线，染色的比未染色的紫外线透过率低，颜色越深紫外线透过率越低，而红色最易吸收紫外线。增白后的织物可提高紫外线吸收能力。缩水后的服装会改善它的抗紫外线性能。

（二）防紫外线整理的原理

通过织物的紫外线由三部分组成：透过织物孔隙其波长没有改变的紫外线、被纤维吸收的紫外线以及入射紫外线与织物相互作用后漫射的紫外线。因此，减少织物的紫外线透过率有两个途径：改变织物组织结构以降低孔隙率或提高织物对紫外线的反射或吸收能力。

织物的防紫外线整理原理，即是在织物上施加一种能反射或能强烈选择性地吸收紫外线，并能进行能量转换，以热能或其他无害低能辐射，将能量释放或消耗的物质。施加的这些物质应对织物的各项服用性能无不良影响。织物的防紫外线整理与高分子材料的耐光稳定性有相似之处。不过，耐光稳定性是保护高分子材料本身，防止因紫外线照射后引起自动氧化导致聚合物降解，而紫外线屏蔽整理是保护人体免遭过量的紫外线照射而引起伤害。

（三）防紫外线整理剂

一般将能反射或吸收紫外线的化学品统称为防紫外线整理剂，主要是紫外线屏蔽剂和紫外线吸收剂，它们是从不同的途径提高织物对紫外线的防护能力的。

1. **紫外线屏蔽剂**   通常将利用物理方法促使紫外线散射、反射来屏蔽紫外线的物质称为紫外线屏蔽剂，也称为紫外线散射剂或紫外线反射剂。常用的紫外线屏蔽剂大多是对紫外线不具活性的金属化合物的粉体，如二氧化钛、氧化锌、氧化镁、二氧化硅、氧化铁、三氧化二铝、碳化钙、陶瓷粉、滑石粉等。利用这些无机物微粒对光的反射、散射作用，能屏蔽较广波长范围的紫外线，起到防止紫外线透过的作用。目前常用的是超细氧化锌粒子，它除了具有良好的反射作用（可反射波长 240～380 nm 的紫外线）外，还能抑制细菌和真菌等的繁殖和防臭，且价格低廉、无毒性。二氧化钛能反射的紫外线波长范围较窄（只能反射波长为 346～360 nm 的紫外线），因此实用价值不大。一些陶瓷物质也具有良好的紫外线屏蔽作用，而且还有抗菌、远红外线辐射功能。碳黑也是一种有效的紫外线屏蔽剂，它不仅散射紫外线，连可见光也完全屏蔽了,所以只有在遮光涂层时才使用。

2. 紫外线吸收剂 紫外线吸收剂是有机化合物中对紫外线有强烈选择性吸收并能进行能量转换而减少它的透过量的物质。作为纺织品用的紫外线吸收剂应能满足以下条件:① 安全无毒,特别是对人体皮肤无刺激和过敏反应;②吸收紫外线的波长范围要大,特别是对波长为 290～400 nm 的紫外线应有尽可能高的吸收系数;③对热、光和化学品稳定,无光催化作用;④吸收紫外线后无色变现象;⑤ 不影响织物的色牢度、白度、强力和手感;⑥耐常用溶剂,耐洗性良好。纺织品选用紫外线吸收剂应视纺织品的最终用途、纤维种类而定,有时为了获得较高的耐洗性,还需采用微胶囊技术。

紫外线吸收剂主要有水杨酸类、二苯甲酮类、苯并三唑类和氰基丙烯酸酯类等几类。水杨酸类紫外线吸收剂,对 UV-B、UV-C 波长有吸收作用,但对 UV-A 波长完全不吸收。二苯甲酮类紫外线吸收剂对 UV-A、UV-B 波长有吸收作用,但会产生黄变,这类化合物还是环境激素。因此,在使用这些紫外线吸收剂时,必须考虑其作用波长范围和对皮肤与环境的安全性。目前纺织品上常用的紫外线吸收剂主要是二苯甲酮类和苯并三唑类化合物。将无机的紫外线屏蔽剂与有机的紫外线吸收剂配合使用,相互有增效作用。

一般的紫外线吸收剂只是吸附在织物或纤维表面,耐洗性即使采取措施后也不够理想。近年来,出现了反应性的抗紫外线整理剂,如科莱恩公司的紫外线吸收剂 Rayosan C(浆状)、Rayosan CO(液状),能与纤维素纤维中的羟基和锦纶中的氨基反应,汽巴精化公司的 Solaztex CEL(Tinofast CEL),它们可以像活性染料染色一样进行处理,并且对织物的外观、手感和透气性没有影响。Rayosan C 和 CO 可用于纤维素纤维、聚酰胺纤维和羊毛织物的抗紫外线整理,Rayosan C 的反应性较高,可与低温型活性染料同浴染色,Rayosan CO 的反应性较低,可与高温型活性染料同浴染色。Rayosan C 主要吸收 UV-B 波段的紫外线,Solaztex CEL 对 UV-A 和 UV-B 波段的紫外线都有吸收。

(四) 防紫外线整理工艺

1. 浸渍法 涤纶织物的防紫外线整理,可以与分散染料高温高压染色同浴进行,这时紫外线吸收剂分子溶入纤维内部,只要选择合适的对皮肤毒性低的紫外线吸收剂就行。腈纶也可以用紫外线吸收剂与阳离子染料同浴染色法进行。

棉织物可用反应性的紫外线吸收剂如 Rayosan C,采用浸渍法进行处理,其工艺举例如下:

Rayosan C	1%～4%(漂白织物取高限,染色织物取低限)
硫酸钠或氯化钠	60～80 g/L
碳酸钠	(2+Rayosan C 用量)%
浴比	Rayosan C 具有中等直接性,低浴比可获得高固着率

25℃投入织物,加入已溶解的硫酸钠或氯化钠溶液,运转 5～10 min,加入 Rayosan C,处理 30 min,分次加入已溶解的碳酸钠溶液,固色 30～40 min,热水洗,冷水洗。

2. 浸轧法 反应性的紫外线吸收剂,也可采用浸轧法对织物进行处理。棉织物采用浸轧法进行处理的工艺流程举例如下。

浸轧液组成:

Rayosan C	X g/L
碳酸钠或碳酸氢钠	$(3.0+0.1X)$ g/L

浸轧(轧液率 60%～80%)→汽蒸(100～102℃, 30～45 s)→热水洗→冷水洗。

对于不溶于水且对棉、麻等天然纤维缺乏亲和力的紫外线吸收剂,可采用与树脂或黏合剂同浴的浸轧方法,将紫外线吸收剂固着在织物或纤维表面。浸轧法除用紫外线吸收剂外也可少量添加紫外线屏蔽剂以提高紫外线屏蔽效果。织物浸轧后经烘干或热处理,使树脂充分固着在纤维上。浸轧液由紫外线吸收剂、树脂或黏合剂、柔软剂组成。

3. 涂层法　在涂层浆中加入适量的紫外线吸收剂或紫外线屏蔽剂在织物表面进行涂层,然后经烘干和必要的热处理,在织物表面形成一层薄膜,可达理想的抗紫外线效果。这种加工方法对各种纤维及其混纺织物均适用,且加工效果的耐久性良好。涂层法中所用的紫外线屏蔽剂是一些高折射率的无机化合物,它们吸收紫外线的效果与其粒径大小有关,粒径在 $50\sim120\ nm$ 时吸收效率最大或透过率最小,如表 1-4-2 所示。

表 1-4-2   UPF 的数值与防护等级

UPF 范围	防护分类	紫外线透过率(%)	UPF 等级
15~24	较好防护	6.7~4.2	15, 20
25~39	非常好的防护	4.1~2.6	25, 30, 35
40~50, 50+	非常优异的防护	≤2.5	40, 45, 50, 50+

我国国家标准 GB/T 18830—2002 规定,只有当纺织品的紫外线防护系数 $UPF>30$,透射率 $T(UV\text{-}A)_{AV}<5\%$ 时,方可称为"防紫外线产品"。

第五节　生物整理

酶属于生物催化剂,具有作用的专一性和高效性,且反应条件温和,污染又小,在纺织品湿加工中的应用已有悠久的历史,如淀粉酶广泛用于棉织物的退浆和洗除印花糊料,蛋白酶用于丝织物的脱胶、缫丝前的煮茧(将茧丝上的丝胶适当膨润和部分溶解,促使茧丝从茧层上依次不乱地退解下来,便于缫丝)以及毛织物的前处理和后整理,果胶酶用于麻纤维的脱胶和棉织物的精练,过氧化氢酶用于氧漂后的双氧水去除,还原酶用于靛蓝染色等。但酶用于纺织品的整理是 20 世纪 90 年代以后的事情。

一、纤维素纤维织物纤维素酶减量整理的概念

纤维素酶是能将纤维素催化水解成葡萄糖的酶的总称。纤维素酶都是由多种酶组成的混合物,在催化反应中,各种酶各司其职,协同完成将纤维素催化水解成葡萄糖的作用。

纤维素纤维织物用纤维素酶处理时,随着纤维素的水解,纤维或织物的重量逐渐减轻,纤维变细,纤维的表面形态发生变化,表面局部产生沟槽,纤维或织物表面的茸毛、小球减少。

纤维素酶对纤维素纤维织物的减量整理效果是多方位的。纤维素酶减量整理后,织物的硬挺度变小,手感、滑爽性、悬垂性、柔软性和丰满度提高。减量处理使织物表面的纤维尖端分解、软化,细茸毛脱落,表面光洁,织纹清晰,织物光泽改善,可以达到生物抛光的目的,对麻类织物,还可以在一定程度上改善刺痒感。茸毛脱落、表面滑爽还可以改善织物的起毛、起球性能。对普通 Lyocell 纤维织物,纤维素酶对纤维表面的切削作用能促进纤维原纤化,加工成具有细腻手感的仿桃皮绒织物。对纤维表面的切削作用还可以使表面的染料脱落,达到牛仔布

水洗石磨的返旧效果。返旧整理的同时也有生物抛光、改善织物光泽和手感的作用。纤维素酶减量整理对织物的吸水性、吸湿性也有一定程度的改善。本节简单介绍纤维素酶对纤维素纤维织物的生物抛光整理和牛仔布返旧整理。

二、整理工艺

(一) 纤维素酶的生物抛光整理

1. 基本原理

生物抛光需要纤维素酶对纤维素水解和机械冲击配合实现。如果仅仅靠纤维素酶的作用,生物抛光效果非常有限,而且即使达到了生物抛光的要求,由于有很高的化学减量,织物强度损伤往往很大,会影响使用价值。而通过机械冲击的配合,化学水解作用仅需要对绒毛或纤维弱化,然后在机械作用下就可以将绒毛去除,达到生物抛光的目的。生物抛光可以采用两种处理方式,一种是纤维素酶和机械作用同时进行,一步达到生物抛光目的;第二种是织物先浸轧酶液,使织物表面的微纤弱化,然后在水洗中通过机械力的作用去除表面微纤。目前以前一种处理方式为主。

生物抛光整理的效果具有持久性,能经受家用洗涤,使织物保持持久的光洁表面。持久的原因一般认为是由于纤维素酶的表面作用,使纤维表面原纤弱化,即使纤维表面形成绒毛,也会很快脱离织物表面,使织物表面不会形成持久的绒毛,更不会形成绒球。

2. 生物抛光工艺

生物抛光一般在退浆后、染色前进行。织物上的浆料会阻碍纤维素酶攻击纤维素,严重影响酶的作用效率。另外,生物抛光对织物的退浆要求高,退浆不净会造成抛光处理不匀。织物上染料的存在会对纤维素酶的活力产生抑制作用,染色后进行生物抛光还会引起织物色泽变化,有的还会引起染色牢度下降。

为了达到良好的生物抛光效果,需要对工艺条件进行合理选择,具体需要考虑下列因素:

(1) 设备:不同设备对织物的机械冲击力不同,而机械冲击力是达到生物抛光的决定性条件之一。一般来说,机械冲击力越大,酶用量越少,处理时间越短。卷染机、溢流染色机的机械冲击力低,喷射染色机的冲击力中等,高速绳状染色机、空气喷射染色机、转笼式水洗机等机械冲击力高。织物生物抛光可采用各种绳状染色机、喷射染色机、转笼式洗衣机,服装抛光主要采用各种水洗机。

(2) 浴比:浴比既要能满足处理织物或服装自由流动的需要,又要小到能提供织物足够的冲击力。过高的浴比,如 1:30 以上,对酶浓度有稀释作用,会增加处理成本,一般织物处理的浴比在 1:5~1:25 左右,冲击力较低的设备,要求浴比小于 1:15。服装一般在较低浴比[1:(8~12)]下进行,以满足冲击力要求。

(3) 酶用量:通常在 1%~3%(按织物重量计)。厚重织物,酶的用量要适当增加。有时为了达到有效处理效果,可以采用分段投料法,在开始时投入一半酶制剂,处理到一半时间时再投入另一半酶制剂。

(4) pH 值、温度、处理时间:三者要相互配合。酶制剂均有一最适宜的 pH 值和温度活性域,pH 的控制最好采用缓冲体系,以保证处理质量,在此基础上确定处理时间。时间一般控制在 30~60 min,以避免处理时间过长对织物强度造成损伤。

(5) 失活:使纤维素酶失活的方法很多,如高温、高 pH 值、漂白或充分水洗等。调节 pH

值大于 9.5、处理 10 min，或提高温度至高于 65℃、处理 10 min，或提高温度至高于 65℃ 和调节 pH 值大于 9.5、处理 10 min，或加入含氯漂白剂处理 10 min，均可使纤维素酶失活。

不同的纤维素酶，其组分不同，最佳活性域也不同，适应的纤维、去除原纤的效果、对纤维强度的损伤、对织物手感的改善不完全相同，在确定抛光工艺时应注意。例如 Novozymes 公司的 Cellusoft 系列酶制剂是生物抛光性能优良的酶制剂，其中的 Cellusoft Ultra 为经过基因改性的含有单一组分内切酶的纤维素酶，最佳活性 pH 值为 5.2，最佳活性温度域为 45～60℃，可采用高冲击力的空气喷射染色机对织物（浴比 1∶5～1∶25），水洗机对服装（浴比 1∶6～1∶12）进行生物抛光整理，酶用量为 1‰～3‰，在 45～60℃ 处理 30～60 min，然后将 pH 值提高到 10 或将温度提高到 80℃ 处理 10 min，进行酶失活处理。

（二）纤维素酶牛仔布返旧整理

牛仔布通常要经过石磨水洗整理，剥除部分染料，以达到返旧的外观。牛仔布纤维素酶返旧整理是纤维素酶应用最为成功也是应用量最大的领域。

牛仔布返旧整理通常在加工成服装后进行，最初是先用冷水或热水洗涤，然后用氧化剂漂白褪色；随后出现了用金刚砂进行部分磨白的整理工艺。但最常用的返旧整理是石磨水洗，即将牛仔服装与浮石等磨料一起用转鼓洗衣机进行洗涤。浮石洗涤整理对织物损伤大，易造成断纱甚至破洞，浮石和沙粒还会残留在服装的布料内，同时也易损伤设备。

用纤维素酶进行返旧整理，基本上可解决浮石水洗整理存在的问题，同时可赋予织物独特的风格。用纤维素酶代替或部分代替浮石进行水洗整理的原理是：通过纤维素酶对纤维表面的剥蚀作用，使纤维表面被磨损，染料被剥离，产生水洗石磨的外观。用纤维素酶进行返旧整理，对织物尤其是缝线、边角和标记等的损伤小，织物的柔软性和悬垂性好，设备磨损小，可以对较轻薄的织物进行加工。纤维素酶返旧整理目前还存在一些有待解决的问题，主要是易产生非均匀处理印痕、折痕、易沾色和强度损伤等。

用于牛仔布返旧整理的纤维素酶有酸性纤维素酶、中性纤维素酶和弱碱性纤维素酶等，常用的是酸性纤维素酶和中性纤维素酶。

酸性纤维素酶对棉等纤维素纤维具有较高的减量特性，可以在较短的时间内获得有效的返旧整理效果，而且价格较低，处理效率高，在实际处理中应用较多。但酸性纤维素酶对织物的机械性能损伤大，还容易引起返沾色，因此必须考虑防止返沾色或采用有效的手段去除沾色。返沾色是在用纤维素酶处理靛蓝织物时，悬浮于溶液中的染料会再沉积在织物表面，使织物出现蓝色背景和灰暗外观，织物正面对比度减小，这是水洗石磨整理中不希望出现的。

改性酸性纤维素酶对棉等纤维素纤维也具有较高的减量特性，对织物的机械性能损伤较小，返沾色低。中性纤维素酶处理织物的性能优良，通常用于高档牛仔服装的处理，对织物机械性能的损伤小，如果工艺合理，可以很少、甚至没有返沾色，但对棉等纤维素纤维的作用比酸性纤维素酶弱，要达到同等的返旧整理效果需要较长的处理时间或较高的酶浓度。

纤维素酶牛仔布返旧整理工艺举例如下：

装入服装→加水→加热至 50～60℃→用醋酸调节 pH 值→α-淀粉酶退浆 10～15 min→冲洗→加水→加热至 50～60℃→用缓冲剂调节 pH 值→加入纤维素酶→翻滚 30～60 min→纤维素酶失活→冲洗→复洗→水洗→干燥。

返旧整理工艺随酶的种类不同而不同，如 Genencor 公司的 IndiAge Neutra G 广域中性纤维素酶的最佳工艺条件为：45～55℃，pH 值 6.0～8.0，处理时间 30～60 min。

第五章

棉针织物染整

第一节 | 棉针织物前处理

针织物具有柔软的手感、良好的透气性，富有伸缩性，穿着舒适，常用来制成汗衫、棉毛衫等内衣和外衣。由于针织物具有较大的伸缩性，容易伸长，不能经受较大的张力，所以加工时要采用低张力染整设备。此外，针织物的线圈在外力作用下易脱散，单面组织的针织物还容易发生卷边现象，在染整加工中应特别注意。

棉针织物的主要品种有汗布、棉毛布和绒布等。针织用纱在织造前不上浆，故针织物上不含浆料。在前处理过程中，一般不进行烧毛，通常只进行煮练、漂白和柔软处理。台车织造的汗布还需要进行碱缩，以增加织物的密度和弹性。绒布需要起绒，以增加织物的保暖性。

一、前处理工艺流程

1. 漂白汗布　针织坯布→碱缩→煮练→漂白→增白→柔软处理→脱水→烘干。
2. 漂白棉毛布　棉毛布不需要碱缩，其余工艺与漂白汗布相同。
3. 漂白绒布　绒布不进行碱缩，其余工艺与漂白汗布相同，但烘干后需进行起绒。

二、前处理工艺条件

1. 碱缩　织物浸轧 140～200 g/L 的碱液，室温堆置 5～20 min，堆置结束后，热水洗、冷水洗去碱。针织汗布的碱缩有坯布碱缩（干缩）和湿布碱缩（湿缩）两种方法。干缩时，针织坯布先碱缩后煮练，工艺简单，但织物吸碱不匀。湿缩时，针织坯布先煮练后碱缩，织物吸碱均匀，但由于水分带入，造成碱液浓度下降，碱液温度提高，从而影响碱缩效果。因此，实际中生产多采用干缩。

2. 煮练　针织物煮练的目的是为了去除坯布上的棉籽壳、纤维素共生物和织造时沾上的油污杂质。针织物煮练，以前主要采用煮布锅煮练和绳状汽蒸煮练等方法，目前较多采用在染色机中煮练。无论采用哪种方法，均应比一般棉织物煮练的条件缓和，目的是使织物上保留较多的蜡状物质，以免影响织物手感和造成缝纫破洞。

3. 漂白　针织物漂白工艺流程和条件与一般棉织物相似。对白度要求高的产品,还需要进行复漂及荧光增白处理。对白度要求特别高的高档针织物,可采用亚—氧双漂工艺。

4. 柔软处理　为了使针织物在缝纫时不致产生针洞,除在煮练工艺条件方面采取适当的措施外,还需要进行柔软处理。一般浸轧柔软剂 HC 20～40 g/L,再脱水、烘干。

在棉针织物的前处理工艺中,可以采用碱氧煮漂一浴法工艺,目前棉针织物主要采用这种工艺。

高档针织汗布在前处理过程中,采用烧毛和丝光工艺,用这种工艺生产的汗布制成的针织内衣,柔软滑爽,富有光泽,穿着舒适。这类织物主要用于制作高档 T 恤衫。

第二节　棉针织物防缩整理

棉针织物,特别是汗布和棉毛类织物,在松弛状态下被水润湿或在热水中洗涤时,织物长度发生收缩,这种现象称为棉针织物的缩水。如果用这种坯布制成成衣,则在洗涤过程中成衣会产生缩水变形,尺寸变小,甚至不能穿着。

一、棉针织物缩水的原因

棉针织物的缩水主要由棉纤维的亲水性及湿、热可塑性和棉针织物的结构特点决定。染整加工中,棉针织物在湿、热状态下纵向受到张力作用,棉纤维吸湿发生各向异性溶胀,棉针织物产生塑性形变,组织结构也发生变化。

棉针织物由纱线套结而成,纱线又由纤维绕纱轴排列而成。棉纤维有很大的亲水性,吸湿后发生各向异性溶胀,直径增大很多,同时使纱的直径变大许多,而纱线在润湿后不可能发生自然伸长,也不能退捻来增大其长度。为了适应纱线直径的增大,只能缩短纱的长度。纱的长度缩短后,织物就要收缩;同时为了保持织物中纱线经过的路程基本不变,只能是线圈减小,线圈间距离缩短,使得织物的长度和门幅收缩,密度增加。

针织物有一最稳定的结构形态,可用针织物的密度对比系数(线圈高度/线圈宽度或横向线圈密度/纵向线圈密度)来表示,如一般密度的平纹汗布的密度对比系数为 0.67～0.87,双罗纹棉毛布为 0.80～0.94。针织物接近于合理的密度对比系数,则处于尺寸稳定状态,遇水不会收缩。

与机织物相比,针织物的初始模量低,延伸性好,在外力作用下很易伸长,密度对比系数改变,处于不稳定状态。棉针织物在煮练、漂白、染色、水洗等湿加工过程中,纵向受到较大的反复拉伸作用,纤维和纱线产生塑性形变,而且形变随反复的拉伸作用逐渐累积,织物纵向伸长,长度增加,宽度变窄,线圈转移,圈柱延长,圈弧曲率半径大大缩小,纱线及纤维产生弯曲,套结点间接触得更紧密,织物结构远离其稳定状态,在其后的开幅、烘燥和轧光工序中,纵向受到进一步拉伸,织物进一步伸长,经过烘干,这种状态暂时稳定下来。这时即使取消外力,伸长部分也难以回复。但碰到合适的条件——润湿或洗涤并给予相反的力时,棉纤维的可塑性增强,回缩力得到强化,产生的形变回复,伸长回缩,棉针织物发生缩水并恢复到原来的稳定状态,这种原因是造成棉针织物缩水的主要原因。

二、棉针织物防缩的措施

从棉针织物产生缩水的原因来分析：要降低棉针织物的缩水率，在染整加工过程中，要减小张力，采用松式加工，尽量避免织物在湿态下产生塑性形变，织物纵向伸长；其次，可采取丝光等处理，松弛纤维内存在的内应力；还可通过树脂整理来降低棉纤维的亲水性，减少其吸湿溶胀。由于造成棉针织物缩水的主要原因是织物纵向塑性形变的回复，所以棉针织物防缩的主要措施是采用机械预缩，通过机械预缩设备，把织物的伸长部分预先回缩，使织物恢复到稳定状态。在棉针织物的实际生产中，为了降低其缩水率，除了采用松式加工外，汗布类一般采用超喂湿扩幅、超喂烘干和超喂轧光三超喂防缩工艺；棉毛类采用超喂湿扩幅、超喂烘干和超喂预缩三超喂防缩工艺。

（一）松式加工

在棉针织物的染整加工中应尽量减小张力，使织物处于松弛状态，避免织物和纤维伸长，产生塑性形变，这是防止织物缩水的最理想方法，所以针织物的染整加工非常注重"松式"。经研究，在染整加工过程中，造成织物拉伸的工序主要是漂白、水洗、染色甚至烘干和轧光。因此，研究或改造水洗机，采用松弛水洗、分段加压、充气轧辊；采用煮布锅，不用 J 形箱煮练；采用溢流或溢流喷射染色机或改造绳状染色机，降低其椭圆形花篮滚筒的大小直径比，使滚筒与液面接近；改造圆网烘干机，使之松弛超喂和逐级变速，都能显著减小织物的伸长。

染整加工的工艺路线，对织物的缩水也有很大的影响，如长流程工艺，机台多，轧点也多，织物的伸长很大，所以在确定染整工艺流程时应尽量采用短流程，特别是练漂一浴法，它对降低织物的伸长是非常显著的。但在染整加工中，织物总是有部分伸长，特别是连续练漂设备。

（二）超喂湿扩幅

超喂湿扩幅是利用棉针织物在润湿状态下的可塑性，通过超喂湿扩幅撑板，使织物横向扩展，纵向收缩，获得一定的预缩效果，并使织物从绳状展成平幅，织物平整少折皱，能均匀烘干。超喂湿扩幅也能稳定门幅，并使门幅达到要求。因为从染整等生产来看，目前还做不到始终保持松弛的稳定状态，织物在漂染等过程中会发生很大的纵向伸长和横向收缩，如果在此状态下烘干，则伸长变形会暂时固定下来，即使经过防缩处理也难以达到缩水率要求。因此，烘干前在湿态下进行超喂湿扩幅，能使织物的伸长达到一定程度的回缩。

超喂湿扩幅的超喂量一般在 10%，扩幅率一般在 $30\% \sim 35\%$，根据织物品种、坯布密度、漂染加工时的张力等决定。

（三）超喂烘干

经湿扩幅后的棉针织物在松弛状态下烘干时，仍然会进一步收缩，以趋近于全平衡状态。然而织物在普通的圆网烘干机上烘干时，由于没有超喂作用及织物在进机时受到的张力作用，烘干过程中织物紧吸于圆网表面，不仅有碍收缩，甚至会使织物伸长，从而降低湿扩幅处理的防缩效果，因此应采用超喂烘干。超喂烘干是利用改造的超喂圆网烘干机，织物经输送带超喂进机，经过几个速度依次降低的圆网滚筒进行松弛烘干。一般四圆网超喂烘干机的第一网控制 3% 的超喂量，以后各网加装减速器控制超喂量均为 3%，这样可使烘干后的针织物获得较好的防缩效果。

（四）超喂轧光

超喂轧光主要是针对全棉汗布类织物，这类织物要求布面平整、光洁。但经过湿扩幅和超喂烘干后织物的幅宽和布面平整度达不到要求，还需进行轧光处理。一般的三辊轧光机由于没有超喂作用,一方面在轧光过程中受到张力作用,使织物伸长;另一方面轧辊的压力较大,也会使织物受压伸长,所以经过轧光后虽然织物的表面平整度、光泽较好,但织物伸长、缩水率增加。

超喂轧光是首先对织物汽蒸给湿,提高织物的可塑性,然后超喂进入扩幅撑板,使织物纵向松弛,并降低轧辊硬度和压力,这样既避免了轧光过程中织物的伸长,又经过了一次超喂扩幅,可提高防缩效果,但轧光效果稍差。

(五)超喂预缩

超喂预缩一方面能达到预缩、降低缩水率的目的,另一方面可给予织物丰满的外观,主要用于需要厚实感的棉毛类产品。超喂预缩是利用专门的机械预缩设备,首先超喂进布(进布线速度略大于出布线速度),使织物纵向处于松弛状态,有预缩的余地,然后对织物蒸汽给湿,加强棉针织物在松弛状态下的可塑性,使织物的内应力松弛,再通过扩幅,使织物纵向收缩,横向扩展,或纵向挤压,使织物在织造和染整加工中的伸长部分预先强迫回缩,在产品出厂之前就使织物的密度对比系数调整在合理的范围内,或使织物的纵向线圈密度增加到一定程度,使织物具有松弛的结构,并维持在这一状态下松式烘干,使这一状态稳定下来,这样织物在洗涤过程中就不会再缩水。

根据预缩过程中织物是横向扩展还是纵向挤压,机械预缩设备可分为呢毯定形机和阻尼式预缩机两类。

1. 双面呢毯定形机

双面呢毯定形机是按横向扩展的预缩机,其结构示意图如图 1-5-1 所示。织物经磁环、导辊、过超喂扩幅装置,对圆筒针织物施加过量的横向扩张,迫使织物纵向回缩,再送至震荡给湿区,织物受蒸汽喷射充分收缩而恢复到稳定状态,从而使受拉伸而变得狭长的线圈回复到正常状态,然后在呢毯夹持下定形(干燥)。呢毯整理还可以使针织物的弹性改善,毛型感增强,无极光,有较自然的布面光泽。

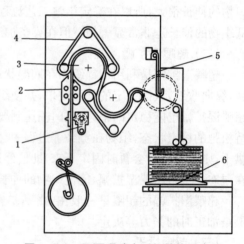

图 1-5-1 双面呢毯定形机结构示意图

1—喂布装置 2—喷蒸汽装置 3—热辊
4—呢毯 5—卷布装置 6—折布装置

该机有两组电加热和油传导热辊筒,分别由两条呢毯包覆热辊筒表面的大部分,被整理的织物在呢毯与热辊筒之间通过。由于有两组装置,圆筒针织物的两侧布面可同时连续进行整理,故名双面呢毯定形机。

2. 阻尼式预缩机

阻尼式预缩机结构示意及预缩前后织物的线圈结构如图 1-5-2 所示。该机主要由扩幅汽蒸、阻尼挤压和传送折叠三部分组成。织物先经汽蒸装置给湿,再经布撑至喂布辊(车速较阻尼辊快),然后至阻尼刀(阻尼刀由电加热,温度控制在 $120\sim170℃$),对平幅双层状态下的圆筒针织物施加纵向挤压,使线圈纵向收缩,织物获得回缩,这种作用称为阻尼作用。预缩时控制喂布辊和阻尼辊之间的速度差,使织物在两辊轧点处的两个侧面受到不同速度的拖拉,此时与速度稍慢的阻尼辊相接触的一侧布面有滞后现象,阻尼刀对这侧布面作向前的纵向推挤,迫使织物的线圈纵向收缩。阻尼刀对织物的挤压量刚好平衡两个辊筒的速差比率。两组阻尼装置可使圆筒针织物的两个侧面获得同样的预缩效果,使针织产品的缩水率降到理想的水平。

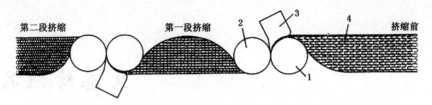

图 1-5-2　阻尼式预缩机结构示意及预缩前后织物的线圈结构

1—喂布辊　2—阻尼辊　3—阻尼刀　4—织物

第六章

生态纺织品

第一节 纺织生态学与生态纺织品

一、纺织生态学

1. 纺织生态学

纺织生态学主要研究纺织品与人类、纺织品生产与人类和环境、纺织品与环境的相互关系,也是研究纺织品在生产、消费、废弃整个过程中对人类和自然环境的影响的科学,它包括纺织品生产生态学、纺织品消费生态学和纺织品处理生态学三个部分组成。

2. 纺织品生产生态学

它主要研究内容为纤维、纺织品和服装生产过程对人类和环境的影响以及检测和控制方法。纺织品上有害物质的存在与纺织品的生产过程密切相关,在纤维、纺织品和服装生产过程中使用的有害物质一部分残留在纺织品上对人体造成危害,另一部分在生产过程中被排放到空气和废水中对环境造成危害。纺织品生产生态学要求纤维、纺织品和服装的生产过程必须是环境友好的,不产生对空气、水的污染和噪音污染,将其控制在允许的范围内。纺织品生产生态学的主要研究领域包括植物纤维的种植和收获过程中肥料、生长调节剂、落叶剂、除草剂、杀虫剂、防霉剂和各种防病虫害剂等化学品的使用对人类和环境产生的影响;动物纤维生长过程中动物的放养以及饲料和添加剂的使用对环境和人类的影响;化学纤维生产中原料的选用、生产方式和生产工艺对资源和环境的影响;纺织品加工过程中各种化学品的使用和加工工艺对人类和环境的影响。

3. 纺织品消费生态学

它是研究纺织品在使用过程中对人体和环境可能产生的影响和检测方法的科学,为纺织品的开发和生产指明方向。根据人类目前已经掌握的知识,纺织品消费生态学要求存在于纺织品上的各种有害物质的含量必须控制在一定范围以内。

纺织品消费生态学主要研究什么样的纺织品是生态纺织品,纺织品上的哪些物质是对人体有害的,它必须符合什么标准,或者其含量应当控制在什么范围才不会对人体构成危害,如何对这些有害物质进行检测。

4. 废弃纺织品处理生态学

它是研究废弃纺织品对自然环境的影响及其检测和控制方法的科学,主要研究废弃纺织品的组成、生物可降解性及对环境的影响。最终废弃的纺织品的组成和性质比组成它的纤维要复杂得多,要将这些废弃纺织品进行回收利用或无害化处理,必须对其组成和性质进行充分了解;研究废弃纺织品的无污染处理方法;研究废弃纺织品的回收利用途径和方法,变废为宝,节约资源,这是废弃纺织品处理生态学最重要的任务。

目前对于纺织品生产生态学有 Oeko-Tex Standard 100 和 ISO 14000 等系列标准,关于纺织品消费生态学的研究已经诞生了诸如 Oeko-Tex Standard 100 等国际化标准,而对于纺织品处理生态学的研究相对较少。作为一种商品,在生产、消费和废弃这个大循环中,纺织品废弃后对自然环境和人类的影响往往被人们忽视。

二、生态纺织品

生态纺织品的原料资源可再生利用,这类纺织品在生产加工过程中对环境不会造成不利的影响,在使用过程中保证消费者的安全和健康以及环境不会受到损害,废弃以后能在自然条件下降解或不对环境造成新的污染。

关于生态纺织品的认定标准目前有两种观点,一种是广义的生态纺织品,它是以欧洲"Eco-Label"为代表的全生态概念或广义生态纺织品的概念。依据该标准,生态纺织品所使用的纤维在生长或生产过程中应未受污染,同时也不会对环境造成污染;生态纺织品的原料采用可再生资源或可利用的废弃物,不会造成生态平衡的失调和掠夺性资源的开发;生态纺织品在失去使用价值后可回收再利用或在自然条件下可降解消化;生态纺织品应当对人体无害,甚至具有某些保健功能。由于这一标准相当严格,目前完整意义上的生态纺织品寥寥无几,但这并不妨碍人们对真正意义上的生态纺织品进行开发探索的追求。

另一种观点是狭义生态纺织品,它是以德国、奥地利、瑞士等欧洲国家的 13 个研究机构组成的国际生态纺织品研究和检验协会(Oeko-Tex)为代表提出的有限生态概念或狭义的生态纺织品概念,认为生态纺织品是按照人类现有的科学知识纺织品上对人体有害的物质的含量被控制在一定的范围内、在使用时不会对人体健康造成危害、对人体是安全的可信赖的纺织品。

第二节 生态纺织品标准

一、生态纺织品标准 100

1991 年奥地利纺织研究院和同样研究纺织品生态学的德国海恩斯坦研究院合作,制定了首部生态纺织品标准"Oeko-Tex Standard 100"(生态纺织品标准 100),并于 1992 年 4 月颁布。1993 年奥地利纺织研究院、德国海恩斯坦研究院和苏黎世纺织测试研究院联合签署协议成立"国际纺织生态学研究与检测协会(International Association for Research and Testing in the Field of Textile Ecology)",自 1994 年以来已有比利时、丹麦、瑞典、挪威、葡萄牙、西班牙、英国、意大利等 13 个欧洲国家加入该协会,并建立检测实验室。1997 与 1999 年国际纺织生态学研究与检测协会分别对"Oeko-Tex Standard 100"进行了修订,目前已推出 2002 年版。该标准对纺织品上各种有害物质的含量作了明确规定。目前 Oeko-Tex Standard 100 已成为国际上使用最为广泛的纺织品生态标准。

Oeko-Tex Standard 100 适用于各种类型的纺织和皮革制品,但不适用于化品、助剂和染料。Oeko-Tex Standard 100 将产品按其最终用途分为四类:一类是婴儿用产品,是指除了皮革服装之外的所有用于制作婴儿或两岁以下的儿童用品的产品、基本材料和辅料。第二类为直接与皮肤接触的产品,是指那些穿着时大面积与皮肤直接接触的产品,如制服、衬衣、内衣等。第三类为不直接与皮肤接触的产品,是指那些穿着时只有小部分直接与皮肤接触的产品,如填充材料、衬里等。第四类为装饰材料,指包括原材料和辅料在内的所有用于装饰的产品,如台布、墙布、家具装饰布、窗帘、室内装饰织物、地毯和床垫等。Oeko-Tex Standard 100 对有害物质的定义为:在纺织品或辅料中含有的,在正常或按规定条件使用时会释放出的,按现有科学知识,对人体具有某种影响并会对人体造成伤害的、且超出一个最大的限量的物质。

二、纺织品上有害物质的来源及对人体的危害

1. pH 值   人体皮肤表面呈微酸性以保证常驻菌平衡,防止致病菌的侵入。因此,纺织品的 pH 值在微酸性和中性之间有利于保护人体的皮肤,酸性和碱性太强都对人体皮肤不利,而且,纺织品处于较强的酸性或碱性条件下也容易受损。纺织品的酸碱性虽然与纤维、纺织加工都有关系,但最主要还是取决于染整加工。在染整加工时,纺织品经常在酸性或碱性溶液中处理,一些纤维还会发生吸酸或吸碱,所以染整加工后的洗涤对纺织品的 pH 值有密切关系。纺织品在染整加工后必须充分洗涤,使纺织品萃取液的 pH 值达到规定范围。

2. 游离甲醛   甲醛是一种重要的防腐剂,也是各种 N—羟甲基树脂整理剂、缩胺型固色剂、自交联黏合剂、阻燃剂、防水剂的重要组分。甲醛对生物细胞的原生质是一种毒性物质,它可与生物体内的蛋白质结合,改变蛋白质结构并将其凝固。甲醛会对人体呼吸道和皮肤产生强烈的刺激,引发呼吸道炎症和皮肤炎,也是多种过敏症的显著引发物。另外,甲醛对眼睛有强烈的刺激作用,也有可能会诱发癌症。含甲醛的纺织品在穿着或使用过程中,部分未交联的或水解产生的游离甲醛会释放出来,对人体健康造成损害。

3. 可萃取重金属   纺织品中重金属的主要来源是加工过程中使用的部分染料和助剂,如各种金属络合染料、媒介染料、酞菁结构染料、固色剂、催化剂、阻燃剂等以及用于软化硬水、退浆、煮练、漂白、印花等工序中的各种金属络合剂。天然纤维类织物,重金属还可能来自污染的环境,如植物纤维生长过程中重金属铅、镉、汞、砷等可通过环境迁移和生物富集沾污纤维,动物纤维所含的铜可来自生物合成。

重金属对人体的毒性相当严重,一旦为人体所吸收,会累积于人体的肝、骨骼、肾、心及脑中。当受影响的器官中重金属积累到一定程度,便会对健康造成无法逆转的巨大损害,某些重金属如汞等还会损害人的神经系统。重金属对儿童的损害尤为严重,因为儿童对重金属的吸收能力远高于成人。

事实上,纺织品上可能含有的重金属绝大部分并非处于游离状态,对人体不会造成损害。所谓可萃取重金属是模仿人体皮肤表面环境,以人工酸性汗液对样品进行萃取,并用等离子体原子发射光谱、紫外/可见吸收分光光度、原子吸收分光光度等仪器分析方法测定可萃取的,并可能进入人体对健康造成危害的重金属的含量。

4. 杀虫剂   天然植物纤维如棉花,在种植中会用到多种农药,如各种杀虫剂、除草剂、落叶剂等。在棉花生长过程中使用的农药,一部分会被纤维吸收,虽然在纺织品加工过程中绝大部分被吸收的农药会被去除,但仍有可能有部分会残留在最终产品上。这些农药对人体的毒性强弱不一,且与在纺织品上的残留量有关,其中有些极易经皮肤被人体所吸收,且对人体有

相当的毒性。如果产品不含天然纤维,则不必进行杀虫剂残留量的检测。

5. 含氯酚　五氯苯酚是纺织品、皮革制品、纺织浆料和印花色浆采用的传统的防霉防腐剂,动物试验证明五氯苯酚是一种强毒性物质,对人体具有致畸和致癌性。五氯苯酚化学稳定性很高,自然降解过程漫长,不仅对人体有害,而且会对环境造成持久的损害,因而在纺织品和皮革制品中的使用受到严格的限制。2,3,5,6-四氯苯酚是五氯苯酚合成过程中的副产物,对人体和环境同样有害。

6. 邻苯二甲酸酯类PVC增塑剂　PVC材料广泛用于纺织辅料、涂层织物、玩具及儿童用品、鞋类和运动器材。邻苯二甲酸酯类化合物是软质PVC材料最常用的增塑剂,用量可达40%～50%。研究表明,邻苯二甲酸酯类化合物有致癌性并会对人体的荷尔蒙系统造成损害。在一般的使用条件下,软质PVC材料会释放出相当量的邻苯二甲酸酯类增塑剂,当婴幼儿因为好玩或下意识地把手边的东西放入口中咀嚼时,这类释放出的邻苯二甲酸酯类增塑剂就有可能通过口腔对儿童造成严重的损害。

7. 有机锡化合物　三丁基锡常用于棉纺织品的抗微生物整理,可有效地防止纺织品(如鞋、袜和运动服装)上沾染的汗液因微生物分解而产生难闻的气味。二丁基锡主要用于高分子材料,如PVC稳定剂的中间体,聚氨酯和聚酯的催化剂。高浓度的有机锡化合物对人体是有害的,如引起皮炎和内分泌失调,其损害程度与剂量和人的神经系统有关。有机锡化合物对水生物的毒性也相当大,会造成对环境的污染。

8. 染料　见禁用染料。

9. 有机氯染色载体　某些廉价的含氯芳香族化合物,如三氯苯、二氯甲苯等是涤纶高效的染色载体。研究表明这些含氯芳香族化合物会影响人的中枢神经系统,引起皮肤过敏并刺激皮肤和黏膜,对人体有潜在的致畸和致癌性。含氯芳香族化合物十分稳定,在自然条件下不易分解,对环境十分有害。

10. 抗微生物整理剂　纺织品的抗菌防臭、防虫整理所采用的抗微生物整理剂通常为有机化合物或季铵盐,它们中的大部分都有一定的毒性,虽然最终产品的急性毒性和慢性毒性指标一般都大大低于安全性限定要求,但凡欲申请生态纺织品标签的产品,均不允许进行抗微生物整理。

11. 阻燃剂　含溴和含氯阻燃剂如多溴联苯,三—(2,3-二溴丙基)—膦酸酯,多溴联苯谜和氯化石蜡等是纺织材料常用的阻燃剂。长期与这些高毒性的阻燃剂接触会对人体产生十分不利的影响,如免疫系统的恶化和生殖系统的障碍、甲状腺功能的不足、记忆力丧失等。

12. 色牢度　虽然并无证据表明纺织品上所使用的染料一定对人体有害,但提高纺织品的色牢度无疑可以最大限度地降低这种风险。生态纺织品标准中选择作为监控内容的四种色牢度指标,与人体穿着或使用纺织品直接相关。婴儿服装的唾液和汗渍色牢度指标十分重要,因为婴幼儿可透过唾液和汗渍吸收染料。

13. 挥发性物质和特殊气味　一些挥发性物质,特别是有一些奇特气味的物质应控制用量或限制使用。特殊气味指霉味、鱼腥味或怪味等。纺织品上如散发出气味或气味过重,表明纺织品上有过量的化学品残留,有可能对健康造成危害,且会引起消费者的不快和担忧。特殊气味最突出的是涂料印花织物上残留的火油味、树脂整理纺织品上的鱼腥味等。

表1-6-1所列为一些Oeko-Tex Standard 100规定的检测项目。

表 1-6-1　2002 年版 Oeko-Tex Standard 100 规定的检测项目及有害物质在纺织品上的极限值

产品分类		I 婴幼儿用	II 直接与皮肤接触	III 不直接与皮肤接触	IV 装饰材料
酸碱值(pH 值)		4.0～7.5	4.0～7.5	4.0～9.0	4.0～9.0
甲醛(mg/kg)		20	75	300	300
可萃取重金属(mg/kg)	锑(Sb)	30.0	30.0	30.0	30.0
	砷(As)	0.2	1.0	1.0	1.0
	铅(Pb)	0.2	1.0	1.0	1.0
	镉(Cd)	0.1	0.1	0.1	0.1
	铬(Cr)	1.0	2.0	2.0	2.0
	六价铬(Cr^{+6})	<0.5	<0.5	<0.5	<0.5
	钴(Co)	1.0	4.0	4.0	4.0
	铜(Cu)	25.0	50.0	50.0	50.0
	镍(Ni)	1.0	4.0	4.0	4.0
	汞(Hg)	0.02	0.02	0.02	0.02
杀虫剂总量(mg/kg)(包括五氯苯酚和四氯苯酚)		0.5	1.0	1.0	1.0
含氯酚及邻苯基苯酚 (mg/kg)	五氯苯酚	0.05	0.5	0.5	0.5
	2,3,5,6-四氯苯酚	0.05	0.5	0.5	0.5
	邻苯基苯酚	0.5	1.0	1.0	1.0
PVC 增塑剂(邻苯二甲酸酯类)(%)〔邻苯二甲酸二异壬酯、二辛酯、二(2-乙基)已酯、二异癸酯、丁基苄基酯、二丁酯的总量〕		0.1	/	/	/
有机锡化合物(mg/kg)	三丁基锡	0.5	1.0	1.0	1.0
	二丁基锡	1.0	/	/	/
禁用染料	可分解出致癌芳香胺的染料	不得使用(分解出的致癌芳香胺检出限量不超过 20 mg/kg)			
	致癌染料	不得使用			
	致敏染料	不得使用(致敏染料的检出限量为不超过 60 mg/kg)			
有机氯染色载体(mg/kg)		1.0	1.0	1.0	1.0
可挥发物的挥发 (mg/m³)	甲醛	0.1	0.1	0.1	0.1
	甲苯	0.1	0.1	0.1	0.1
	苯乙烯	0.005	0.005	0.005	0.005
	乙烯基环已烷	0.002	0.002	0.002	0.002
	4-苯基环已烷	0.03	0.03	0.03	0.03
	丁二烯	0.002	0.002	0.002	0.002
	氯乙烯	0.002	0.002	0.002	0.002
	芳香烃化合物	0.3	0.3	0.3	0.3
	有机挥发物	0.5	0.5	0.5	0.5

第二篇

涤纶及其混纺织物的染整

第一章

涤纶及其混纺织物的前处理

第一节 引　言

涤纶织物在织造厂织成坯绸后,需送至印染厂进行染整加工。由于产品的要求、风格及品种的不同,其染整加工工艺有较大差异。一般,染整加工工艺路线根据以下几方面选择和确定:

(1) 涤纶丝原料种类、规格和结构;

(2) 织造工艺(包括张力、捻度、织缩等)、组织结构和组织规格;

(3) 最终产品风格、用途及要求。

一、传统涤纶产品染整工艺

早期传统的涤纶产品,其染整加工较为简单,产品性能不甚理想,目前基本上已淘汰,其加工过程为:

坯绸准备→精练(退浆)→烘干→(预热定形)→染色(或印花)→热定形→后整理。

二、涤纶仿真丝、仿麻类产品染整工艺

此类产品是近二十年发展最快的纺织品,其加工技术也有较大改进,虽其染整工艺过程没有棉型织物那样成熟,但十几年来,其典型工艺已被广大印染工作者所接受,产品性能也得到进一步的提高。由于涤纶仿真丝、仿麻产品品种众多,风格各异,原料差异和织造加工差异较大,因而,染整加工过程也有明显的区别。

1. 缎类织物染整工艺

这类织物要求组织紧、轻薄、光泽好、绸面挺、色泽匀、手感柔而不烂,所以,染整加工时不需起皱和减量,但需预定形以提高其色泽均匀性,故其染整加工过程可为:

坯绸准备→精练→烘干→预热定形→染色(或印花)→后整理。

2. 绉或乔其类和强捻类织物染整工艺

此类织物具有明显的绉或乔其效应,且加捻后手感粗糙,悬垂性增加,故其加工过程中须起皱、松弛、减量,并加预定形,以保证织物风格及色泽均匀。

3. 桃皮绒类产品染整工艺

中浅色：

坯绸准备→退浆精练松弛→（预定形→碱减量→皂洗）→（开纤→水洗）→松烘→定形→染色→柔软烘干→（预定形）→磨绒→砂洗→柔软拉幅定形→成品。

深色：

坯绸准备→退浆精练松弛→（预定形→碱减量→皂洗）→（开纤）→柔软烘干→（预定形）→磨绒→砂洗→松烘→定形→染色→柔软拉幅定形→成品。

超细复合丝采用开纤工序,细旦丝等采用碱减量工艺。

4. 麂皮绒类产品染整工艺

坯绸准备→退浆精练松弛→预定形→起毛→剪毛→染色→浸轧聚氨酯涂层液→湿法凝固→水洗烘干→柔软烘干→磨绒→整理→拉幅定形→成品。

三、仿毛类产品染整工艺

常用的仿毛类产品主要有涤纶仿毛、阳离子可染涤纶仿毛及中长仿毛三类。中长仿毛产品多为混纺织物如涤/黏中长仿毛,将在混纺织物一节中介绍。

涤纶仿毛产品,往往走毛纺产品工艺路线,能得到优异的仿毛效果:

坯绸→洗缩→烘干→预定形→碱减量→皂洗→松烘→定形→染色→水洗烘干→浸轧风格整理剂→短环预烘→拉幅焙烘→定形→起毛→剪毛→蒸呢→成品。

阳离子可染涤纶仿毛织物染整加工工艺过程:

坯绸准备→洗呢→松烘→定形→染色→烘干→蒸刷→剪毛→定形整理→蒸呢→成品。

第二节 | 涤纶织物的前处理

一、涤纶织物的退浆和精练

（一）涤纶产品常用浆料及性能

涤纶在织造时,往往会引起丝线的起毛,尤其是线密度小的纤维,它们单纤细、强力低、静电大,特别容易起毛,还会成球,不但影响产品质量,还会影响生产效率,甚至中断生产。为此往往给丝线上油,尤其是经丝。可采用单独上油工艺,也可将油加到浆液中,与上浆一起进行。另外,涤纶在织造时经丝要经受反复摩擦、拉伸和弯曲,因而,若采用单纤抱合力低、耐磨性较差的原料作经丝,都需要上浆。作为涤纶,除加捻和网络外,必须通过上浆来增加丝的抱合力、强力和耐磨性,从而防止织造中丝线起毛,减少断头。若经丝不上浆,一般均需上油,如矿物油、酯化油和非离子表面活性剂。若上浆,则一般采用浆料、矿物油、酯化油、蜡质和非离子表面活性剂等。

涤纶经丝浆料由黏着剂和辅助剂组成。黏着剂黏合成膜;辅助剂提高渗透性,改善浆液成膜性,使浆膜润滑柔软。

涤纶常用的浆料是聚丙烯酸酯,它是丙烯酸酯共聚体浆料。由于浆料中含有酯基—COOR,与含有同样基团的涤纶分子在结构上有一定的相似性,所以涤纶对它具有较强的亲和力。

浆料中加入辅助剂,可使得丝身润滑,减少静电现象和经丝黏并及黏搭烘筒现象。油剂加入,可改善起毛现象,但浆丝烘干后上油,能将浆膜与空气隔开,减少从空气中吸收水分,对提高丝的平滑性、保护浆膜有利。对有梭织机织制的涤纶可采用不防水浆料,而低捻经丝上浆可使丝线进一步定形,并减少静电。辅助剂和油剂的引入,增加了退浆的难度。

聚酯类浆料也是涤纶常用的浆料。与聚丙烯酸酯类浆料相似的是聚酯类浆料结构中的酯键类似于涤纶分子中的酯键,从而两者具有较好的相似相容性,可获得良好的黏着力。同样,浆液中也加入辅助剂,改善上浆效果,提高浆丝润滑性。

目前涤纶上浆用浆料品种很多,工业上基本采用合成浆料。

(二) 涤纶退浆精练方法及工艺

涤纶本身不含有杂质,只是在合成过程中存在少量的低聚物,所以不像棉纤维那样需要进行强烈的前处理。作为退浆精练工序,其主要目的是除去纤维制造时加入的油剂和织造时加入的浆料、着色染料及运输和贮存过程中沾污的油迹和尘埃,所以退浆精练任务轻,条件温和,工艺简单。然而,若涤纶织物退浆不净或不退浆则会导致碱减液组分不稳定、pH 值难以控制、减量效果降低,产生减量不匀、染色不匀或色点、色花等病疵。所以,必须去尽这些杂质,才能保证后道工序的顺利进行。

细涤纶、超细涤纶及异形涤纶丝由于纤维表面积的增大,纺丝中吸附的油剂量大,上浆时吸附浆料多,例如,超细纤维可达 15% 以上,且超细纤维纺丝的油剂成分复杂,往往是矿物油、脂化油、石蜡等高固型复合物,这样就增加了退浆精练的难度,尤其是高密度织物。

退浆剂、精练剂的选用和退浆精练方法的确定是退浆精练工序的关键,需根据织物上的浆料种类选择不同的退浆剂。常用的退浆剂是氢氧化钠或纯碱,因常用的丙烯酸酯类浆料,无论是可溶性的还是不溶性的,它们均能在碱剂的作用下成为可溶的丙烯酸酯钠盐而溶解去除。

一般情况下,聚酯浆料退浆 pH 值控制在 8,聚丙烯酸酯浆料为 8~8.5,聚乙烯醇浆料为6.5~7,而喷水织机织造的织物需烧碱退浆。

纤维或织物上的油剂、油污及为了上浆和织造高速化而加的乳化石蜡及良好的平滑剂的去除需采用表面活性剂(主要是阴离子型和非离子型),通过它们的润湿、乳化、分散、增溶、洗涤等作用,将油剂和油污从纤维和织物上除去。除此之外,为了避免金属离子与浆料、油剂等结合形成不溶性物质,精练时加入金属络合剂或金属离子封闭剂也是必要的。

如果采用过氧化物,则在退浆精练过程中有助于合成浆料聚合物的氧化和脱落。

由于高熔点石蜡复合型浆料的使用,油剂的多样化再加上织物浆料、油剂等附着量的增加,纤维种类及织物组织结构的变化,因此使得精练剂的选择十分重要。然而能满足精练要求的高性能精练剂不多,这就需要我们根据织造时上浆的实际情况,结合加工设备及精练原理,挑选各种功能的表面活性剂,其中尤其要注意表面活性剂的协同作用,因单一表面活性剂是难以达到目的的。一般选择对油剂、蜡质乳化能力强的助剂。如要求精练后残留脂蜡率在0.2%以下,净洗剂的 HLB 值需在 8~15 范围内,才能使染色时不发生拒水和色斑。目前,精练剂均由非离子型和阴离子型表面活性剂复配,并添加少量防止再沾污的助剂。

退浆精练过程实际上是一洗涤过程,当然有时也存在化学反应。通常退浆精练是在高温下长时间浸渍,将浆料、油剂等杂质、污垢溶解、乳化、分散并去除。其过程如下:

(1) 洗液(或精练液)渗透到织物组织内(降低表面张力);

(2) 从织物的纤维表面上分离浆料、油剂(界面性质、机械作用),分散污垢,保护纤维;

(3) 污垢分散、乳化溶解在洗涤浴(或精练浴)中。

显然,上述过程中,浆料、油剂等杂质的移动(或转移)量与纤维间的间隙、外部的作用、液体的黏度有关。其中纤维间的间隙是最大的影响因素,然而,张力和压力等的增加会降低或缩小纤维间的间隙,从而使浆料、油剂等杂质去除困难,因而要尽量保持纤维间隙的扩大状态,故加工时应保持松式状态,即无张力状态。另一方面,从洗涤角度考虑,加工温度的影响最大,这是因为升温能降低表面张力和液体黏度,提高物质的扩散性,有利于杂质的去除。杂质的去除还需要外界的机械作用,在退浆精练设备上,退浆所需的机械作用如拧挤、打纬、振动、溢流、喷射、屈曲、压缩、吸引等,往往通过各种物理机构来实现。另外,微波、超声波等也有应用。

常用的退浆精练工艺有以下几种。

1. 精练槽间歇式退浆精练工艺

一般的涤纶长丝织物或仿丝织物,若采用精练槽退浆精练,则可用纯碱 3~4 g/L,净洗剂(雷米邦)2 g/L,保险粉 0.5 g/L,浴比 1：(30~40),于 98~100℃处理 30~40 min;续缸时上述化学品分别加 2 g/L、1 g/L 和 0.5 g/L。精练后用热水洗→酸洗→冷水洗→脱水→烘干。若坯绸有较多铁渍,则可在退浆精练前先用草酸处理(草酸 0.2 g/L,平平加 O 0.02 g/L,于 70~75℃处理 15 min),然后加 0.5 g/L 纯碱中和(于 40~45℃处理 10 min),再退浆精练。

上述工艺较为简单,但退浆精练效果不是最理想。若用具有良好性能的精练剂来代替传统的纯碱、保险粉及雷米邦,则精练效果有所改善。

2. 喷射溢流染色机退浆精练工艺

喷射溢流染色机上退浆精练是目前国内常用的工艺。最简单如涤双绉精练工艺,采用净洗剂 0.25 g/L,纯碱 2 g/L,30% 烧碱 2 g/L,保险粉 1 g/L,浴比 1：10,于 80℃处理 20 min,或用传化 TF-101 及中性去油,均能达到目的。

3. 连续式松式平幅水洗机精练工艺

此工艺的特点是:(1)连续式,加工效率高,便于连续化生产;(2)平幅状态加工;(3)松式,张力较小,能使织物在退浆精练过程中得到充分的收缩,但对紧密强捻类厚重织物,由于处理时缩率大,故易产生收缩不匀,造成皱印。

该类设备对上浆多的织物往往不能充分退浆和精练,所以需要堆置后进行第二次精练。另外,此工艺为常温常压,故对于要求高温高压加工的织物不太适宜。

该类设备上可用 Ultravon GP 1~2 g/L,纯碱 1 g/L 于 40℃浸轧(轧余率 70%),并在 80~90℃汽蒸 60 s,80℃热水洗,60℃和 40℃热水洗,冷水洗并烘干。

二、涤纶织物的松弛加工

(一) 松弛加工的目的和原理

充分松弛收缩是涤纶仿真丝绸获取优良风格的关键。

松弛加工的目的是将纤维纺丝、加捻、织造时所产生的内应力消除,并对加捻织物产生解捻作用而形成绉效应。纺丝、捻丝及织造过程均会使纤维产生一定的内应力,尤其是强捻织物。织物在湿热、助剂和机械搓揉等作用下,使加捻纬丝内部的内应力在无张力状态下得以松弛释放,纬丝发生充分的收缩,沿纬向呈现不规则的波浪形屈曲,经向也呈现不规则的波浪形屈曲,绸面上形成凹凸不平的属曲效应。如果用不同收缩性能的纤维组成的丝线,则在湿热状态下,纤维产生不同的收缩率,从而呈现经、纬线的屈曲,产生双层空间,使坯布原来板结的"薄片"状态变得厚实和蓬松。显然,上述收缩所产生的经、纬屈曲程度会随张力的提高而降低。同时,纤维、丝线的应力增加,影响织物的风格。因此,织物需在松弛状态下加工,加工张力越小越好。要释放所形成的内应力,则松弛加工时的条件必须超过内应力形成的条件,这样才能使分子间作用力破坏而导致分子运动。对强捻织物,由于强捻丝有较强的回复扭力,从而使丝线不平整而不利于织造,因而织造时需让丝线加捻产生的扭矩暂时固定下来,这样就需对加捻丝进行定形处理,若定形过度,虽可织性好,但松弛时难以退捻而使织物发硬,绉效应降低,穿着舒适性差;若定形过浅,则丝线捻度不伏,平整度差,可织性差。

织物在松弛状态下热处理时,随着温度的升高,收缩增大,亦即温度提高,纤维大分子运动性能增加,从而促进了内应力的释放。但要注意的是,过于激烈的升温,会使处于绳状的织物产生收缩不匀及皱印,并随温度升高,这些皱印最终会被固定而造成次品。从这个意义上来讲,希望纤维大分子运动及织物收缩变化缓慢且一致,因而在松弛处理时需严格控制升温速率,从低温开始慢慢地升温,尤其对细旦涤纶丝及异形和异收缩丝更应如此。

大部分涤纶织物,松弛与精练是同步进行的,有些还与退浆同步一浴。而超细纤维织物由于纤维细度低,织物密度高,因此若退浆精练与松弛同时进行,则往往组织间隙中的浆料油剂不易脱除,故退浆精练与松弛以分开处理为宜。一般先退浆精练,而后松弛,并且可在松弛时再加入部分精练剂,以进一步去净杂质。

(二) 松弛加工的设备和工艺

不同的松弛设备有不同的松弛工艺,然而松弛处理后,其产品风格也不尽相同。至今为止,能用于涤纶织物松弛的设备及对应的松弛工艺有以下几种。

1. 间歇式浸渍槽

此类设备最为简单。在一定的温度和压力下,织物在含有碱及精练剂的溶液中不断翻滚,以完成退浆、精练、松弛加工。但用此类设备加工,其温度压力和翻滚程度不足,产品收缩率低,因而使用厂家很少。

2. 喷射溢流染色机

喷射溢流染色机是国内进行退浆、精练、松弛处理最广泛使用的设备。采用此类设备加工,织物在进出布及循环运动中,不能完全消除张力,况且升降温较慢,高温时间较长,织物不能充分地松弛收缩,所以产品收缩率不高,手感及丰满度受到影响。同时绳状加工若处理不当,易产生皱印,尤其是厚重强捻织物。

在喷射溢流染色机加工中,织物的张力、摩擦和堆置与浴比和布速有很大的关系,而松弛处理产品质量与上述因素密切相关,因而除合理地控制升降温速率外,还要选择合理的浴比和布速。涤纶仿真织物松弛精练时,布速不宜太高,一般以 200～300 m/min 为宜。而浴比则需根据设备及织物特性而定。超细纤维织物由于纤维表面积大,单纤细,因而其浴比应大于普通丝织物,布速慢于普通丝织物。

在喷射溢流染色机上松弛精练,还可通过调节喷嘴直径、工作液循环次数来达到所需要的工艺参数。喷射溢流染色机精练松弛解捻起皱操作时升降温要慢,尤其是降温,否则会使织物手感粗糙。

3. 平幅汽蒸式松弛精练机

此设备最大的优点是克服喷射溢流染色机易产生收缩不匀而形成皱印的缺点,且加工效率高。织物通过碱及精练剂预浸及精练,于 98～100℃汽蒸,最后振荡水洗。然而此设备精练时间短,织物翻滚程度低,因而强捻产品的收缩率较低。大多采用退浆精练、松弛解捻两步法。

4. 解捻松弛转笼式水洗机

高温高压转笼式水洗机是精练松弛解捻处理最理想的设备,织物平放于转笼中松弛处理,经此设备处理,织物的收缩率可达 12%～18%,强捻类织物可达 20%,使织物手感丰满度及风格更为理想,是其他机械所不能达到的,但此设备操作繁琐,劳动强度大,加工批量小,周期长,操作处理不当可能产生折皱不匀、边疵等疵病。

三、涤纶织物的预定形

(一) 预定形的目的

在染整加工中,合成纤维织物要经过两到三次热定形,而退浆精练和松弛加工后所进行的热定形,称为预定形。预定形的目的主要是消除织物在松弛起皱时产生的皱痕和提高织物的尺寸热稳定性,有利于后续加工。

经过预定形后织物的热稳定性提高和不发生收缩,对产品风格起关键作用。经碱减量处理的织物纱线变细,但由于织物结构稳定而经纬纱之间的织缩不变,使经、纬纱之间的自由度增大,织物结构变得活络而柔软,不需要加重碱减量处理就可以获得好的手感。另外,预定形后织物结构趋于稳定,碱减量处理的减量均匀,染色时不易形成折皱、缠结和卷边。

经松弛收缩处理的织物干热定形后会降低绉效应。因为要消除折皱、提高分子结构排列的均匀度,必定要对织物施加张力,而张力的增加又会使绉效应降低,柔软度、回弹性、丰满度等也会发生变化。所以,定形时可通过经向超喂来弥补纬向增加张力所引起的织物风格变化。虽然定形时因张力作用会降低绉效应,但能改善减量的均匀性和尺寸稳定性。为此,松弛后应尽量避免加工中张力过大,所以定形前一般不烘燥,若烘燥也应采用松式烘燥设备。

(二) 预定形的工艺

预定形工艺应根据不同织物特点,从组织规格、密度、捻度和原料种类等方面来确定适宜的工艺条件。预定形一般采用干热定形工艺,设备以针铗链式热定形机为好,可控制缩率。经、纬向拉力要小,经向要尽量超喂,以保证织物充分蓬松。定形温度一般控制在 180～190℃。若预定形温度过低,则布面皱痕不易去尽,织物抗皱性较差,易产生染色病疵,严重时门幅稳定性不够,乃至影响成品的手感和风格。若预定形温度过高,则布面发硬,增加了以后减量的难度,还会产生色边疵。预定形时间则根据纤维加热时间、热渗透时间、纤维大分子调整时间和织物冷却时间确定。一般定形温度高,定形时间短。定形时间还与定形机风量大小和烘箱长短有关。从产品质量角度考虑,以低温长时间为宜,但须兼顾设备及生产效率。定形时间一般为30～60 s,若定形时间过长,则减量率相应降低,虽有利于减量均匀,但生产效率相应降低。车速为 40 m/min,经向超喂 1% 左右。若织物厚度和含湿率增加,则时间可适当延长。

为尽量避免绉效应消失而影响织物风格,一般定形幅度较成品小 4～5 cm,或较前处理门幅宽 2～3 cm,前车导辊张力全部放松,加上适当的超喂(如增加 10%～20%),以保持经线的屈曲,改善织物风格;冷却系统保证正常运转,以防压皱、熔融和硬化。

预定形的张力只要能达到织物平整度,保证外观要求就可,以免影响织物丰满度、悬垂感,经向适当超喂,保证经线屈曲。

四、涤纶织物的碱减量加工

(一) 涤纶碱减量加工的目的和原理

碱减量是在高温和较浓的烧碱液中处理涤纶织物的过程,涤纶表面被碱刻蚀后,其质量减轻,纤维直径变细,表面形成凹坑,纤维的剪切刚度下降,消除了涤纶丝的极光,并增加了织物交织点的空隙,使得织物手感柔软、光泽柔和,改善了吸湿排汗性,具有蚕丝一般的风格,故碱减量处理也称为仿真丝绸整理。

涤纶新合纤织物也需要进行碱减量加工,其目的是进一步提高织物的柔软性和悬垂性。由于新合纤往往由超细丝、变形丝、高收缩丝等原料组成,其减量速度较快,各组分的减量速度也相差很大。这种织物的减量加工难度很大,碱减量的方法也有多种,选用合适的加工方法就显得非常重要。

涤纶分子由于主链上含有苯环,从而使大分子链旋转困难,分子柔顺性差。同时苯环与羰基平面几乎平行于纤维轴,使之具有较高的几何规整性,因而分子间作用力强,分子排列紧密,纺丝后取向度和结晶性高,纤维弹性模量高,手感硬,刚性大,悬垂性差。

若将涤纶放置于热碱液中,利用碱对酯键的水解作用,可将涤纶大分子逐步打断。由于涤纶分子结构紧密,纤维吸湿性差而难以膨化,从而使高浓度高黏度碱液难以渗入纤维分子内部,因而碱的这种水解作用只能从纤维表面开始,而后逐渐向纤维内部渗透,纤维表面出现坑穴,同时,使纤维表面腐蚀组织松弛,纤维本身重量随之减少,使织物弯曲及剪切特性发生明显变化,从而获得真丝绸般的柔软手感、柔和光泽和较好的悬垂性和保水性,滑爽而富有弹性。因此,涤纶碱减量加工是仿真丝绸的关键工艺之一,而加工时如何有效地控制减量率,使织物表面呈均匀的减量状态,显然是至关重要的。表 2-1-1 为碱处理前后涤纶的各项指标变化。

表 2-1-1 碱处理前后涤纶的各项指标变化

纤维种类	76 dtex/48 f 三角形涤长丝			150 dtex/36 f 圆形涤长丝		
处理条件	未处理	碱处理 20 min	碱处理 120 min	未处理	碱处理 20 min	碱处理 120 min
减量率(%)	0	23.1	42.9	0	17.37	35.1
相对密度(g·cm^{-3})	1.383 0	1.383 4	1.385 8	1.382 3	1.382 9	1.382 6
平均相对分子质量 M_n	16 250	15 981	15 828	18 277	17 838	17 946
聚合度 DP	84	82	82	95	93	93
结晶度(%)	54.8	55.0	56.5	54.3	54.7	54.52

注:碱处理条件为 NaOH 20%(按织物重量),促进剂 OYK—11 256 g/L,温度 100℃,浴比 1∶50。

由于涤纶碱处理后,纤维表面发生剥蚀,从而使纤维变细,重量减轻。碱处理使纤维重量减少的比率称为减量率,公式表示如下:

$$减量率(\%) = \frac{碱处理前织物重量 - 碱处理后织物重量}{碱处理前织物重量} \times 100$$

理论减量率可通过涤纶与碱的反应方程式求得,但它与实际减量率有差异。

(二) 涤纶碱减量加工的影响因素

1. NaOH 用量

涤纶具有一定的耐碱性,即在弱碱条件下,涤纶分子是稳定的,没有减量效果。在强碱作用下,涤纶分子中的酯键发生一定程度的水解。然而,不同的碱剂对涤纶的水解程度有较大的差异。有机碱对涤纶酯键的水解能力远小于无机碱,但它对纤维强度的破坏很大,由此说明有机碱的水解作用并非由表及里地进行。无机碱作用见表 2-1-2。从试验的几种碱剂来看,减量效果为 KOH＞NaOH＞Na_2CO_3,考虑到生产实际,以采用氢氧化钠为宜。

表 2-1-2　碱剂种类对碱减量加工的影响

碱种类	减量率(%)	回潮率(%)	表现得色量 K/S(分散红 82)
NaOH	13.37	0.44	6.56
KOH	17.87	0.54	7.87
Na_2CO_3	0.61	0.26	6.00

注:碱浓度 0.5 mol/L,温度 95℃,时间 30 min,浴比 1∶20。

2. 促进剂

为提高碱对涤纶的水解效率,提高碱利用率,往往在处理浴中加入水解促进剂,以加快碱对涤纶分子的水解反应。

阳离子型表面活性剂对涤纶碱水解有促进作用。常用的是季铵盐类表面活性剂,特别是有苄基的季铵氯化物,其中以碳原子数为 12～16 的效果较好。

促进剂虽然能加快碱水解反应速率,提高碱利用率,然而,一般情况下,涤纶上促进剂的去除是比较困难的。若纤维上的促进剂洗不净,易导致纤维泛黄,造成染色疵病。另外,高温减量时,促进剂的加入会使纤维损伤增加。

3. 处理条件的影响

温度愈高,水解反应愈剧烈。

4. 热定形对减量的影响

热定形能够消除织物的皱印、不均的内应力和分子结构的不均匀性,因而定形后碱减量有利于减量率的均匀和织物手感柔软滑爽。然而,定形后涤纶结构致密,取向度和结晶完整性提高,因而减量时碱对涤纶分子酯键的进攻受到影响,故减量率有所降低;但当定形温度高于 180℃后,由于温度升高,涤纶分子的结晶结构变大,从而使减量率提高。

5. 其他因素的影响

一般来说,具有高度光泽的圆形纤维较消光多叶形等异形纤维减量率低,纤维线密度低,则减量率高。不同涤纶原丝的减量性能是不同的,其减量率顺序如下:

着色丝＞高染色丝＞假捻丝＞三角丝＞无光丝＞普通丝＞有光丝＞强力丝

(三) 涤纶碱减量加工设备及工艺

涤纶碱减量的加工方式有间歇式加工法、半连续式加工法、连续式加工法。比较常用的是连续式加工法。

1. 间歇式碱减量加工

(1) 精练槽　精练槽为长方形练筒,生产时一般以五个练桶为一组。

精练槽减量加工的优点是投资低,产量高,成本低,张力小,减量率易控制,强力损伤小,适宜于小批量多品种生产。但缺点是劳动强度大,各工艺参数随机性大,减量均匀性差,重现性差。

(2) 常压溢流减量机　此设备在常压下绳状运转,在织物定形后进行。其张力低,减量率易控制。残液由吸泵吸收至箱顶高位槽内贮存,织物易清洗,残液可利用,产品风格优于溢流喷射染色机,但易出现皱印。

（3）高温高压喷射溢流染色机 此类设备适用于绉类、乔其类织物加工。该类设备张力低、温度高、碱反应完全、适应性广,可精练去绉后直接减量,强捻织物的松弛效果明显。

总之,间歇式碱减量机有多种机型,如国产的 YH-400 是常见的一种,其结构如图 2-1-1 所示。

2. 连续式碱减量加工

连续式碱减量适合批量性连续化大生产,产量高,操作方便,减量均匀,但一次性投入碱量大,存在运转中碱浓度控制及涤纶水解物过滤去除困难等问题,且加工时织物张力大,因而不适合小批量、多品种生产,织物风格不及间歇式减量处理的织物。

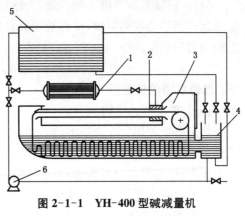

图 2-1-1 YH-400 型碱减量机

1—热交换器 2—喷嘴 3—处理槽
4—加料槽 5—碱液回收槽 6—主循环泵

连续式碱减量机的基本组成有浸轧机、汽蒸箱、水洗机等,如图 2-1-2 所示。

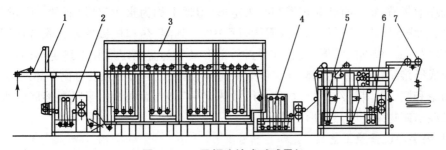

图 2-1-2 平幅连续式碱减量机

1—进布装置 2—辊浸轧机 3—汽蒸箱 4—净洗槽 5—波浪形溢流水洗机 6—浸轧槽 7—落布装置

（四）碱减量加工对织物性能的影响

1. 织物力学性能

织物经减量后,随减量率的提高,纤维变细,吸湿回潮率提高,拉伸断裂强度降低,杨氏模量有所提高。减量后织物的拉伸功、回弹性、剪切刚度、剪切滞后矩、弯曲刚度、摩擦系数、织物厚度等力学指标均有不同程度的改变。这些力学性能的变化会引起织物风格的改变:随减量率增大,织物的蓬松性、爽挺性、柔软度和粗糙度均有增加,尤其是柔软度;织物弹性和身骨有所下降,悬垂性增加,丰满度提高。

2. 织物空隙率

经碱减量后,织物纤维变细,因而织物空隙率提高,从而改善了织物的透气性、吸湿性、手感和光泽。

3. 织物的染色性

涤纶经碱减量加工后,纤维的染色性能会发生变化。随着减量率增大,纤维表面形成凹坑,使染料溶液与纤维之间的接触面积增加,上染率提高;若减量率进一步增加,尽管上染率会提高,但视感颜色却变浅。这是由于减量增加后纤维变细,单位质量的表面增大,凹凸表面使光发生漫反射所致。

另外,若减量后纤维上残留碱,会使分散染料(特别是偶氮类染料)水解和还原分解,而残留的促进剂等会吸附染料,从而妨碍染料的上染和发色,造成色牢度下降。因此,减量后织物上的残留物必须洗净。

五、涤纶织物的热定形

(一) 热定形的目的

热定形是利用合成纤维的热塑性,将织物保持一定的尺寸和形态,加热至所需的温度,使纤维分子链运动加剧,纤维中内应力降低,结晶度和晶区有所增大,非晶区趋向集中,纤维结构进一步完整,使纤维及其织物的尺寸热稳定性获得提高的加工过程。

热定形的主要目的是消除织物上已有的皱痕、提高织物的尺寸热稳定性(主要指高温条件下的不收缩性)和使织品不易产生难以去除的折痕。此外,热定形还能使织物的强力、手感、起毛起球现象和表面平整度等性能获得一定程度的改善或改变,对染色性能也有一定的影响。因此,合成纤维织物及其混纺或交织织物,在染整加工过程中都要经过热定形处理。根据品种和要求的不同,有些合成纤维织物还需要经过两到三次的热定形处理。

从处理效果看,定形有暂时定形和耐久定形(习惯上称为永久定形)两种。经过耐久定形后的纤维、纱线或织物,在后续加工或服用过程中,遇到湿、热和机械单独或联合作用,都能保持定形时的状态。根据热定形工艺有水与否,定形又分为湿热定形和干热定形两种。对同一品种的合成纤维织物来说,达到同样定形效果时,采用湿热定形的温度可比干热定形的温度低一些。锦纶和腈纶及其混纺织物,往往多用湿热定形工艺,而涤纶由于吸湿溶胀性很小,因此涤纶及其混纺织物采用干热定形工艺。

(二) 热定形设备及工艺

涤纶纤维织物干热定形应用最广泛的设备是针铗式热定形机,如图 2-1-3 所示,其结构形式与针板(铗)热风拉幅机相似,但热烘房的温度要高得多。热定形加工时,具有自然回潮的织物以一定的超喂进入针铗链,并将幅宽拉伸到比成品要求略大一些,如大 2~3 cm,然后织物随针铗链的运动进入热烘房进行热定形处理。热定形温度通常根据织物品种和要求等确定。涤纶或涤/棉混纺织物定形温度往往在 180~210℃左右,时间为 20~30 s。锦纶及其混纺织物热定形温度为 190~200℃(锦纶 6)或 190~230℃(锦纶 66),处理时间为 15~20 s。腈纶织物在 170~190℃下处理 15~16 s 后,可以防止后续加工中形成难以消除的折皱,并能防止织物发生严重的收缩,但纤维有泛黄倾向。织物离开热烘房后,要保持定形时的状态进行强制冷却,可以采用向织物喷吹冷风或使织物通过冷却辊的方法,使织物温度降到50℃以下落布。

热定形工序的安排一般随织物品种、结构、染色方法和工厂条件等而不同,大致有三种

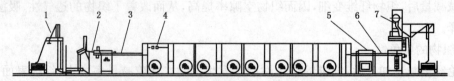

图 2-1-3　针铗链式热定形机示意图

1—进布架　2—超喂装置　3—针铗链伸幅装置　4—烘房　5—冷风　6—输出装置　7—冷却落布

安排，即坯布定形、染前定形和染后定形。坯布定形可使织物在后续加工中不致发生严重的变形，但坯布要求比较洁净，不能含有经过高温处理后变得难以去除的杂质。采用染前定形的品种较多，如经编织物、长丝机织物和涤/棉织物等。染后定形可以消除前处理及染色过程中所产生的皱痕，使成品保持良好的尺寸稳定性和平整的外观，涤/毛织物可采取染后定形。

第三节　涤纶混纺织物的前处理

一、涤棉混纺织物的前处理

涤纶和棉以一定比例混纺，既保持了涤纶的优点，又改善了穿着不透气等缺点。涤纶与棉的比例，通常以涤为主的品种为涤 65/棉 35，以棉为主的品种为涤 45/棉 55 或涤 40/棉 60。也有涤 50/棉 50 的，这类织物习惯上称之为低比例涤/棉，代号 CVC。

涤/棉织物的前处理工序一般包括烧毛、退浆、煮练、漂白、丝光和热定形等。

（一）烧毛

按照常规，坯布从纺织厂到达印染厂后，经过检验、翻布、分批分箱、打印和缝头，即进行烧毛。但涤/棉织物由于具体情况不同，烧毛工序不一定排列在缝头之后。如纺织厂用大卷装运送坯布，则缝头工序可以省却。

涤纶和棉纤维在纺纱时，经过加捻并合，仍有很多松散的纱线露在表面。在织造过程中，由于不断的机械运动，纱线之间受到较大的摩擦，织物表面产生茸毛，这些茸毛必须去除，否则，除造成一般的缺点外，还会使织物容易起毛起球和吸尘沾污。

烧毛的要求是只能去除织物表面的茸毛而不能使织物本身受到损伤。

当织物通过烧毛机的火口时，涤纶受到高温作用，纤维内部的长分子链开始振动，振动的强度随着温度的升高而加剧，当温度达到一定程度时，分子链间部分氢键断裂，分子间的引力减少，使大分子链内旋转加剧，链段长度缩短，因而纤维随之收缩。在这种情况下，迅速将织物冷却，纤维内分子间的氢键又重新形成。但由于纤维收缩的关系，分子链间的排列较前更为紧密，线密度也相应增加，从而提高了纤维的刚性，弹性也有所提高。所以涤/棉织物的烧毛操作不仅可去除织物表面的茸毛，而且还能赋予织物一定的身骨。

涤/棉织物在烧毛过程中烧去了棉纤维的茸毛，涤纶的茸毛被烧掉外，其他部分受热收缩，涤纶的某些长茸毛收缩成球状物，浮于织物表面，在高温染色时，被分散染料染成带色点疵布，这是涤纶茸毛成球状后因吸收染料差异造成的，因此有时将烧毛工序安排在高温染色之后进行。织物经烧毛后，只有不同程度的起毛，而较少起球。烧毛条件越剧烈，起毛现象就越轻微，但手感越硬，织物门幅收缩也越剧烈。织物手感变硬的现象在以后湿加工中能够得到一部分改善。

涤/棉织物使用的烧毛设备以气体烧毛机比较适宜。这种烧毛机的火焰能够深入织物内部孔隙，因此效果比较好。凡是接触式烧毛机（如铜板和圆筒式烧毛机）均不宜采用，因为涤纶容易熔融和燃烧而产生黑色胶状斑点。

适合涤/棉织物加工的气体烧毛机由烧毛火口、冷却滚筒和刷毛箱三部分组成。火口是气体烧毛机的主要部件，织物烧毛的效果很大程度取决于它。火口的构成大体相似，主要要求燃烧气与空气混合均匀，能充分燃烧。专用烧毛机只需一正一反两个火口就能达到质量要求，火口与织物的距离控制在 8～10 mm。

气体烧毛机的火口位置可以任意调节,以便适应各种不同织物。涤/棉织物正常烧毛时用正常烧毛方式,薄织物采用弱烧方式,强烧方式主要用于有绒毛的厚重织物。此外,火焰幅度和火口与冷却滚筒之间距离均能调节。为了防止涤/棉织物在高温烧毛时手感变硬、刚性增加和静电积聚,在火口上端的导布辊中通以水或通过三只冷却滚筒,使织物保持良好手感,并减少静电产生。涤/棉织物烧毛时,火焰温度对质量起决定性影响。实践证明,低温慢速会导致布面烧焦。

涤/棉织物在烧毛前必须保持平整、干燥、无油污斑渍,否则烧毛不尽或是油污在高温时进入涤纶内部而造成疵点。开机前应全面检查设备,清洁加油,并根据工艺要求做好穿头工作,穿布路线以张力适当为准。烧毛后,干布落布温度必须保持在 50℃以下。在生产运行中应经常注意落布质量,以便随时调整车速、火口角度及其他工艺参数,防止烧毛不匀、烧毛过度、手感发硬。

涤/棉织物烧毛后,要求达到 3～4 级质量标准。门幅收缩不得超过 2%,收缩过多,则织物的撕破强度明显下降。

涤/棉织物一般不再进行后刷毛。凡仿毛织物必须进行烧后刷毛。

(二) 退浆

涤/棉织物的退浆十分重要。因为退浆不净,将影响以后的练漂、丝光、染色、印花和整理,要求其退浆率 80%以上,布上残浆率必须控制在(布重)1%之下。

涤/棉织物的退浆方法有生物化学法、碱法和氧化法,此外还有发展中的溶剂退浆法。溶剂退浆法的优点是可以进行"封闭性生产",就是将溶剂回收重复使用,织物上的浆料也可以回收,基本上可以做到无排放生产。此外,溶剂退浆也可以和酶退浆混用。酶溶解在溶剂乳液的水相中,协同退除淀粉和合成浆料。

1. 生物化学法退浆

凡是涤/棉织物上的浆料中淀粉成分大于聚乙烯醇者,可采用生物化学法退浆。生物化学法退浆采用淀粉酶。淀粉酶退除混合浆料的机理是:在一般情况下,分子较小的物质往往包围较大分子物质,也就是聚乙烯醇包裹淀粉,淀粉酶可以从聚乙烯醇的孔隙中进入与淀粉作用。当淀粉水解后,外层聚乙烯醇破裂变形而从织物上脱落。

酶对淀粉的催化效果,影响因素除温度、pH 值、时间、稳定剂等外,还有一个重要的条件是酶与淀粉的接触面积。酶是一种胶态的高分子物质,不易在织物上渗透,尤其在快速退浆中,酶必须在高温汽蒸前在织物上渗透均匀,才能全面与淀粉接触,起催化水解反应的作用。补救的办法可以加入非离子型表面活性剂协助渗透,或者在轧酶后,在容布器中堆置一定时间后再汽蒸。

涤/棉织物采用 BF-7658 酶退浆的常用方法为:

退浆液组成(g/L):

BF-7658 酶(2000 倍)	1～2
NaCl	1～2
非离子型表面活性剂	1

退浆液温度保持在 50～60℃,浸轧后堆置 30～60 min,在 90～95℃下汽蒸或热水浴中浸渍,然后进行充分水洗。

用 BF-7658 酶退浆的特点是作用快速、退浆(淀粉)率高和对纤维素损伤少。

2. 碱退浆

凡是以聚乙烯醇为主的混合型浆料(淀粉居次位)可以采用碱退浆法。碱退浆在印染工厂中使用历史悠久。因为印染工厂在前处理工序中产生大量稀碱液,这些碱液用于退浆,节省了回收和蒸浓碱液所需的能源消耗。淀粉在热碱的作用下,产生强烈膨胀,充分膨化后的淀粉,可以用热水洗除。碱退浆的退浆效率虽不算很高,但由于它有助于棉籽壳的去除,也能去除纤维素共生物(如果胶、含氮物质及色素等),所以退浆后白度和渗透效率均较好。

碱退浆组成(g/L):

氢氧化钠	5~10
阴离子型表面活性剂	1~2

干布轧碱液温度为 80℃。轧后堆置 30~60 min,然后用热水洗后冷水洗。注意洗后织物的 pH 值不能超过 8,否则有损质量。

用碱退除聚乙烯醇和淀粉的混合浆料,由于受到聚乙烯醇的化学属性限制,总是不很理想。聚乙烯醇在碱作用下,虽能溶解,但黏度很高,如不用大量热水洗涤即形成凝胶。另外,已溶在水中的聚乙醇逐渐累积重新沉淀在织物上,必须用大量溢流水冲洗。如用过氧化氢协同碱退浆则较好,因为过氧化氢能够分解聚乙烯醇形成相对分子质量较低的聚合物,使聚乙烯醇凝胶趋向降低,水溶性增大。所以在碱法退浆的基础上发展为碱—过氧化氢退浆,对涤/棉织物更为有利。

过氧化氢和氢氧化钠二浴法退浆,是织物先通过 pH 值为 6.5 的过氧化氢溶液,然后通过氢氧化钠溶液,使过氧化氢与聚乙烯醇同时分解,退浆后水洗浴温度用 80℃以上较为合适。实践证明,这种退浆方法的退浆效果和生产成本都比较令人满意。

当涤/棉织物上的浆料为丙烯酸酯类水溶性浆料时,也可用碱法退浆,这样可以加快退浆速度。

退浆液组成(g/L):

氢氧化钠	5
非离子或阴离子型表面活性剂	2

退浆操作可在五格平洗机上完成。

3. 氧化剂退浆

由于涤/棉织物中的浆料日趋复杂,为了高速度、高效率地退除浆料,近年来发展了氧化剂退浆。其主要优点是不仅能分解淀粉,也能分解合成浆料;缺点是条件控制不好时有损棉纤维。

用于退浆的氧化剂有过硫酸盐、过磷酸盐、过氧化氢、亚溴酸盐等。目前采用较多的是氢氧化钠—过氧化氢法,这种方法的退浆效果比单独使用过氧化氢法好。

用亚溴酸钠退除涤/棉织物上的浆料的优点是,作用快速,不需加温。但必须强调退浆后的洗涤,其中热碱洗和热水洗是获得良好退浆效果的关键,否则就显示不出它良好的退浆作用。

亚溴酸钠退浆液组成(g/L):

NaBrO₂(按有效溴计算)	1.5~2
非离子型表面活性剂	1~2
pH 值	9.5~10

退浆工艺为:室温浸轧退浆液(轧余率 100%)→室温堆置 15～30min→85～90℃的热碱水(NaOH 5g/L)洗涤→75～80℃水洗涤。

应用过硫酸盐快速退浆的关键是在汽蒸前必须使退浆液充分向织物渗透,这样才能获得良好的效果。

过硫酸盐的退浆液组成(g/L):

过硫酸盐	5
非离子型表面活性剂	5～10
氢氧化钠	5

退浆工艺为:在室温时,浸轧退浆液后在 3 个大气压(142℃)中汽蒸 1min,用热水洗和冷水洗即成。

(三) 煮练

涤/棉织物的煮练主要对棉纤维部分而言,煮练的目的同纯棉织物一样,是去除纤维素共生物及棉籽壳等。由于涤/棉织物中一般含棉较少,品质又较好,因此煮练工艺的负担较轻;又由于涤纶不适合强碱蒸煮,所以也不能采取传统的煮练方法。目前趋向于采用氧化剂反应,实际上是煮练和漂白混合进行,因此涤/棉织物的煮练和漂白不像纯棉织物那样有明显的界限。实践中发现,即使用少量的碱和温和的工艺条件将涤/棉织物煮练,也可以减轻后工序的负担和节省氧化剂的用量,而且可以提高半制品的渗透性能,这种性能对提高涤/棉织物染色、印花着色的透芯程度和染色坚牢度均有一定的帮助。

1. 碱煮练

涤/棉织物煮练主要采用碱剂及表面活性剂,碱剂中以氢氧化钠为最实用,但超过一定条件时,对涤纶有损伤,所以必须严格掌握氢氧化钠的用量及反应温度,将涤纶的损伤限制在最低点,又能使棉纤维获得较好的煮练效果。涤/棉织物经过碱煮练虽对涤纶有轻微的损伤,强力稍有下降,但以后加工中可以减少氧化剂的用量,从而降低氧化程度,减少对棉纤维的损伤。退浆后织物上残存的浆料,也能在氢氧化钠煮练中进一步除去。

碱煮练中的表面活性剂的协同作用十分重要。表面活性剂具有润湿、乳化、净洗等作用。经常使用的有非离子型表面活性剂和阴离子型表面活性剂,其中非离子型表面活性剂在耐碱耐温方面尚不理想。卢菲布罗 KB(德国巴斯夫公司 BASF)是一种阴离子型表面活性剂,它本身是还原性物质,在强碱性溶液中有较高的溶解度。如在 50%(50°Bé)氢氧化钠中,溶解量为 200 g/L。据介绍,这种助剂的作用有二:一是辅助碱煮练作用,反应速度加快,可以获得较好的煮练效果,对织物润湿性有显著提高,但去除浆料效果不显著;二是使棉纤维在高温长时间处理中少受损伤。

应用此种助剂的碱煮练工艺为(g/L):

a. 煮练液组成:

氢氧化钠	15～20
卢菲布罗 KB	10～15
表面活性剂	2～5

涤/棉织物浸轧以上煮练液,使织物上保持 70%的煮练液(按织物重量),在 85～90℃下作用 1 h 后水洗。

如果要达到快速煮练,可采用高温高压工艺。

b. 煮练液组成：

氢氧化钠	50～90
卢菲布罗 KB	12～15
表面活性剂	3～5

织物浸轧煮练液后，在 100～105℃中处理 1～3 min 即成，煮练后充分水洗。

在无保护助剂的条件下，涤/棉织物的碱煮练液中的氢氧化钠用量不宜超过 10 g/L(95～100℃)和 15 g/L(60～70℃)。

c. 煮练液组成：

氢氧化钠	8～10
表面活性剂	2～5

织物浸轧煮练液后，在 95～100℃条件下作用 1 h 后水洗。

2. 溶剂煮练

采用溶剂煮练不仅实用性强，而且兼有下列优点：

(1) 能够迅速去除织物上的油污、沥青等物质和涤纶上的齐聚物。

(2) 由于溶剂的表面张力比水小，所以渗透性优良，煮练快速。

(3) 溶剂比水的蒸发热小，所以消耗热能低。

(4) 溶剂可以回收并重复使用。

(5) 用水少及排放废水少，或者完全不用水，无废水排出。

但是不能去除棉籽壳仍然是一个主要障碍。从实践中发现，如果将溶剂制成乳液，在乳液中加入过氧化氢，就能够获得满意的效果，不过处理后需要碱洗。这样的溶剂和过氧化氢的混合处理，实际上是从单纯的煮练发展为煮练兼漂白的生产工艺。但溶剂反应的一些特征也相应地降低和减少。

这种生产方法的工艺为：退浆后的织物(溶剂＋表面活性剂＋过氧化氢)汽蒸→碱洗→水洗。

这种方法用于涤/棉织物有时仍有残留棉籽壳，同时白度不足，因此，如果是漂白产品仍需再漂一次。

溶剂煮练的溶剂主要采用三氯乙烯和四氯乙烯。

3. 生化煮练展望

所谓生物化学煮练就是利用各种分解酶或氧化酶协同作用去除棉纤维共生物及棉籽壳。日本曾应用生物酶法和物理方法相结合的技术来精制棉纤维。

酶作用的特点是作用专一性，它不会损伤棉纤维，也无损于涤纶。另一方面是酶的(催化)反应效率比一般化学催化剂高达上万倍，而且可以在常温常压下进行。采用生物化学的反应工艺既有助于劳动环境的改善，也不会产生设备腐蚀的问题，同时生化煮练也不需要特种材料制成的设备。从生物酶法退浆的实践，人们看到了生化煮练的前景。

生物化学煮练主要采用果胶酶、色素酶等，可以加入经过乳化后的溶剂协同作用。溶剂可以去除棉纤维上的油脂蜡质、织物上的油性沾污和涤纶上的齐聚物。乳化溶剂的乳化剂采用非离子的表面活性剂，这种活性剂不仅无碍酶的催化作用，而且还可以增大酶的作用面积。

生物化学煮练迄今尚未能用于生产，其原因是目前果胶酶类酶制剂的活力很低，反应时间又长,没有达到 BF-7658 酶那样适合高温连续生产的要求。但是近代科学的特点是不同学科之间是相互渗透的,随着生物化学领域科学水平的提高,必将能够为印染工业成功采用生物化学煮练创造条件。

(四) 漂白

目前主要采用的方法是过氧化氢漂白,采用过氧化氢连续练漂的方法主要有两种:一为常压高温汽蒸法,另一为高温高压汽蒸法。其次还有冷堆法。

1. 常压高温汽蒸法 采用平幅状态的汽蒸设备生产,温度为 100℃,时间为 60~90 min。

工作液配制(g/L):

过氧化氢(100%)	5±2
35%硅酸钠(40°Bé)	7±3
渗透剂	1~2
氢氧化钠	适量(pH 值调节到 10.5~11)

生产漂白品种时,过氧化氢练漂前先经轻度碱剂煮练,然后进行过氧化氢两次练漂,后一次练漂的过氧化氢浓度可适当降低,并且在工作液中加入棉用荧光增白剂 1 g/L 左右,以增加白度。

2. 高温高压汽蒸法 采用特殊高温高压设备进行生产。生产工艺条件为:

温度	130~142℃
压力	2~3 大气压
时间	30~120 s

工作液配制(g/L):

过氧化氢(100%)	3.5~7.0
35%硅酸钠(40°Bé)	10~15
稳定剂	1~4
渗透剂	2~3
氢氧化钠	约 3~5

为了缩短工序,便于连续生产,退浆、煮练、漂白可合并进行。

三合一工作液配制(g/L):

过氧化氢(100%)	7~14
35%硅酸钠(40°Bé)	20~30
稳定剂	0.5~2
渗透剂	4~10
氧化钠	10~15

涤/棉(65/35)织物在 30℃浸轧以上工作液,轧液率为 80%~90%(补充液为上述配制浓度的 5~8 倍)。然后在 3 个标准大气压力下和 142℃高温条件下汽蒸 60 s,再冲淋平洗。

3. 冷堆法 在欧洲一些国家还应用冷堆法生产,为一般小型的单班作业工厂所采用。这种方法生产的织物手感良好,纤维损伤少,热能消耗降到最低程度,而且漂白均匀,也可以不经煮练。

工作液组成(g/L):

过氧化氢(100%)	10~17

35%硅酸钠(40°Bé)	40~65
渗透剂	3~5
氢氧化钠	8~10

织物浸轧后打卷,用塑料薄膜包扎好,不使其风干。在一种特定的设备上保持慢速旋转,目的是防止工作液积聚布卷下层,以致造成漂白不匀。反应 16~30 h 后水洗。

这种生产方法的缺点是白度和渗透性能较差,主要原因是在低温时,过氧化氢分解极慢,即使反应 16 h 以后,织物上仍有一部分过氧化氢未分解。如果能将温度提高到 40℃,效果就较好。如冷堆后在 100℃汽蒸 1~3 min,则效果更佳。而且可以将堆置时间改为 8 h,适合两班作业。此外,加入 5~10 g/L 的过硫酸铵,能帮助提高效果。

以上各类工作液配制中应用的渗透剂,主要采用耐碱耐高温的非离子型表面活性剂。

（五）丝光

涤/棉织物中棉纤维的成分虽然只占一部分,但是和棉布一样,染前需要丝光,其作用如下:

(1)对棉纤维起定形作用,消除内应力,从而降低织物缩水率;

(2)由于纤维膨化而排列整齐,对光线反射有规律,因而增加光泽;

(3)降低棉纤维的结晶度,如天然纤维晶区占 70%左右,丝光后只有 50%~60%,这样染料容易进入纤维内部,上染率大约提高 20%;

(4)提高断裂强度;

(5)增加棉纤维的化学反应性能。

棉纤维采用浓的氢氧化钠溶液进行丝光。一般工厂在丝光后废液都进行回收,以减少公害和浪费,节约资源。

丝光对涤/棉织物来说,由此产生的定形作用很重要。为了提高丝光对棉纤维的定形作用,关键是加强碱液向织物的纱线内部渗透。目前研究的方法有下列几方面:

1. 淡碱加温丝光工艺

提高碱液的温度可以促进碱液渗透。实验证明,先在 60℃和 150 g/L 碱液中丝光,然后在 5℃的同浓度碱液中第二次丝光,可获得较高的膨化度,且比较均匀,丝光效果相当于正常丝光(温度为 5℃,碱液浓度为 250 g/L)后织物中纱线外层的丝光程度。

采用热碱丝光(97℃),也有较好的定形效果。这种方法虽然渗透性好,但纤维膨化程度较低,而且对涤/棉织物来说,对涤纶损伤较多。

2. 加入高效渗透剂

氢氧化钠溶液有较高的表面张力,使得渗透极为困难,因此有必要加入高效渗透剂。

丝光用的高效渗透剂应具有较好的润湿能力,并易于去除;纤维进行处理时不仅首先被吸附,且在氢氧化钠的浓度范围内长时间稳定;易溶于碱液,不会产生泡沫以致引起溶液浑浊和在纤维上沉积;同时应考虑回收碱液时的干扰。该渗透剂是很强的表面活性剂,能够降低碱液的表面张力,它主要是长链的碳氢剩基的化合物,如甲酚型、非酚型。

3. 真空浸渍碱液

为了获得棉纤维充分膨化和织物中纱线内部的渗透,可以在浸渍前采用真空技术,排除织物和纱线中的空气。藉此有可能在纱线外层纤维膨化前一瞬间迫使冷的碱液在常压下渗透到织物的纱线内层,然后在低温下膨化,这样能够使织物的纱线表面和内部均发生膨化,获得良好的定形效果。

4. 液氨处理

用液氨代替氢氧化钠处理,能够使纱线内外层纤维均匀,虽然膨化程度较差,但定形效果较好。

丝光工艺的基本条件是氢氧化钠溶液的浓度、温度、作用时间、张力和去碱五个方面。其中碱液浓度是丝光最主要的条件,各类浓度的丝光效果如下表所示。

表 2-1-3   各类碱液浓度的丝光效果

氢氧化钠浓度(g/L)	对棉纤维的作用
105	无丝光作用
105 以上	收缩显著增
134	纤维收缩,退捻迅速
177	膨胀现象发生
177 以上	有全面丝光效果
240~280	纤维收缩,膨胀已趋稳定,浓度再增高,除染着力稍有提高外,丝光效应并无明显改善
300	丝光光泽反而有所下降

涤/棉织物的丝光不仅要控制碱液浓度,还要注意氢氧化钠的纯度。如果氢氧化钠溶液中的碳酸钠含量过高,碱液中溶入织物上的浆料和半纤维素过多,会导致碱液黏度增加,渗透性能下降,使纤维的膨化效果差而且不匀。因此要注意碱液回收时的去杂。

浓度、温度和时间三者与丝光效果的关系为:

(1) 浓度与时间在一定条件下与光泽成正比;

(2) 温度与光泽成反比关系;

(3) 浓度与时间成反比,低浓度需要较长时间,高浓度可以缩短反应时间;

(4) 温度与浓度也成反比关系。如 240 g/L 碱液在低温时丝光,相当于 280 g/L 的室温丝光。

以上丝光效果主要指光泽和对染料的吸收能力而言。

丝光时,张力的作用是防止收缩并产生光泽。在一般情况下,张力与光泽成正比,与染料吸收能力成反比。织物丝光后的去碱也十分重要。因为减小纬向张力后,如果织物上仍然有很多的碱,织物将会收缩,这样有碍光泽和扩幅,影响纬向缩水率。

涤/棉织物的丝光工序一般安排在练漂后进行,可以获得较好的丝光效果并消除皱痕。漂白织物由于丝光碱液中含有杂质和色泽,常常由此降低了织物白度,所以一般再经过氧化氢漂白一次。深色织物有时为了提高织物表面效果及染色牢度,也有采用染后丝光的。

涤/棉织物的丝光设备一般都采用布铗丝光机,主要是因为这种设备有较好的张力控制条件。布铗丝光机由浸轧装置、绷布辊、浸轧装置、布铗链扩幅、冲洗吸碱装置、去碱箱、平洗槽、烘干装置组成。一般运转和操作与纯棉织物相似,但涤纶对碱较敏感,易被碱损伤,所以涤/棉织物丝光时,去碱箱温度控制在 70℃ 左右。

除布铗丝光机外,涤棉织物也采用直辊丝光机。它的优点是可以双层生产,生产效率极高,而且丝光均匀,又不会产生破边,机身短、占地省、传动简单、操作方便。缺点是防止纬向收缩的能力较差。

丝光机水洗除碱后采用烘筒烘干,应该在最后三个烘筒中通入冷水冷却。为了保证织物质量,涤/棉织物通过高温作业均需冷却落布或打卷。

(六) 热定形

定形是涤/棉织物印染加工的必要工序。定形的目的是消除织物中积存的应力和应变,使织物中的纤维能够处于适当的自然排列状态,以便减少织物的变形因素。织物中积存的应变是造成织物起皱和收缩的主要原因。

1. 张力状态下的加热定形方法 涤纶的定形方法主要采用在张力状态下的加热定形。热定形后使织物具有良好的形态稳定性、平挺度、弹性和手感,改善起毛和起球现象,同时染色性能也产生一定的变化。涤纶热定形方法首先是将织物在适当拉伸张力下加热到所需温度,然后迅速冷却,才能将涤纶受热变化的状态固定下来。

涤/棉织物在印染前需要有良好的平整度,可以在后工序中减少变形。我国大多数工厂均将定形工序排列在染前进行,但也存在一定问题。表 2-1-5 是三种不同排列方法的优缺点比较。

表 2-1-5 热定形的不同排列方法比较

比较项目	退浆前定形	漂白前定形	染色后定形
浆料与杂质	被固着	不会固着	不会固着
织物在定形前能否自由收缩	不能	能	能
染料限制性	无	无	只能用升华牢度好的品种
定形造成的泛黄	漂白时能除去	漂白时能除去	不能除去
起皱情况	坯布定形后在各工序中不易起皱	定形前各工序中容易起皱	在各道工序中都易起皱
抗纬纱变位性	较好	不好	差
染色性	困难	困难	较好

(1) 前定形工艺流程:

定形→退浆→煮练→漂白→染色→烧毛→整理。

(2) 中定形工艺流程:

退浆→煮练→定形→漂白→染色→烧毛→整理。

(3) 后定形工艺流程:

退浆→煮练→漂白→染色→烧毛→定形→整理。

在实际生产中,定形工序的排列必须根据不同情况有所变化。例如用翻板式汽蒸机练漂常常造成织物平整度差,所以定形工序必须放在练漂之后或热熔染色之前进行。通过定形可以消除皱痕并控制幅宽,以满足织物在热熔染色时发生的收缩,从而降低纬向缩水率。如果织造时使用了定捻不均的纬纱,则采用烧毛前定形。如使用轧卷式汽蒸机练漂,织物比较平整,故定形工序放在染色前的退浆工序后或漂白工序前都可以。有些工厂采用针铗式热熔机染色,不会造成织物门幅收缩,所以也毋需考虑定形的伸幅作用。有时为了保证质量,在染色前后需要两次定形。

2. 其他定形方法 涤/棉织物的定形通常采用在一定张力下热空气加温的方法。除此以外还有下列几种：

（1）用热气体、热的金属表面、熔态金属合金在180～220℃温度下处理；

（2）用100℃沸水处理；

（3）用110～135℃饱和蒸汽处理；

（4）用190℃过热蒸汽处理；

（5）用有机或无机膨化剂的水溶液在20～110℃下处理；

（6）用红外线辐射在180～220℃下处理。

定形的温度与定形的时间要相适应，较低的温度就需要较长的定形时间。涤/棉织物具有自然回潮率，所以必须在2%～4%的超喂条件下进入针铗定形机，而且必须通过控制针铗链间距来调节织物幅宽，一般情况是，在定形机上拉幅的幅宽要比成品大2～3cm。定形温度控制在180～210℃，时间在15～60s。温度与时间成反比关系，即温度高，定形时间可以缩短。由于热定形的温度对定形效果和涤纶的染色性能都有影响，因此定形时应使织物得到均匀加热，织物两侧温度相差不应超过1～2℃，否则会造成色差。若将热定形工序排在涤/棉织物棉增白后或者与涤纶增白结合进行，则必须考虑增白剂的耐热性。

织物加热定形后，必须迅速冷却以固定形态，通常要求降低到50℃以下，不然织物落入布车后，不仅会收缩而且产生折痕。冷却的办法有两种，一种是喷吹冷风，一种是用冷却滚筒。

涤/棉织物干热定形常用的设备主要有针铗链式和滚筒式两类，也有将两者结合使用的。为了便于对织物门幅的控制，生产上以采用针铗链式定形设备居多。其与热风拉幅机相似，但热风房的温度比一般热风拉幅机为高，而且不使用有铗舌的布铗而采用针铗。

总之，涤/棉织物热定形是针对其中的涤纶组分而进行的，其工艺条件基本上可参照纯涤纶织物的热定形。由于棉是热固性纤维，涤/棉织物干热缩率一般都比纯涤纶织物低。另外，高温下棉纤维易泛黄，所以涤/棉织物的热定形温度宜低一些，一般为180～200℃。

（七）荧光增白

涤/棉织物采用漂白方法不能获得很高品级的白度，高标准白度要求织物对光线的反射率和吸收率基本上相等。为了获得这种高标准白度，必须在漂白的基础上进行增白。

增白的概念包括荧光增白和上蓝增白。通过增白处理后的涤棉织物，蓝色光线的反射量增加，织物变得洁白、晶莹、透亮，可以超过常规的白度——氧化镁的标准。

由于两种纤维性质不同，涤/棉织物的荧光增白必须采用不同的荧光增白剂分别进行处理。为了节省工序，两次荧光增白处理（包括上蓝增白）可以分别安排在涤纶热定形和棉纤维过氧化氢练漂工序中合并进行。因此在涤/棉织物印染加工中，一般可以省却单独进行增白的工序。

涤纶的增白剂常用品种为荧光增白剂DT。涤纶增白常与热定形结合进行，即先浸轧上蓝和荧光增白液，然后利用热定形的高温发色。具体工艺条件如下：

干布浸轧增白液→烘干→发色（与热定形合并）。

增白液配制举例（g/L）：

荧光增白剂DT　　　　　　　　　　　　　15～30

分散染料（蓝紫混合品）　　　　　　　　0.06～0.10

渗透剂JFC　　　　　　　　　　　　　　1～2

浸轧条件：在室温时二浸二轧或二浸一轧。

棉纤维常用的增白剂有荧光增白剂VBL、留可福（Leucophor）BSL。由于荧光增白剂

VBL 能耐过氧化氢的氧化,因此涤/棉织物中漂白品种的棉纤维部分的荧光增白一般安排在丝光后与过氧化氢漂白合并进行,这样可以节省工序。

过氧化氢漂白与荧光增白混合浴组成(g/L):

过氧化氢 100%	5~7
35%硅酸钠(40°Bé)	3~4
磷酸三钠	3~4
荧光增白剂 VBL	1.5~2.5
表面活性剂	3~6
pH 值	10~11

工艺条件为:干布浸轧→100℃±2℃汽蒸 80~90min→皂洗→热水洗→冷水洗。

除荧光增白剂 VBL 外,近年来主要研究发展耐晒、耐酸、耐碱和耐氯及涤/棉共用的棉型荧光增白剂,如勃蓝克福、BSU、弗卢莱特 BW、天来宝 BHT 等品种。

二、涤/黏混纺织物的前处理

20 世纪 70 年代,我国开始生产中长纤维的织物。这种织物近似毛纺产品。它较早流行在香港地区,其商品名为"快巴",实际上是"Fiber"的粤音。

中长纤维是一类介于棉型和毛型纤维之间、按照长度得名的化学纤维。主要有涤纶与腈纶或黏胶纤维。它们的长度为 51~76 mm,正好在棉型纤维长度 40 mm 以上,而且在毛型纤维长度 75 mm 以下。用这类长度纤维生产的织物即为中长纤维织物。它们的风格近似毛织品,而且可利用棉纺设备稍加改进即能生产,与纯毛纺织生产比较,具有工序短、投资少和成本低的优点。尤其是通过各种纤维混纺,取长补短以及变换组织和松式印染加工,可生产众多价廉物美的大众化产品,丰富人们的生活。

中长纤维织物主要用作外衣面料,它所追求的风格为毛、麻类织物。我国现在主要生产的中长纤维织物仅有涤纶和黏胶纤维混纺以及涤纶和腈纶混纺两种。两者比较,后者在技术上有争议,另外加工也比较困难。涤纶与黏胶纤维混纺的中长纤维织物(以下简称涤/黏产品)是我国目前生产的在数量上仅次于棉混纺产品的大类品种,也是中长纤维类织物中产量最高的品种。

涤/黏产品主要是中低档的仿毛大众化产品,如平纹组织的花呢、凡立丁和斜纹组织的华达呢、马裤呢等。

中长纤维织物织造完成后,要进入湿处理加工。湿处理包括染前处理、染色和印花,这一处理过程也是产生仿毛效果的重要手段。

染前处理有烧毛、退浆、煮练和漂白等工序。

(一)烧毛

中长纤维织物在纺纱和织造过程中,不可避免地受到机械摩擦,由此产生许多毛茸。烧毛的目的就是去除这些毛茸。此外也可用剪毛的方法。中长纤维织物的烧毛,不仅使表面光洁匀净,而且还使纤维具有一定程度的收缩,从而改善服用中的起毛起球现象。烧毛会使黏胶纤维无定形部分扩大,从而使大分子在最弱的键上发生裂解。另外,也常常导致腈纶泛黄、发硬和断裂。所以中长纤维织物的烧毛宜温度高(约 1100℃)、车速快(115 m/min)和火口少(一正一反)。

烧毛虽属前处理,但会导致染色不匀等现象。因此一些中、深色泽的浸轧染色的品种,烧毛可在退浆煮练前进行；而中、浅色采用吸尽染色的品种，烧毛在染色后较为适宜。

（二）退浆

由于黏胶纤维不存在纤维素的共生物与棉籽壳，所以煮练目的主要是去除油剂及沾污物质。因此退浆与煮练可合并进行，主要是去除人为的杂质。

中长纤维织物并不都需要上浆，即使上浆，其含浆率也较低，约5%以下。这种织物应用的浆料主要为聚乙烯醇和淀粉两类。前者用碱退浆，由于黏胶纤维耐碱性差，所以碱液浓度低。后者用淀粉酶退浆，其中BF-7658酶为α型的淀粉酶，它耐高温，因此退浆速度、效率都很高。一般可用非离子表面活性剂配伍，采用60～80℃汽蒸法。此外，还可用双氧水、亚溴酸钠及合成洗涤剂等退浆。合成洗涤剂法退浆尤其适用低度上浆或不上浆的中长纤维织物。其中理想的品种是非离子和阴离子的复合型表面活性剂，如烷基苯磺酸钠和烷基芳基氧乙烯加成物的混合物等。

（三）漂白

中长纤维织物属化学纤维织物，一般织物白度已能满足加工要求，但如系浅色或漂白产品，则还需要进行漂白，主要采用双氧水漂白。

（四）热定形

涤/黏中长纤维织物的热定形，实际上仅对涤纶产生作用，对黏胶纤维达不到定形效果。在一般情况下，涤/黏混纺织物的定形温度为200℃左右，而涤/腈混纺织物为170～180℃。

定形虽属前处理工序，但不一定排在染色之前，通常有三种排列方法：

（1）烧毛→定形→退浆（煮练、漂白）→染色→整理；

（2）烧毛→退浆（煮练、漂白）→定形→染色→整理；

（3）烧毛→退浆（煮练、漂白）→染色→定形→整理。

这三种排列各有优缺点。对仿毛感来说，方法（1）较差，但此法可除去由于定形产生的泛黄现象，对定形后纬密变化影响不大。方法（2）的优点是不易固着浆料和杂质，有较好的仿毛感，对染料使用无限制，也不影响染色，织物不易起皱，可自由松弛，因此这种排列应用较多；缺点是不能除去定形造成的泛黄现象，定形后纬密增加。方法（3）主要用于一些特殊情况，但必须使用升华牢度较高的分散染料，而且对仿毛感有些影响。

定形后的冷却十分重要，这与织物的仿毛效果有很大关系。冷却速度不宜太快，最好经2～3 m距离的自然冷却后，再用冷水辊筒降温至50℃以下，这样，手感、弹性和防皱性能都能达到较满意的效果。有条件的应打卷存放。

常用的热定形设备为短环预烘热风拉幅机和热风拉幅定形机。涤/黏中长纤维织物定形时间为30～40 s，涤/腈中长纤维织物则为20～30 s。

总之，中长纤维织物混纺比例，一般涤/黏织物为涤65/黏35或涤70/黏30；涤/腈织物为涤60/腈40、涤65/腈35和涤50/腈50；涤/腈/黏织物为涤50/腈33/黏17。由于化学纤维含杂较少，所以中长化纤织物的练漂工艺比较简单，只需要进行烧毛、退浆煮练、定形等工艺，其总的要求是既简又松，即工艺简单且为松式加工，中心是"松"。涤/黏织物的前处理工艺一般为：采用强火快速一正一反烧毛。如果烧毛不匀，将导致染色时上染不匀。采用高温高压染色的织物，最好采用染后烧毛。烧毛后直接用过氧化氢进行一浴法前处理，不但退浆率高，而且还有煮练和漂白作用，退煮后在松式烘燥设备上烘干，再在SST短环烘燥热定形机上，在190℃适当超喂条件下进行热定形。

第二章

涤纶及其混纺织物的染色

第一节 涤纶织物的染色

一、分散染料的染色

分散染料是一类分子结构较简单、几乎不溶于水的非离子型染料,染色时依靠分散剂的作用以微小颗粒状均匀地分散在染液中,所以称分散染料。主要用于聚酯等合成纤维的染色和印花。

分散染料的应用分类各厂都有一套分类标准,通常以染料的尾注字母表示。如瑞士山德士公司的产品,按染料升华牢度的高低分为 E、SE、S 三类。

E 类:表示染料匀染性好而升华牢度差,低温型,适合于吸尽法染色。

S 类:表示染料匀染性差而升华牢度好,高温型,适合于热熔法染色。

SE 类:表示染料性能介于上述两者之间,中温型。

又如英国卜内门公司生产的分散染料分为以下五类:

A 类:升华牢度低,主要用于醋酯纤维和聚酰胺纤维织物的染色,或用于聚酯纤维的转移印花。

B 类:升华牢度不高,适用于各类合成纤维的染色,特别适合于载体染色。

C 类:升华牢度较高,可在 125~140℃条件下染色。

D 类:升华牢度较高,适合于热熔染色,但匀染性差。

P 类:适合于印花。

国产分散染料按照升华牢度的高低通常分为高温型(S、H)、中温型(SE)和低温型三类。

(一) 分散染料的染色性能

1. 溶解性

分散染料分子不含磺酸基、羧酸基等水溶性基团,因而难溶于水,在水中不电离,是非离子型染料。另一方面,在分散染料分子中含有一些极性基团,如羟基、氨基、取代氨基、取代羟基、偶氮基等。由于这些极性基团的存在,染料仍能以微量的单分子状态分散在水中,从而有利于上染纤维。

分散染料的溶解度随染液温度的升高而提高,在超过 100℃时作用更明显。但商品染料中通常加有较多可使染料增溶的分散剂,若调制染液时温度过高,反而会使染料凝结成块,所以实际生产中调制染液时的温度一般不宜超过 45℃。

2. 分散染料染液的稳定性

分散染料的染液是悬浮液,其稳定性的高低与染色质量有很大关系。在染液中若染料颗粒容易相互碰撞而凝聚成大的颗粒,或容易沉降,染色时则易造成染色不匀,甚至产生色点。

分散染液的稳定性与多种因素有关。染料颗粒越大,在染液中越易沉降。为了制备稳定的分散染液,要求染料颗粒的直径小于 2 μm,而且颗粒大小均匀。染料颗粒直径若超过 5 μm,染色时易产生色点。但颗粒太小也是不必要的,若颗粒直径小于 0.5 μm,增加了不稳定性,在高温高压染色时容易产生染色不匀。

分散染液的稳定性与所用的分散剂有很大的关系。分散剂被吸附在染料颗粒的表面,提高了分散染液的稳定性。因此,选择合适的分散剂和染料匹配,常常是获得高稳定性的关键。

当温度升高,会降低分散剂对染料的吸附,使染料颗粒之间碰撞、凝聚的机会增加。另一方面,温度升高,使小颗粒的溶解度和大颗粒的增长速率提高,这些都会使分散染液的稳定性降低,因此配制好的染料溶液温度宜低,在染色前应避免长时间地加热染液。用于高温高压染色的染液,不但要求在低温时稳定,还要求在高温时稳定。

此外,染液中染料浓度高,循环速度快,升温速率也快,一般会使分散染液的稳定性降低。染液中存在钙、镁离子及中性盐类,也会使分散染液稳定性降低。

3. 分散染料的稳定性

分散染料在某些条件下结构会发生变化,使染料的水溶性、色光、上染性能、染色牢度等都发生变化。可能的原因是:

(1) 染料分子中某些基团的水解。例如,分子中含有酯基、酰胺基、氰基的染料在高温碱性条件下易发生水解。在常用的分散染料中,分散蓝 HGL、福隆深蓝 S-2GL、红玉 SE-GFL,容易发生上述情况。

(2) 染料分子中某些基团被还原。在高温碱性条件下,纤维素纤维有一定的还原性,因此如果在高温碱性下用分散染料染涤棉或涤黏混纺织物,就可能会发生这些情况,所以常在染液中添加一定量缓和的氧化剂,如间硝基苯磺酸钠来减弱这一影响。

(3) 染料分子中羟基的离子化。染料分子中如果含有羟基,在碱性条件下,羟基能发生离子化,使染料的水溶性增加,上染百分率降低。

(4) 染料分子中氨基的离子化。在 pH 值较低时,染料分子中的氨基会发生离子化,使染料的上染性能和色光等发生变化。

因此,分散染料染色时,染液的 pH 值控制在弱酸性范围(如 pH 值为 5～6 或 4.5～5.5)较为适宜,此时染物颜色较鲜艳,上染百分率较高。

二、涤纶的染色特性

涤纶具有很好的服用性能,但由于涤纶大分子无侧链,大分子间排列紧密,纤维的结晶度高,结构紧密,分子间空隙小,常温下体积大、结构复杂的分子很难向纤维内部扩散,纤维的化学试剂可及度很低。然而,涤纶分子的二级转变点(玻璃化温度)约 67～81℃,纤维分子链段在玻璃化温度以上会发生运动,并随温度提高而加剧。分子链段运动的结果产生许多瞬时空隙,这些空隙随链段运动加剧而增多增大,因而,化学试剂能够在这种状态下通过所形成的瞬时空隙由纤维表面向纤维内部扩散,纤维的化学试剂可及度大幅度提高。

因此,涤纶的染色温度应高于其玻璃化温度。涤纶的玻璃化温度较高,其染色一般在较高的温度下进行。涤纶的染色方法有在干热情况下的热熔染色法,染色温度约 200℃ 左右;也有以水为溶剂的高温高压染色法,染色温度约 130℃。若在染液中加入能降低涤纶玻璃化温度的助剂(载体),则涤纶可在较低的温度下进行染色,这种方法称为载体染色法。

三、涤纶的染色方法

(一) 高温高压染色法

涤纶高温高压染色法一般是在 130℃ 左右进行染色。在以水为溶剂的染液中,为获得此高温,染色应在密闭的高压设备中进行。

在分散染料的悬浮液中,有少量的染料溶解成为单分子,此外还有染料颗粒以及存在于胶束中的染料。染色时,染料颗粒不能上染纤维,只有溶解在水中的染料分子才能上染纤维。随着染液中染料分子不断上染纤维,染液中的染料颗粒不断溶解,分散剂胶束中的染料也不断释放出染料单分子。在染色过程中,染料的溶解、上染(吸附、扩散)处于动态平衡中。

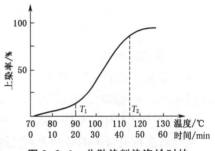

图 2-2-1　分散染料染涤纶时的
升温上染曲线示意图
(70℃入染,升温 1℃/min)

涤纶的高温高压法染色可分为三个阶段,如图 2-2-1 所示。

(1) 初染阶段:从染色开始到染液升温到达临界温度 T_1。在这一阶段,染料上染速率较小,约有 20% 的染料上染纤维。

(2) 吸收阶段:在 $T_1 \sim T_2$ 的温度范围内,染料上染速率随温度的提高而迅速提高。在这一阶段,约有 80% 的染料上染到纤维上,这一阶段对匀染影响较大,是染液升温控制的最重要阶段,应缓慢升温,每分钟 1~2℃。

(3) 终了阶段:染色渐趋平衡,继续加热至最高温度(一般为 120~130℃),最后保温透染。

在高温高压染色的升温阶段,特别是在 $T_1 \sim T_2$ 升温范围内,要求染料的吸附均匀,以利于匀染。一般认为,上染率由 20% 升至 80% 的区间,其温度范围 $T_1 \sim T_2$ 大致为 70~110℃,对于高温型分散染料,T_1、T_2 温度较高;对于低温型分散染料,T_1、T_2 温度较低。T_1 和 T_2 约相差 20~30℃。高温高压染色的最高染色温度一般在 130℃ 左右比较适宜,此时上染百分率较高,得色较鲜艳,且大多数染料的上染百分率差异较小。高温保温阶段时间的长短,由染料的扩散性能和染色浓度决定,扩散性能好的染料或染浅色时,保温时间可短些。

分散染料高温高压染色的设备有多种形式,如绞纱或筒子纱染色机、溢流喷射染色机、高温高压卷染机等。如图 2-2-2 所示为高温高压绳状染色机。

分散染料高温高压染色时,染浴中应加入少量的醋酸、磷酸二氢铵等弱酸,调节染浴的 pH 值在 5~6。染色时,在 50~60℃ 始染,逐步升温,在 130℃ 下保温 40~60 min,然后降温,水洗,必要时在染色后进行还原清洗。

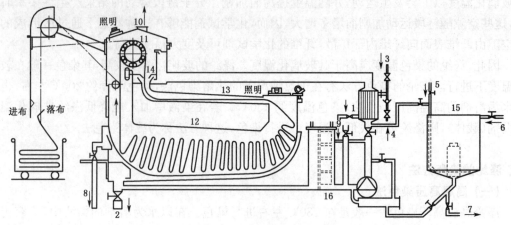

图 2-2-2　高温高压绳状染色机

1,6—进水口　2,7—放液口　3,5—蒸汽进口　4—冷却水进口　8—溢流口
9—冷凝水出口　10—排汽口　11—提布辊　12—贮布器　13—导布管
14—溢流送布器　15—加料桶　16—循环加热器及过滤装置

（二）载体染色法

分散染料在100℃以下对涤纶染色时,上染缓慢,完成染色需要很长的时间,也难以染深,而当采用某些化学药剂时,能显著地加快染料的上染,使分散染料对涤纶的染色可采用常压设备进行,这些药剂称为载体。载体一般是一些简单的芳香族化合物,如邻苯基苯酚、水杨酸甲酯等。

载体对涤纶有较大的亲和力,染液内的载体能很快吸附到纤维表面,在纤维表面形成一载体层,并不断地扩散到纤维内部。载体对涤纶有膨化、增塑作用,使纤维的玻璃化温度降低,从而使涤纶能在100℃以下染色。此外,载体对染料有增溶作用,吸附在纤维表面的载体层可溶解较多的染料,使纤维表面的染料分子浓度增加,提高了纤维表面和内部的染料浓度差,加快了染料的扩散速率。染色时,染料在纤维内的扩散速率与载体的用量有关,一般随载体浓度的提高,染料在纤维内的扩散速率提高,染料的上染量增加,但载体用量增加到一定程度后,染料上染量不再增加,反而会降低。

采用载体染色时,要求载体价格低,使用方便,没有毒性,染色效果好,不引起纤维的脆化,染色后容易从纤维上洗除,不影响染色牢度等,但目前还没有能完全满足上述要求的载体。

载体染色法可降低染色温度,对涤毛、涤腈混纺产品的染色有实用价值。因为羊毛不耐高温,高于110℃时容易损伤,造成强力下降,而染液中加入载体后,可按羊毛染色的常规工艺进行。但载体染色法染色过程复杂,而且载体对环境有污染,有一定的毒性,不挥发的载体残留在涤纶上,对偶氮类分散染料的日晒牢度有影响。载体染色法的废水必须经过处理才可排放。所以载体染色法应用较少。

（三）热熔染色法

热熔染色法是轧染加工,通过浸轧的方式使染料附着在纤维表面,烘干后在干热条件下对织物进行热熔处理,而且热熔时间较短,因此热熔染色的温度较高,约在170～220℃之间。图2-2-3所示为热熔染色联合机。

热熔染色时,在近200℃的高温条件下,涤纶分子链段运动加剧,分子间的瞬间空隙增大,有利于染料分子进入纤维内部。此外,在热熔的高温情况下,利用浸轧方式施加在织物上的染

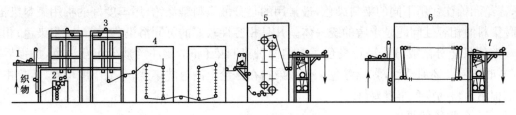

图 2-2-3 热熔染色联合机

1—进布装置 2—浸轧机 3—红外线烘燥机 4—组合式横导辊热风烘燥机 5—烘筒烘燥机 6—焙烘机 7—落布装置

料颗粒升华为气态的染料分子,从而被纤维吸附并快速扩散到纤维内部。当温度降低至玻璃化温度以下,纤维分子间空隙减小,染料通过范德华力、氢键及机械作用固着在纤维内部。由于在热熔时,有部分升华的染料没有被涤纶吸附,而是散失在热熔焙烘箱中,因此染料的利用率没有高温高压法高。

热熔染色的时间与热熔温度有关。一般采用较高的温度和较短的时间比采用较低的温度和较长的时间更为有利,热熔染色的时间一般为 1～2 min。

热熔染色时,染液中含有染料、抗泳移剂、润湿剂。染液用醋酸或磷酸二氢铵调节 pH 值在 5～6。抗泳移剂用于防止浸轧染液后的织物在烘干时,由于受热不匀而导致染料在织物上的泳移,抗泳移剂一般为具有一定黏度的物质,如海藻酸钠、合成龙胶等。

热熔染色的工艺流程为:浸轧→预烘→热熔→后处理。烘干时为减少染料的泳移,一般先用红外线预烘,然后再热风烘干。在热熔焙烘时,焙烘箱内温度应均匀,否则会产生色差。染色后的织物进行水洗、烘干。

热熔染色法为连续化加工,生产效率高,适合大批量生产,但染料的利用率比高温高压法低,特别是染深浓色时,染料的升华牢度要求较高。热熔法染色织物受的张力较大,主要用于机织物染色。与高温高压染色相比,热熔染色的织物色泽鲜艳度和手感稍差。

(四) 常压高温染色法

涤纶常压高温染色采用浸轧的方式,将分散染料施加在涤纶织物上,然后烘干,再在常压条件下,采用 180℃以上的高温过热蒸汽对织物进行汽蒸,使分散染料扩散到纤维内部,从而使纤维染色。常压高温染色方法来源于分散染料印花的常压高温汽蒸固色法,这种染色方法与热熔法相比,染色温度较低,染料选择范围较广,织物手感好,得色鲜艳,与高温高压染色法相比,生产管理和控制比较方便。

采用常压高温染色法对涤纶织物染色时,染液中含有分散染料、海藻酸钠、润湿剂等,染液用醋酸调 pH 值至弱酸性。染色工艺流程为:浸轧染液→烘干→常压高温汽蒸→水洗→还原清洗→水洗→烘干。汽蒸温度为 180～190℃,汽蒸时间为 2～5 min。染色后进行水洗、还原清洗,去除浮色。

第二节 涤纶混纺织物的染色

一、涤/棉混纺织物的染色

涤/棉混纺织物的染色需要兼顾两种纤维。由于涤纶和棉纤维的染色性能相差很大,因此,涤纶和棉往往用不同的染料染色,最常用的是分散染料染涤纶,用牢度好的棉用染料染棉。两种染料的相容性问题是矛盾的统一体。凡是相容性较好的可同浴染色,甚至同步染色;相容性较差的只能分浴或分步进行染色。选用两种染料染色时,要注意减少相互沾色,加强后处理,有时还需要还原清洗,剥除浮色。分散染料在涤纶上的皂洗牢度、摩擦牢度均较好,故主要考虑棉用染料的染色牢度要好。

(一) 分散染料染色

1. 分散染料热熔法染色

分散染料热熔法染色是我国生产涤/棉织物的主要方法。这种染色方法产量高,车速可以高达每分钟百米以上,而且消耗低,用水少。其缺点是染料使用受一定限制(低温型染料不适用),设备投资较低以及成品手感较差。

热熔法染色的工艺流程为:浸轧染液→中间烘燥(预烘)→烘干→热熔→后处理。

(1) 浸轧染液是由分散染料、防泳移剂和表面活性剂三者组成,另外,还应包含棉纤维部分的染料及相应的染色助剂。

我国目前大部分工厂采用二浸二轧方式,有助于染液的渗透。

(2) 中间烘燥和烘干为了防止泳移,一般采用所谓无接触烘燥,即:红外线或远红外线预烘—热风烘燥。热风烘干要求风量均匀,否则也会造成色差,这种色差也是泳移所造成的,表现的状态为正反面和左右向色泽不一。热风温度为 $100 \sim 105 ℃$。

(3) 热熔时间和温度对分散染料在涤纶上的吸附与扩散,以及染料从棉纤维转移到涤纶上起着决定性的作用。由于设备的限制和车速的要求,热熔不可能进行很长时间,一般只能维持 $1 \sim 2 \, min$。温度也是热熔的一个重要因素,它指织物上真正达到的温度。热熔染色采用的温度范围是 $180 \sim 220 ℃$,不允许超过。

涤/棉织物在高温热空气中要产生收缩和起皱现象,严重时门幅不足,因此要注意热熔染色温度不能高于定形温度。热熔染色还必须注意温度均匀的问题,有时左右、前后和上下相差很多,也会造成色差。一般情况是焙烘房越宽,门幅较窄的织物色差现象少,而宽幅织物(尤其是双幅织物)容易产生色差。织物离开热熔区后,必须迅速冷却降温。

(4) 后处理涤/棉织物用分散染料热熔染色后,必须经水洗、还原清洗或皂洗和水洗。

分散染料热熔法染色的设备有热空气式、针铗拉幅式、烘筒式、弯辊式等多种。由于考虑连续化作业,因此一般涤/棉织物所用的热熔染色设备均为联合机,即包括后半部棉纤维部分的染色设备。热熔染色联合机通常是由轧车、远红外线或红外线预烘装置、热风烘燥室、热熔室(焙烘)、冷却、轧化学液槽、汽蒸箱、透风架、平洗槽、烘筒及冷却等多单元组成的系列设备。

2. 分散染料高温高压染色法

分散染料高温高压染色法是一种重要的染色方法,适合升华点较低和分子量较小的低温型的染料品种。用这类染料染色匀染性好,色泽浓艳,手感良好,染色透芯。如果采用一般高温型染料染色,则不仅得色量有所下降,色泽也不鲜艳。分散染料高温高压染色法适合多品种、小批量生产,常用于涤/棉混纺织物深色品种的涤纶部分染色。

分散染料的高温高压染色法和热熔染色法是目前两种最重要的染色方法。这两种方法适合不同类型的分散染料,也适应不同品种的生产,两种方法都能获得较好的染色质量。比较起来,在染料利用率方面则是高温高压法较高,一般可达 90% 左右,而热熔法只能达到 70% 左右。此外在摩擦性能方面,也是高温高压法较优。

(二) 分散/还原染料染色法

我国涤/棉织物的深色品种大多数采用分散/还原染料染色。这主要是着眼于棉纤维上的还原染料的牢度好,染色重现性强,而且还原浴兼有洗除未染着的分散染料的作用。

分散染料染涤纶多采用热熔法,还原染料染棉纤维采用悬浮体轧蒸法。还原染料悬浮体染色法是将染料研磨成 $2~\mu m$ 以下的颗粒,在扩散剂作用下制成染料悬浮液,借轧辊的作用将染料微粒均匀地浸轧在主织物上。这时染料对纤维并无直接性,只是机械地附着。然后再通过碱性还原液,使织物上的染料还原和上染。还原染料这种染色方法与分散染料相似,因此可以用于涤/棉织物的同浴浸轧、分步固着的工艺。还原染料悬浮体轧蒸法不仅可以使还原染料染色连续化和提高染色质量,而且还免除了染料拼色的种种限制,可以比较宽地选择拼混。

采用还原染料悬浮体轧蒸法染色,要求织物有较高的练漂质量,特别是要求有良好的渗透性,以便织物在短暂的浸轧过程中能够均匀吸收染液,这一点对涤/棉织物尤其重要。因为涤纶吸收染液很少,主要依靠棉纤维的吸收提供。此外还要求染前织物呈中性,不允许带有多量电解质,防止其影响悬浮体染液的稳定性。

悬浮体轧蒸法工艺是涤/棉混纺织物染色的分散染料—还原染料热熔/轧蒸法工艺的后半部分,这个联合工艺为:

浸轧分散染料和还原染料的悬浮体分散液→预烘→热熔→轧还原液→汽蒸→洗涤→氧化→皂煮、洗涤→烘干。

染浴的配制:

分散染料	x(对织物重)
还原染料	y(对织物重)
防泳移剂	10 g
非离子表面活性剂	1~2 g
加水至	1 L

染液中的染料颗粒均要求在 $2~\mu m$ 以下。由于分散染料和还原染料中均匀混有大量扩散剂,所以不需要再加入扩散剂。选择分散染料时要注意对棉沾污性能,两种染料的总量不宜超过 80 g/L。

还原液配制如下,这是一个经验用量。还原液的配置量越小越好,随配随用。

色泽	氢氧化钠(g/L)	保险粉(g/L)
浅色	22~26	30~40
中色	26~35	40~50
深色	35~45	50~60

浸轧还原液时温度不宜过高,为防止染料剥落,也可以在还原浴中加入 20~30 g/L 的精制食盐。但染深色时,加入食盐会使保险粉的溶解度受到影响。此外也可以采用提高织物在还原液槽内的吸液率、缩短通过还原液的时间及降低还原液温度等办法,这些都能收到一定的效果,但无法完全制止染料的剥落。因此在实际生产中,为了避免开车时因染料剥落造成色浅,常在还原浴中加入一些染料,但不能用悬浮体染液,一是因为染液中有分散染料,二是因为还原染料还原后对棉纤维有直接性,拼用染料的隐色体上染性能不一,容易造成色差。因此在还原液槽中添加染料时,上染速率低的染料必须适当增加用量。

涤/棉织物的分散/还原染料的染色方法除上面介绍的热熔法和悬浮体轧蒸法外,在涤纶部分也可采用高温高压和常压高温法用分散染料进行染色,在棉部分亦可采用悬浮体轧卷法及隐色体卷染法用还原染料进行染色。

(三) 分散/活性染料染色法

1. 同浴染色法

(1) 热熔/热固一步法(TT 法)

工艺流程:浸轧→预烘→热风烘干→热熔→后处理。

轧染液组成:

分散染料	x
活性染料	y
碳酸氢钠	5~10 g/L
尿素	30~60 g/L
防泳移剂	10 g/L
非离子型表面活性剂	1~2 g/L

这种方法的特点是将两种染料及固色用碱放入同一浴中。由于分散染料对碱敏感,所以只能选择碳酸氢钠作为固色用碱。轧染液中的尿素用量视情况而定。尿素的作用不仅用于助溶,而且在热熔/热固时可以使织物保留一定水分和消除余碱。这种染色方法比较简捷,同浴浸轧以后同步固色,即在高温时分散染料热熔着色和活性染料热固。

浸轧温度为 25℃左右,轧余率在 80% 左右。浸轧后先用红外线预烘,然后用热风烘干,再在 190~220℃范围内热熔固着 45~90 s。

染色后处理为:水洗→热水洗→皂煮→热水洗和水洗。

皂煮液组成为:

非离子或阴离子型表面活性剂	2 g/L
碳酸钠	1 g/L

在 90~95℃处理 10 min。

这种染色方法必须对染料进行选择,才能获得较好的效果。

(2) 热熔—轧蒸固色二步法

工艺流程:浸轧→预烘→烘干→热熔→浸轧碱液→汽蒸→后处理。

这种染色方法属于一浴二步法,即分散染料的热熔和活性染料的固色分别进行。这种方法虽然流程长一点,但染料的利用率高。

轧染液组成:

分散染料	x
活性染料(乙烯砜型)	y
冰醋酸	0.5~1 mL
防泳移剂	10 g
水	z
总量	1 L(pH 值 5~6)

如系一氯均三嗪型染料,染浴中不宜加酸。浸轧温度为室温。染液随用随配,放置时间不宜过长。轧余率为 70% 左右。轧后经烘干再进行热熔,然后浸轧下列固色液:

碳酸钠	30 g
氢氧化钠 35%	15 mL
氯化钠	250～300 g
水	x
总量	1 L

轧染液中含有大量氯化钠,是为了防止染料脱落。轧后进行蒸化,温度为 100～103℃,时间视染料而异。如二氯均三嗪型染料,由于化学性能活泼,只需 15～60 s 就能完成固着作用;一氯均三嗪型染料就需要较长时间蒸化,才能完成;乙烯砜型染料则 25～30 s 即可达到固色作用。

汽蒸后用热水洗→皂煮→热水洗→冷水洗。

(3) 热熔—卷染机固色二步法

工艺流程:浸轧→预烘→热风烘燥→热熔→卷染机固色。

处理液配方如下:

碱剂	X 型(g/L)	K 型(g/L)
碳酸钠	10～20	—
磷酸三钠	7～15	10～20

浴比为 1:(2～2.5)。

这种方法以 K 型染料比较合适。

固色温度为 80～90℃,时间为 45～60 min。X 型染料固色不需加温,时间可降至 30～45 min。

在高温固色之前最好先在 100～150 g/L 的硫酸钠和 2 g/L 的间硝基苯磺酸钠(商品名防染盐 S)溶液中处理 20 min 左右。

采用防染盐 S 的目的主要是防止活性染料在高温时受还原性气体或还原物质的影响,而导致色泽暗淡。但防染盐 S 不宜带酸性,如带酸性,必须用碱中和后才能使用。

高温固色时必须采用有罩卷染机。

(4) 快速高温高压染色—活性染料固色二步法

一般分散染料高温高压染色法,由于时间长、酸度大,活性染料难以同浴。但如果采用快速高温高压染色法还是可以的。染色机械最好采用快速溢流染色机进行。这种方法最适合涤/棉针织物染色。

染液组成为(按织物重量):

分散染料	x
活性染料	y
无水芒硝	50～100 g/L
防染盐 S	2 g/L

pH 值为 6(可用 $Na_2HPO_4 \cdot 2H_2O$ 1 g/L 或加 $NaH_2PO_4 \cdot 12H_2O$ 1 g/L 溶液调节),浴比 1:(20～30)。

活性染料固色碱液为每升氢氧化钠 0.2 g 或碳酸钠 15～20 g。后处理为水洗→皂洗→水洗。由于活性染料不耐还原,所以不能进行还原清洗。遇到深色可以用阳离子固色剂处理,以进一步提高色牢度。

2. 分浴染色法

有时在特定情况下不能采用两种染料同浴染色。例如采用一般高温高压染色条件,时间长,酸度大,活性染料难以保持稳定,在这种情况下只能采取两种染料分浴染色。

二浴法染色的程序,一般是先染分散染料,后染活性染料,在两次染色中间进行还原清洗。两次染色的工艺繁复,但控制较易。

二、涤/黏混纺织物的染色

(一) 染色方法

涤/黏和涤/腈的中长纤维织物染色方法包括纤维应用的染料染色方法及其设备的选择。

1. 应用的染料与纤维种类有关

涤纶用分散染料,黏胶纤维用还原、活性、不溶性偶氮染料和直接染料,腈纶用阳离子染料。

2. 主要染色方法

(1) 同浴法、分浴法;

(2) 热熔染色、高温高压染色、高温常压染色、溢流染色。

3. 主要染色设备

(1) 热熔染色联合机;

(2) 高温高压染色机、高温常压染色机;

(3) 溢流染色机、喷射染色机;

(4) 轧染机、卷染机。

(二) 涤/黏中长纤维织物染色工艺

在涤/黏混纺制品中,涤纶部分用分散染料染色,黏胶纤维用还原染料染色的较多,一部分也用牢度较好的直接染料或活性染料染色。从染色加工的方式来看,仿毛的纺织品多以浸染加工为主。

1. 分散染料

分散染料在上染涤/黏中长纤维中的涤组分的同时,也对黏胶纤维有沾染现象。因此,单独使用分散染料染色时只适于染浅色。其染色加工工艺可参照分散染料染涤纶部分。

2. 分散/直接染料

采用同浴染色法:

染料与助剂	用量
分散染料	x
直接染料	y
分散剂	0.5~1 g/L
Na_2SO_4	0~30%(按织物重量)
载体	z

高温(120~130℃)染色法或载体染色法均可,其中直接染料需在接近中性条件下使用,分散染料要选择 pH 值波动变化较小的品种。为防止高温染色时直接染料的分解,要使用一定量的弱氧化剂。一般用非离子表面活性剂净洗,并用阳离子固色剂固色。

3. 分散/活性染料

(1) 同浴热熔—热固法

工艺过程:浸轧→烘干→焙烘→步法。

此法能获得均一色泽,工艺简单,牢度好和成本低。但对染料选择较严。例如:

① 凡遇碱易水解和高温型的分散染料不能采用;

② 选择扩散速率较高和直接性低的活性染料较为合适,可获得较高和较好的固色率和匀染性,如含一氯均三嗪的 K 型染料。

轧染浴组成:

分散染料	x
活性染料	y
双氰胺	10～30 g
防泳移剂	10～20 g
非离子表面活性剂	1～2 g
加水至	1 000 g

工艺过程:室温浸轧(轧余率 45%～60%)→烘干(100～150℃)→热熔→热固(200～220℃,60～120 s)→水洗→热水洗→皂煮→热水洗。

(2) 热熔—汽蒸法

轧染浴组成:

分散染料	x
活性染料(乙烯砜型)	y
水醋酸	0.5～1 g
防泳移剂	10 g
加水至	1 000 g

工艺过程:浸轧→预烘→烘干→热熔(180～200℃,90 s)→浸轧固色液[氢氧化钠 35%(40°Bé)15 mL、碳酸钠 30 g、氯化钠 250～300 g、加水至 1 L]→汽蒸(102～106℃,25～30 s)→水洗、热水洗→皂煮—热水洗→水洗。

4. 分散/还原染料

(1) 同浴热熔—轧染法

轧染浴:

分散染料	x
还原染料	y
防泳移剂	10～20 g
非离子表面活性剂	1 g
加水至	1 000 g

其中 $x+y$ 总量在 80 g 以下。

还原液(g/L):

	a	b	c
氢氧化钠	27～30	22～25	14～18
85%保险粉	27～30	22～25	14～18

工艺过程:二浸二轧(轧余率 55%～60%)→预烘(余水率 65%～70%)→热烘(120～130℃)→热熔(190～220℃,90～120 s)→还原汽蒸(102～106℃,90 s)→氧化→皂煮→烘干。

(2) 分浴卷染法

工艺排列：分散染料浴染色→还原染料浴套染。

工艺操作：

① 60～65℃卷轴（每轴 450 m，重 90 kg），2 道后加入分散染料浴 300 L；②升温 70～100℃，4 道；③加盖染色 100～130℃，2 道；④保温 130℃，6 道；⑤水洗（60～80℃），2 道；⑥套染还原染料，染浴 300 L、60℃±1℃，还原 8～10 min 后染色 8 道；⑦冷流水洗 4 道；⑧氧化（过氧化氢 25% 400 mL）：室温 2 道，40℃ 2 道；⑨50℃水洗，浴量 250 L，4 道；⑩皂煮（195～100℃）：浴量 200 L，4 道。水洗：沸温→80℃→45℃逐步降温，各洗 4 道，共 12 道，浴量均为 250L。

染色浴组成（深灰）：

a. 分散染料浴：

分散灰	1 280 g
分散蓝 2BLN	220 g
磷酸二氢铵	600 g
醋酸	200 g

b. 还原染料浴：

还原灰 M	675 g
还原蓝 RSN	120 g
纯碱	250 g
氢氧化钠 30%（36°Bé）	8 200 g
保险粉（85%）	1 300 g

3，4，5，6，7 道 5 次追加，每次 120 g。

c. 皂煮浴：

纯碱	850 g
洗涤剂	1 200 g

第三节　涤纶染色技术的进展

一、涤纶碱性染色

涤纶高速纺丝、高速织造技术的应用，使得纤维油剂、上浆剂更新，增加了前处理的难度；而涤纶碱减量处理使纤维带有强的碱性，不易去净；弱酸性高温染色及前处理中从纤维内部析出的低聚物对染料具亲和性，从而产生以低聚物为核心的染料二次凝聚，堵塞网眼和焦结，降低染色机功能，沾污织物和设备，同时影响织物的平滑性。上述油剂、浆料、低聚物等在酸性条件下溶解度极低，而在碱性条件下才显现良好的溶解性。

传统的弱酸性高温高压染色对低聚物去除十分困难，况且染色时低聚物还将继续从纤维中析出。20 世纪 80 年代后期出现的涤纶碱性染色，能很好地解决此问题。

在高温（130℃）下，部分溶解于染浴的低聚物，由于在酸性浴中溶解度极低，当达到饱和时就结晶化；另一方面，碱性条件下，以单分子溶解的低聚物会发生水解。这些低聚物水解产物溶于水，与涤纶无亲和性，所以冷却后不结晶。但条件是高温，pH 值 11 以上（对于单分子溶解于染浴的低聚物,pH 值可降至 9~10)。

另外,碱性染色能有效地去除残留的丙烯酸类浆料、蜡质、油剂,减少和防止织物擦伤及染料、残留浆料和纤维屑等黏附于机缸内。

由于碱性染色具有上述特点,因而染色质量明显提高。

但分散染料在碱性浴中有可能产生色光变化,上染率和色牢度降低,因而,染料的使用有很大的局限性。一般,偶氮型分散染料耐碱性差,如分散橙 90,分子结构中的酯键、酰胺基在碱性浴中易水解,酚羟基会离子化,这些能使染料色相发生变化,上染率降低。从染料结构中不难发现,分散染料的耐碱性不一,而多数蒽醌型和杂环型分散染料耐碱性良好,因而可从原有的分散染料中筛选耐碱性好的作碱性染色分散染料。

另一方面,为适应涤纶碱性染色的需要,开发低分子聚合物防止剂,可在碱性染色时防止低聚物析出,并去除织物残余的丙烯酸浆料。也有使染料免受碱剂破坏的助剂,如 Dystar 的 JPH95,日华的 Sunsolt PA-10,日化的 AD-800、AD-815、HTB-100,明成的 Olinax AM85、AM36 等。

迄今为止,已有不少大公司开发了碱性染色用染料、助剂和染色方法。如 Dystar 公司的碱性染色法,它是由稳定剂(JPH95 和 JPH99)和碱性染色用染料组成,JPH95 是碱性染色条件下能抑制染料分解的染料稳定剂,JPH99 是改进 JPH95 精练效果的助剂。Dianix AC-E 和 UPH 三原色的染色性能远优于筛选的分散染料。

除 Dystar 外,耐碱性分散染料还有化药的 Kayacelon E 系列、Kayalon Polyester 如艳嫩黄 GL-SF、黄 BRL-SF、艳红 GL-SF、蓝 BR-SF、藏青 EX-SF(200%)等,住友的 Sumikaron 如黄 E-RPD、红 E-2BL、蓝 E-FBL(浅色)、黄 SE-2GL、红 SE-2BF、蓝 S-BG(中色)、橙 SE-B(200%)、红 S-BDF、藏青 S-2G(200%)(深色)等,国产分散染料如黄 S-G、黄 SE-NGL、橙 SE-B、大红 SE-R、大红 SE-GFL、紫 SE-R、蓝 S-RBL、蓝 2BLN、藏青 SE-2BL 等。

染色实例处方:

分散紫 SE-R	0.25%(按织物重量)
增白剂 DT	0.5%(按织物重量)
高温匀染剂	0.3~0.5 g/L
碱性去油灵	4~5 g/L
pH 值	9.0 左右

条件:130℃, 30 min。

还原清洗,净洗剂 2 g/L,纯碱 1.5 g/L,保险粉 0.5 g/L,70~80℃, 10 min。

采用化药的 Kayalon Polyester 染料加 Kayacreen T20 在 pH 值 9~11, 135℃染色或采用 Dystar 的 Dianix 染料加 JPH95 在 pH 值 9~10, 130~135℃染色等都是较理想的碱性染色方法。

二、涤纶深色加工技术

(一) 表面粗糙化

对涤纶织物进行表面粗糙化处理,可使纤维表面呈微细凹凸结构,表面反射减弱,内部折射和吸收增强,表观色泽深度提高。

表面粗糙化的方法有:等离子体攻击纤维表面,使表面腐蚀,产生粗糙化;掺合非活性微粒子如硅胶、磷化合物等;纺丝成形后经碱减量处理,使表面呈现凹凸不平的结构;碱减量加工;

利用混纤、包芯等技术,构成复合多层的高次结构,使涤纶表面粗糙化等。

（二）采用助剂提高涤纶染深性

1. 稀土

稀土加入能通过络合作用使分散染料色泽变深,同时提高分散染料的上染率,促进涤纶的膨化,降低染色温度,利于匀染并能提高色泽鲜艳度。

从国内使用的经验得出,涤纶稀土染色一般采用氯化稀土,用量控制在 0.1%～0.2%;pH 值控制在 4.8～5.5,绝对不能大于 7,否则会产生沉淀;稀土染色低温时就有较高的上染率,一般控制在 120～125℃,20～25 min。加入氯化稀土后,扩散剂和匀染剂用量可减少。

但要注意,稀土对不同结构染料的影响是有较大差异的,部分染料作用很小,因而必须在试验的基础上确定染色工艺。

稀土染色实例处方:

分散染料	打样确定
混合氯化稀土	0.1%～0.2%
匀染剂、扩散剂	原量的 50%
染色 pH 值	4.8～5.5

条件:120～125℃,20～25 min。

2. 低折射率加工剂

涤纶表面被低折射率加工剂覆盖,则深色度(K/S)提高,而且折射率越低,色泽越深。如 Kayalon 黑 G-SF10%(按织物重量)染涤纶,用不同折射率化合物加工,其颜色表观深度如表 2-2-1 所示。

表 2-2-1   化合物折射率与色泽深度的关系

处理化合物	折射率	深色度 K/S
未处理涤纶	1.73	18.4
苯乙烯	1.55	19.5
二硫化碳	1.63	18.7
间二甲苯	1.50	19.5
乙醇	1.36	20.5
水	1.33	21.5
三氟乙醇	1.29	23.5

这种处理方法大部分采用浸轧焙烘,部分采用溶液中处理。

3. 深色加工剂

涤纶经深色加工剂处理,表观染深性显著提高。如纯涤织物经减量加工(减量率 25%),并用 Miketon 黑 GN—SF10%(按织物重量)染色后(130℃,60 min),再经拉可乐 ST 1 g/L、保险粉 1 g/L、烧碱 1 g/L,80℃,20 min 还原清洗,然后深色加工(浸轧—焙烘)。

在热熔染色时,加入部分非离子表面活性剂,能提高给色量。如 100# 社乳酸(聚乙二醇烷基二苯醚)、Noigen EA20、EA120(聚乙二醇壬基二苯醚)、Nogen EA143(聚乙二醇十二烷基二苯醚)等。

（三）超临界 CO_2 染色

此技术是用 CO_2 替代水作染色介质,因而能彻底解决印染加工中废水问题。

超临界 CO_2 在室温及大气压下为气体,当提高温度,同时增加体系压力超过临界点时,封闭体系内的 CO_2 气相和液相间不能区分,不管压力再升至多高,都不会成为液相,此时的 CO_2 即为超临界液体,这种状态下的 CO_2 性质与气相和液相均不同。当进一步提高超临界液体压力时,体系介电常数大大提高,从而增加对疏水性物质的溶解能力。

处于超临界状态的 CO_2 具有低黏度及高扩散性,能很容易地溶解固体染料,无需帮助就能渗入最小的纤维孔隙,获得可接受的染色速率和良好匀染性。

涤纶超临界 CO_2 染色超临界 CO_2 对分散染料有较大的溶解力。大多数分散染料在超临界 CO_2 体系中均形成单分子状态,溶解取决于染料颗粒大小。染料的溶解度随体系的压力增加而提高,当压力超过一定值后,再增加压力,溶解度反而降低。

由于溶解在超临界 CO_2 中染料的扩散性较溶解在水中时高,因而新体系染色速率远大于传统染色。在新体系中,恒温时随压力增加,上染率增加。低压时染料溶解度低,影响上染率;高压时溶解度增加,而且温度对溶解度影响很大,因此上染率较高。

由于在新体系染色时染料均以单分子状态吸附扩散,且扩散完全、均匀,因而大多数情况下可不进行后处理,染色牢度也十分理想。当然染后也可用超临界 CO_2 在较低温度下(T_g 以下)进行清洗,以代替常规的还原清洗,洗下的染料可重复使用。这种体系染色可省去常规染色时的水洗和烘燥工序。要注意不同结构染料的上染率是有差异的,因而实际染色尤其在拼色时需十分小心。

第三章

涤纶及其混纺织物的印花

涤纶织物应用最多的是涤纶长丝织物、涤纶短纤维织物及以两者为原料所生产的仿毛织物。从印花方法来说有直接印花、拔染印花、转移印花等。

第一节 | 涤纶织物的印花

一、涤纶织物的直接印花

（一）染料选用

涤纶织物印花主要使用分散染料。印花用的分散染料必须要具有较好的分散性能，否则染料在制各印浆时易产生凝聚，印花后会产生色斑、色点等疵病。因印制后需高温汽蒸，为避免花色相互渗透，必须选择升华牢度高的染料。分散染料的升华牢度与染料的分子结构、汽蒸固着温度和印制深度有关，升华温度过低的染料会在热熔固色时沾污白地，固色率不高的，后处理水洗时又会沾污白地，一般以选用中温型固色（热熔温度 175℃以上）或高温型固色（热熔温度 190℃以上）的染料较为合适。低温型固色的染料一般不宜使用。同一织物上印花所用分散染料的升华温度应一致，同时要求对固着条件的敏感性要低，这是确保印花重现性的重要条件。除此之外，印花用分散染料还应具有高的日晒牢度、好的相容性，水洗时的白地沾污性良好。另外值得注意的是分散染料的生态性能，即不含有在特定条件下会裂解产生 24 种致癌芳香胺的偶氮染料、不含有过敏性染料、不含有其他有害化学物质。

（二）糊料选用

糊料的选用应确保有较高的得色率，花纹轮廓清晰度高、印制效果好，与印花色浆中其他成分的相容性、稳定性好。涤纶是疏水的热塑性纤维，不易印制均匀，选用的原糊应有良好的黏着性能、润湿性和易洗涤性。印在织物上所形成的浆膜还应具有一定的柔顺性，以防止浆膜脱落。

各种糊料单独使用都无法满足上述各种要求，因此常使用若干种糊料拼混来达到较为良好的印制效果。常用糊料有：海藻酸钠、羧甲基纤维素、醚化淀粉、醚化植物胶、合成糊料和乳化糊。海藻酸钠糊，尤其是低聚合度的褐藻酸酯调成的原糊流动性和渗透性好，且具有较好的给色量，若与乳化糊拼混，不仅易于洗涤、保持织物手感柔软，而且还能改善刮印性能，更好地适应圆网印花机和布动式平网印花机的需要；羧甲基纤维素、醚化淀粉调制成的原糊，给色量高，印制轮廓清晰度也较好，但必须选择高醚化度的产品，否则易造成堵网和易洗除性差；醚化植物胶流动性好，印制效果良好，但易洗除性较海藻酸钠略差些，给色量与醚化淀粉相似；多元羧酸型高分子合成糊,原用于颜料印花,逐渐发展后也用于涤纶织物分散染料直接印花,该糊料在高温汽蒸条件下不会产生还原性物质,所以不会有使某些染料色泽变萎暗的现象,因制成的原糊固含量低,所以给色量也较其他糊料的高,而且浆层结膜薄,易溶胀洗除。但该原糊对电解质很敏感,仅适用于含非离子型分散剂的分散染料,否则原糊的黏度将显著降低。

(三) 色浆调制

调制印花色浆时,根据染料、花型、织物规格及印制设备选用适当的原糊,再将分散染料悬浮液以温水稀释,在搅拌下加入原糊中,然后加入必要的助剂。分散染料直接印花常用助剂主要有释酸剂、氧化剂、金属络合剂和增深促进剂,释酸剂一般使用不挥发的有机酸,例如酒石酸、乳酸、柠檬酸等,主要用来调节印花色浆的 pH 值。因为许多分散染料对碱敏感,在碱性条件下高温长时间蒸化,有可能因水解而变色;但 pH 值又不能太低,否则会使染料中某些扩散剂的扩散能力丧失,有氨基的染料还会形成铵盐而失去对涤纶的上染性,印花色浆的 pH 值一般控制在 4.5~6。

含有硝基或偶氮基的分散染料,在蒸化时易被还原而变色,印花色浆中可加入间硝基苯磺酸钠或氯酸钠等氧化剂,但氯酸钠在 170℃ 以上的高温常压蒸化时,会促使某些糊料降解从而影响分散染料的印花深度,应对糊料进行选择。分散染料分子结构中,具有数个不共有电子对的基团,它们能与某些金属离子发生络合作用生成络合物,会导致分散染料色变、降低分散能力,甚至降低分散染料的染着,因此色浆中应加入金属络合剂,如六偏磷酸钠、乙二胺四乙酸钠等。增深促进剂(又称固色促进剂)本身具有吸湿性,对染料有"助溶性",并具有使纤维溶胀的作用,能加速染料向纤维转移和向纤维内部扩散,从而避免因长时间的高温固着处理所造成的染料升华污染以及对涤纶性能的影响。增深促进剂大多为表面活性剂,其组分主要有:有机化合物的混合物、芳香族酯化物的混合物、氧乙烯化合物的混合物等。尿素是高温高压汽蒸工艺印花色浆中常用的增深促进剂,但不适宜于高温常压蒸化或焙烘固色,这是因为尿素在高温汽蒸时,会提高吸湿性,对抱水性差的糊料会造成花纹轮廓清晰度下降,同时尿素在高温下会分解出游离氨,导致对碱性敏感的分散染料分解,焙烘时,尿素的存在会使糊料变为棕色,进而影响色泽鲜艳度。

印花色浆处方举例:

	(I)	(Ⅱ)
分散染料	x	y
尿素	2%	—
氯酸钠	0.5%	—
硫酸铵	0.5%	0.2%
增深促进剂	—	1%
原糊	50%	50%
总量	100%	100%

上述处方(I)适用于高温高压蒸化,处方(Ⅱ)适用于高温常压蒸化。

(四) 固色

涤纶织物用分散染料印花,烘干后,可采用高温高压蒸化法(HPS)、热熔法(TS)或常压高温连续蒸化法(HTS)进行固色。

(1) 高温高压蒸化法(HPS)固色是织物印花后在密闭的高压汽蒸箱内,于125~135℃温度下蒸化约 30 min。汽蒸箱内的蒸汽过热程度不高,接近于饱和,所以,纤维和色浆吸湿较多,溶胀较好,有利于分散染料向纤维内转移,水洗时浆料也易洗除。涤纶在130℃和含湿条件下,纤维非晶区的分子链段运动加剧,有利于分散染料在纤维内扩散。分散染料的升华温度大都远高于130℃,所以HPS法固色不会产生升华沾色问题,因此相对分子质量较小、升华温度较低的染料也能适用,染料品种选择的范围较广。用HPS法固色,染料的给色量较高,织物手感较好,可适用于易变形的织物(如仿绸制品及针织物)等。HPS是间歇式生产,适宜于小批量加工。

(2)热熔法(TS)固色的机理和方法基本与热熔染色相同。为了防止染料升华时沾污白地,同时又要求达到较高的固色率,热熔温度必须严格按印花所用染料的性质确定,热熔时间一般为1~2.5 min。固色是否均匀,不但取决于温度是否均匀,还取决于喷向织物不同部位的热风流速是否均匀。因为热熔法是干热条件下固色,对织物的手感有影响,特别是对针织物的影响更为明显。热熔法不适用于弹力纤维织物。

(3)常压高温蒸化固色法(HTS)以过热蒸汽为热载体。和热熔法固色相比较,高温蒸化法分散染料的固色温度可降低到175~180℃,因此可供选用的染料较热熔法多,但蒸化固色时间较长,约需6~10 min。用过热蒸汽进行固色较用焙烘的优点是织物上印花色浆是在蒸汽压为101.3 kPa(1个大气压)的过热蒸汽的环境中,容易保留溶胀糊料的水化水(水化水不像自由水那样容易挥发逸去),在湿热条件下纤维较易溶胀,有利于分散染料通过浆膜转移到纤维上。此外,过热蒸汽的热容比焙烘的大,蒸汽膜的导热阻力也较空气膜的小,使织物升温较快,温度也较稳定。

二、涤纶织物的防拔染印花

在涤纶织物上获得拔染或防染效果花纹图案的方法不同于纤维素纤维织物,因为涤纶织物一般采用分散染料染地色,当完成染色过程,地色染料扩散入涤纶内部以后,是难以用拔染印花的方法将其彻底破坏去除的。若采用先印防染色浆,烘干,再浸轧地色染液的方法,则由于疏水性的涤纶黏附色浆的能力差,在浸轧地色时,会使色浆在织物上渗化,同时防染剂会不断进入地色染液,使地色染液被防染剂所破坏而难以染得良好的地色。最常用的方法是,采用先浸轧地色染液(或印全满地),经低温烘干,其目的是不使分散染料地色上染涤纶,再印防染色浆,烘干后再进行固色及后处理。也可采用类似防印印花的方法,即在织物上先印防染色浆,随即罩印全满地地色色浆,最后烘干、固色和后处理。此方法的特点是防染色浆和地色在印花机上一次完成,往往可获得较好的防染效果。这类方法被称作防拔染印花。

涤纶织物防拔染印花主要有还原剂法、碱性法和络合法三种方法。

(一) 还原剂防拔染印花

利用分散染料还原电位的不同(即耐还原剂的性能不同),分别用氯化亚锡、变性锡盐(加工锡)、德科林(Decroline)进行拔白或着色拔染。可拔分散染料(即地色染料)可以被拔染剂还原分解,分解产物应无色,对涤纶的亲和力很低,且分解产物易从纤维上去除。而作为着色用染料应在拔染色浆中稳定性良好,色牢度高。

氯化亚锡是强酸性还原剂类防染剂,可用于涤纶织物的防白或着色防染印花。氯化亚锡法防拔染印花可采用先浸轧染液(或在印花机上印地色),经低温烘干后再印防染色浆的二步法工艺,也可采用在印花机上一步法的湿法罩印工艺。

印花处方举例:

耐拔分散染料　　　　　　　　　　　　x

渗透剂	0～2％
氯化亚锡	4％～6％
酒石酸	0.3％～0.5％
尿素	3％～5％
原糊	45％～60％
加水合成	100％

氯化亚锡在蒸化过程中所产生的盐酸酸雾,不但会腐蚀设备,还会影响防白效果。色浆中加尿素和 pH 缓冲剂,可与在蒸化过程中所产生的氯化氢作用,从而缓和上述缺点。

为进一步提高防白效果,防白浆中还可加入六偏磷酸钠、聚乙二醇 300 或丙二醇聚氧乙烯醚以及水玻璃。白度不白(泛黄,俗称"锡烧")的重要原因之一是锡离子在蒸化过程中会与糊料及染料的分解产物结合,生成有色沉淀附着在纤维上使纤维泛黄。防白浆中加入六偏磷酸钠后,可与亚锡离子络合成较稳定的络合物,在高温蒸化时才将亚锡离子逐渐释出,同时聚乙二醇或其醚化物兼有吸湿和分散作用,再在水玻璃的作用下,锡离子与糊料或染料的分解产物所产生的沉淀,就不易聚集或固着在纤维上。

印花糊料宜采用耐酸和耐金属离子的醚化刺槐豆胶糊或其和醚化淀粉糊的混合糊。水玻璃遇强酸会凝结,调制防白浆时应将水玻璃先调入原糊,再在搅拌下缓慢地加至含有氯化亚锡的糊内。

印花烘干后,在圆筒蒸化机中 130℃蒸化 20～30 min,或在常压下 170℃蒸化 7～10 min,两者都能得到满意效果。

最后的洗涤必须充分,才能获得良好的防白白度。洗涤时除用一般的冷、温水外,还需用酸液(30％HCl 20 mL/L,60～70℃)酸洗,以洗除锡盐等杂质。

(二) 碱性防拔染印花

在高温时某些分散染料可能会发生水解后而具有亲水性,失去对涤纶的亲和力,因此采用耐水解的分散染料作着色防染的染料。易于水解的基团有—OCOR、—OCOOR、NHCOR、—COOR、—CN,双酯基团在高温下对碱十分敏感,羧酯基被碱剂水解,生成对涤纶没有亲和力的水溶性羧酸盐,从而易于从纤维上洗除。

碱性防拔染印花的优点是拔染剂价格便宜,也不存在使用还原剂拔染法中氯化亚锡对汽蒸设备的腐蚀和废水中的重金属离子处理等问题。若合理选择印花原糊,可以采用高目数的网版印制精细花纹,这是碱性防拔染法较还原剂防拔染法最为明显的优点。碱性防拔染法印花的产品白度较好,但其花纹常由于碱剂用量和原糊选择不当而有渗化现象,使轮廓的清晰度稍差。适用于碱性防拔染的地色染料结构上应含有 1～3 个酯基,在高温下,羧酯基被水解成为可溶性的物质。由于这些染料对碱的敏感程度不一,因此必须弄清碱剂和碱剂用量与染色深度的匹配性,以达到最佳的防拔染效果。而作为着色防拔染的分散染料,应对碱剂的稳定性优良,且不会因碱剂的存在而发生色泽变浅与色相变化。

碱性防拔染印花常用的碱剂有碳酸钠、碳酸钾、碳酸氢钠和氢氧化钠等。碳酸氢钠的碱性稍弱,防拔白的白度也稍差。氢氧化钠、碳酸钾拔白度好,但吸湿性较大,印花后的半制品在堆放过程中,易吸收空气中的水分而渗化,造成花纹轮廓不清。因此,目前均采用碳酸钠作为防拔染印花的碱剂,其防拔白效果和花纹轮廓清晰度均较好。

在碱性防拔染印花的色浆中一般还要加入润湿剂、助拔剂和增白剂。润湿剂在汽蒸时吸湿,使分散染料的酯基碱水解完全,以提高防拔染的效果,丙三醇和聚乙二醇(相对分子质量为300～400)都是有效的润湿剂。助拔剂有较大的助溶性和吸湿作用,并且对涤纶有一定的增塑作用,可提高拔染效果。

碱性防拔染印花使用的印花糊料常选用耐碱性能较好的醚化淀粉、醚化植物胶和羧甲基纤维素。这些糊料可以根据印花方式的不同,选择不同的拼混比例,以得到较为理想的印制效果。

(三) 络合法防拔染印花

络合法防拔染印花是利用某些分散染料能与金属离子形成络合物,从而丧失其上染涤纶的能力,达到防拔染效果。分散染料和金属离子络合通常生成1∶2型的络合物,相对分子质量成倍增大,对涤纶的亲和力和扩散性能大大下降,因而难以上染。

用于金属盐防染法地色的分散染料品种不多,大部分属于蒽醌类染料。这些染料必须在蒽醌结构的 α 位上有能和金属盐形成络合物的取代基,如—OH、—NH$_2$ 等,所用金属盐有铜、镍、钴、铁等,其中铜盐的防染效果最好,最为常用的是醋酸铜或蚁酸铜。

着色防拔染印花色浆处方举例:

染料(不为铜盐络合的)	x
醋酸铜	5%
冷水	y
氨水(25%)	5%
憎水性防染剂	5%
ZnO(1∶1)	20%
防染盐 S	1%
原糊	45%～50%
合成	100%

醋酸铜溶解度小,加入氨水构成铜氨络合物,以提高溶解度。氨水还可提高防白浆或色浆的 pH 值至中性以上,有利于提高铜盐和分散染料的络合作用和络合物的稳定性。但若氨水过多,又会降低铜离子和染料的络合能力。憎水性防染剂可从常用的柔软剂中选用,如石蜡硬脂酸的乳液或脂肪酸的衍生物等。防白浆中可加入 0.2%～0.5% 的荧光增白剂。印花原糊应选用耐重金属离子的,如糊精、醚化淀粉糊或刺槐豆胶醚化衍生物等。

印花采用罩印地色的一步法湿法防拔染印花,可取得良好的防拔染效果。蒸化可在高压蒸化或常压高温设备中进行,在防染地色的同时使着色防染染料固色。织物印花、蒸化后,先充分冷水洗,再用 10～20 g/L 的稀硫酸液酸洗,以洗除未络合的金属盐和不溶的金属络合物。

三、涤纶织物的转移印花

(一) 涤纶等合成纤维织物的转移印花

涤纶等合成纤维织物一般采用干法转移印花中的分散染料升华转移印花工艺,它通过200℃左右的高温使化纤(如涤纶)的非晶区中的链段运动加剧、分子链间的自由体积增大;另一方面染料升华,由于范德华力的作用,气态染料运动到涤纶周围,然后扩散进入非晶区,达到着色的作用。

其工艺过程为:染料调制油墨→印制转印纸→热转移→印花成品。

油墨由分散染料、黏合剂和调节流变性的物质组成。其中分散染料的选择原则是升华温度低于纤维的软化点,即选用升华牢度低的分散染料,且分散染料应对纸无亲和力,以利于充分向织物转移。黏合剂有海藻酸钠、纤维素醚、树脂等,它们分别适用于水分散型、醇分散型和油分散型等三种类型的油墨。

转移印花的工艺参数主要取决于纤维材料的性质和转移时的真空度。在大气压下各种纤维转移印花的温度和时间为:涤纶织物 200~225℃,10~35s;变形丝涤纶织物 195~205℃,30 s;三醋酯纤维织物 190~200℃,30~40 s;锦纶织物 190~200℃,30~40 s。在真空度为 8 kPa 的真空转移印花机上,转移的温度可降低 30℃,这是因为在真空条件下染料的升华温度降低。由于降低了转移温度,可使织物获得较好的印透性和手感。

转移印花的设备有平板热压机、连续转移印花机和真空连续转移印花机。

连续式转移印花机能进行连续生产,机上有旋转加热滚筒,织物与转移纸正面相贴一起进入印花机,织物外面用一无缝的毯子紧压,以增加弹性,如图 2-3-1 所示。这种设备可以抽真空,使转移印花在低于大气压下进行。

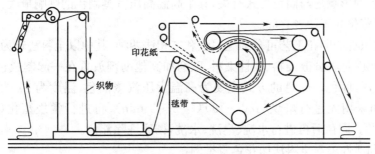

图 2-3-1 连续转移印花机

第二节 | 涤纶混纺织物的印花

涤/棉混纺织物的印花有两种方法:(1)单一染料同时上染两种纤维。可使用的染料有涂料、缩聚染料、可溶性还原染料、聚酯士林染料以及涤/棉专用染料。但它们有一定的局限性,除涂料印花外,其他类型染料往往由于混纺织物组分不同造成色相不能平衡,有涤深棉浅或棉深涤浅现象发生,染料选择性强,色谱不能配套,色泽也不够丰满。(2)将染涤纶和染棉两类不同的染料调制在同一印花色浆中,印花后分别固着在两种纤维上,即两种染料同浆印花。常用的有分散染料和活性染料同浆印花、分散染料与还原染料同浆印花和分散染料与可溶性还原染料同浆印花等。调节同浆印花色浆中两种染料用量的比例,可以在两种不同纤维上得到比较接近的色相和深度,从而获得较理想的均一色泽。由于同浆印花印浆中含有两种不同的染料及助剂,因此不可避免地会相互影响,只有对染料及助剂进行选择,采取合理的印花工艺,才能达到理想的效果。虽然可用于涤/棉混纺织物印花的染料种类较多,但真正实用的却不多,普遍采用的仅有涂料印花,分散染料和活性染料同浆印花,对于牢度要求较高或特殊服用性能的涤/棉混纺印花织物也可采用分散染料和还原染料同浆印花。涂料直接印花参见棉织物涂料印花。

一、分散染料和活性染料同浆印花

该法是涤/棉织物印花最主要的方式,特点是色谱齐全、色泽鲜艳,特别适用于中、浅色花型,色浆的调配及印制工艺相对简单,印花织物的手感较好,刷洗牢度优良。但它对于染料的选用、固着条件和洗涤要求较严,若选用不当易造成色泽萎暗、白地不白、湿处理牢度差。

在分散染料和活性染料同浆印花中,两种染料同处在一起,在全料法印花中还有碱剂的存在,彼此之间会产生影响。将印花色浆印制到织物上后,色浆中的分散染料会对棉纤维造成沾污,由于分散染料只有在进入涤纶纤维后才会呈现出鲜艳的色泽,而未进入的分散染料本身色泽萎暗,若黏附在棉纤维上影响织物色泽鲜艳度。分散染料对棉的沾污主要与分散染料分子结构有关,沾污程度受未固着在涤纶上染料数量的影响,染料用量高、固色条件差和存在阻碍固着的助剂时,沾棉严重。部分活性染料也会对涤纶造成沾污,但对织物的影响较分散染料小,所以应选用扩散速率高、染料母体亲和力低的染料。

碱剂的存在对分散染料的影响较大。小苏打可促使某些分散染料水解,从而影响色光,降低染料的上染性,增加沾污,降低染料的鲜艳度,高温时促使染料发生凝聚造成色点。因此在全料法印花中应严格控制碱的用量,在不影响活性染料固色的前提下尽量维持在最低碱量。碱剂对分散染料的影响还与固色方式有关,其中高温高压汽蒸固色的影响最大,焙烘的影响最小,而高温常压蒸化介于两者之间。

涤/棉混纺织物的印花工艺可分为全料法和二相法两种,其中以全料法较为普遍。

全料法印花就是将分散染料、活性染料、碱剂和其他助剂放置在一起制成色浆进行印花,印花烘干后再进行固色。固色的方式主要为高温常压汽蒸固色,温度为 175℃ 左右,时间为 5～7 min。也可采用先进行焙烘(180～190℃,2～3 min)、再进行常规蒸化(102℃,5～7 min)的固色工艺。固色后再进行水洗、皂洗、水洗,彻底洗除浮色。

分散染料和活性染料全料法印花色浆举例:

分散染料	x
活性染料	y
防染盐 S	1%
六偏磷酸钠	0.5%
小苏打	0.5%～1%
尿素	3%～5%
海藻酸钠糊	50%
加水合成	100%

分散染料和活性染料全料法同浆印花时,易造成白地的沾污,其原因主要是分散染料的升华沾色,另外分散染料本身颗粒极细,若固着不充分,未固着的分散染料在平洗时会沾污白地,特别是最初水洗时洗槽内的水置换慢,水洗温度高,沾色更为严重,一经沾污就很难洗净。因此要选择合理的固着条件,一般采用先焙烘后汽蒸。对分散染料而言,其给色量较先汽蒸后焙烘时高。

二、分散染料和还原染料同浆印花

分散染料和还原染料同浆印花主要用于印制中色或深色以及对牢度有较高要求的印花织物。还原染料和分散染料同浆印花不能采用全料法工艺,这是因为还原剂和碱剂对分散染料有影响,因此,应采用二相法印花,即印花烘干后先经焙烘或高温蒸化使分散染料固着,而后浸轧烧碱—保险粉还原液后快速汽蒸,使还原染料在棉纤维上固着。织物经还原液处理时,还能将沾污在棉纤维上的分散染料清洗除去,从而提高了色泽鲜艳度。

第四章

涤纶及其混纺织物的后整理

任何一种织物经前处理、染色或印花后均要进行后整理加工,以改善织物的形态稳定性、织物外观、触感,并按需要赋予织物各种特殊性能,增加织物的附加值,增强服用性。

第一节 涤纶织物的整理

一、涤纶织物的磨绒整理

通过磨绒设备使磨绒砂皮辊与织物紧密接触,磨粒和夹角将弯曲纤维割断成小于一定规格(如小于 1 mm)的单纤,再磨削成绒毛掩盖织物表面织纹,达到桃皮、麂皮或羚羊皮等特殊效果的整理,称为磨绒整理。由于合成纤维织物强度高、弹性好、耐磨,因此磨绒整理后,可使织物获丰满的手感、优良的悬垂性和形状尺寸稳定性,提高了织物的附加值。磨绒整理对织物半制品有一定的要求,半制品退浆应净,煮练应透,涤纶的减量率应一致,布面应平整,无色差,手感柔软。磨绒整理一般可分为桃皮绒整理和仿麂皮整理。

磨绒机磨绒的原理是通过高速运行的磨毛辊上的磨粒对织物产生磨削作用,使织物表面形成绒毛。磨粒的大小不规则且随机分布。

在磨绒过程中,比较凸出和锋利的磨粒首先将弯曲的纤维割断形成单纤维状态,再磨削成绒毛,掩盖织物表面的织纹,产生密集、细腻的绒面状态。在磨绒过程中带有摩擦和滑动作用,会产生大量的热,易引起合成纤维基布熔融,所以必须以冷却水对磨毛辊进行冷却。

磨毛机通常由进布、磨毛、刷毛和吸尘几部分组成,以砂磨辊或砂磨带为磨毛部分,其磨料的主要成分为碳化硅和金属氧化物如三氧化二铝、氧化铁等。磨料的几何形状是随机的,其大小以粒度表示,粒度越高则磨料越细。经磨绒的织物必须通过刷毛去除毛屑,同时梳理织物表面的毛向,改善外观和手感。为了提高磨绒效果,一般采用多辊式磨毛机,如图 2-4-1 所示。

磨绒工艺条件,如砂磨辊和织物的速度、磨粒的大小、织物的张力及与砂磨辊的接触面,以及织物的组织规格、纤维的类型等都会影响磨绒效果。

(1)砂磨辊和织物的速度:在磨绒时,砂磨辊的速度一般需超过织物的运行速度,两者速度差越大,形成的绒毛越短,密集性越好,手感也越柔软丰满,但强力损伤较大;速度差小,绒毛稀长,手感粗硬。必须按产品要求,调节砂磨辊和织物速度。

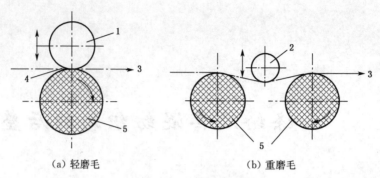

（a）轻磨毛   （b）重磨毛

图 2-4-1   磨毛机示意图

1—橡胶轧辊   2—调节辊   3—织物运行方向   4—可调节的砂磨切线   5—砂辊

（2）磨料的粒度：磨料的粒度越高，则形成的绒毛越短匀，手感也越柔软，且基布的强力损失较小。在仿麂皮整理中，通常应用的磨料粒度为 100#。

（3）砂磨辊与压辊间隙：磨绒时，织物与砂磨辊（或砂磨带）的接触程度对磨绒效果有较大的影响。一般以砂磨辊与压辊之间的间隙来调节。间隙小则磨绒效果好，手感柔软。但不宜过小，否则磨削作用太大，织物强力损失大。如为线接触时，以大于磨毛织物厚度 0.1～0.3 mm 为宜。

此外，磨绒时织物与砂磨辊（或砂磨带）接触的包覆角大小及磨绒次数也影响磨绒效果，必须根据织物性能和产品风格进行适当选择。

（一）桃皮绒整理

桃皮绒整理是指织物经过整理后，使其具有酷似桃子皮的外观和触感的加工方式。影响织物磨绒效果的主要因素除了砂纸的目数、磨辊转速以及磨辊与织物的接触面积外，还与磨数、磨辊转速与织物运行速度的平衡、织物的含潮率和磨绒后的处理及磨绒专用设备的选择因素有关。下面为常见两种桃皮绒织物的整理工艺。

1. 涤纶超细桃皮绒织物磨绒工艺

桃皮绒织物采用 SE-4 型磨毛机磨绒，砂纸为 280～500 目，前低后高。磨辊转速 800～1 000 r/min，第一、第四磨辊的旋转方向与织物方向相同，第二、第三磨辊的旋转方向与织物前进方向相反，车速控制在 10～15 m/min。其他压紧辊接触总弧长（包覆角）在 150～175 mm。0～3 刻度为空载，3～10 刻度为加载部分。每刻度代表 25 mm 弧长，根据不同品种，控制好织物张力和包覆角，一般织物张力控制在 4～5 N，包覆角为 4～8 刻度。使用新砂纸时，包覆角可小些。随着使用时间的延长，包覆角也逐渐加大，直至更换砂纸。磨绒后的定形温度为 170～180℃。若采用先磨后染工艺，则应加强水洗，以除去织屑、粉末、尘埃等。如需要可再增加砂洗工序，砂洗浴由膨化剂、膨化促进剂、增磨剂组成，砂洗剂 20 g/L，金刚砂 40 g/L，砂洗温度 80℃，时间 90 min。

2. 涤/棉复合超细织物磨绒工艺

（1）砂纸选择：采用 100～150 目砂纸磨第一道，然后再用 400～500 目细砂纸磨第二道。

（2）磨辊的选择：兼顾考虑织物的柔软性和织物的强力，一般选择三辊磨毛，如为多辊磨毛机则两辊之间最好空一个辊，以防止纤维过热熔融而影响磨绒质量。布速控制在 12～18 m/min，织物张力可根据用户要求和实践经验进行控制，若采用新砂纸，张力可小些，然后逐渐加大直至更换砂纸。一般生产 5 000 m 布应更换一次砂纸。

（二）仿麂皮整理

仿麂皮整理是指织物通过磨毛，使其具有类似麂皮的外观和手感的加工方式。仿麂皮绒是以细且合成纤维制成的机织物或针织物的磨毛产品，手感柔软、丰满，穿着舒适并具有绒面织物的风格。

1. 仿麂皮整理的一般工艺

（1）涤纶超细织物仿麂皮整理工艺流程：基布准备→松弛→（碱减量）→起绒→预定形→染色→干燥→树脂整理→磨毛→拉幅→焙烘（兼热定形）→成品

仿麂皮绒的基本结构为缎纹（纬纱浮在 2～3 根经纱上面），松弛处理可促进复合纤维的分离，使基布收缩率达 5%～15%。其工艺为：在沸水中将织物浸渍 30 min，然后在无张力下烘干。

织物在钢丝起绒机上起绒，速度 30 m/min，形成短、密、匀的起绒效果。织物经 170℃、30 s 的预定形，以确保织物平整。

（2）染色后进行树脂处理：采用聚氨基甲酸酯（PU）进行处理，若采用溶剂型聚氨基甲酸酯时，则将它溶于二甲基甲酰胺（DMF）中，制成溶液。织物经此溶液浸轧［用量为 4%（o. w. f.），轧液率 70%］，溶液渗入织物微孔中，可提高织物的弹性，然后通过水浴，使 DMF 分离，并通过回收装置回收 DMF。聚氨基甲酸酯沉积凝聚于纤维上，然后再进行烘干、磨毛、焙烘。在焙烘前最好再增加一道揉绸工序，以免树脂在织物中凝结而影响手感。

常见的仿麂皮整理中树脂处理的工艺配方为（o. w. f.）：

Elastoron F-29	30%
Elastoron C-52	20%
Elastoron E-200	0.5%
催化剂 32	1.5%
碳酸氢钠	0.1%

工艺流程：浸轧聚氨酯树脂（轧液率 80%）→预烘（120℃，3 min）→焙烘（150℃，1 min）→磨绒→皂煮→烘燥

磨毛是仿麂皮绒的关键工序，根据织物的最终用途，选择不同目数的砂纸（40～600 目），磨辊旋转方向可顺转也可逆转，既能使毛绒伏下，又能以对立状态起绒，这样可提高磨绒效果。

2. 影响仿麂皮整理织物风格的主要因素分析

（1）纤维直径：仿麂皮整理已进入超细纤维时代，超细纤维具有优于普通纤维的特性，如织物手感特别柔软、具有很好的悬垂性、纤维表面摩擦系数小、绒面感强、透气透湿性能好，因此仿麂皮整理一般均采用超细纤维作为基材，纤维线密度宜选用 0.11～0.22 dtex 范围内。

（2）基布组织结构：人造麂皮织物基布的组织结构有无纺布、机织布、针织布和非织造布与机织布的复合布四类。织物的组织结构对仿麂皮效果有很大的影响。非织造布的结构与麂皮相似，特点是成本低，结构较为疏松，因而整理后织物的手感较机织物柔软，起绒性也好，但强度不如机织布；机织布虽然能保证强度，但由于结构紧密，使织物手感变硬，起绒性也不如非织造布；针织布的伸长、弹性和起绒性均较好，但尺寸稳定性差，加工难度大；非织造布与机织布的复合布既有内部粗纤维作骨架，以确保强度，又有外层的非织造布结构，提供较为柔软的手感，该基布在国内虽然已经存在，但仅限于作过滤材料用，在仿麂皮整理方面用得还不多。

根据以上分析,从基布的组织结构上看,应根据仿麂皮织物的不同用途,选用合适的基布。相对来说,非织造布与机织布的复合布作基布较为理想。

(3)树脂整理剂类型:为了提高仿麂皮织物的弹性,必须进行树脂整理,这是影响产品质量的重要环节。目前,应用于仿麂皮整理的树脂大多采用聚氨酯。聚氨酯在性能上具有独特之处,它能得到柔软、富有弹性而强韧的薄膜,不但透气透湿性能好,而且耐磨、耐低温。

(4)树脂整理剂用量:树脂整理剂的用量影响着织物的仿麂皮效果。同一种组织结构的织物,用同一种聚氨酯树脂整理,随树脂用量的增多,仿麂皮织物皮质感增加,弹性增大,但用量过多,手感便会发硬。因而,应根据聚氨酯树脂的软硬,选择合适的用量,如聚氨酯树脂属软型,用量可大些;若树脂稍硬,则用量大了会造成手感发硬。

二、涤纶织物的舒适性整理

利用化学方法对纤维进行改性,从而赋予织物柔软、亲水、防污和抗静电性能的整理叫做舒适性整理。由于合纤织物强度高、手感硬、亲水性差,并具有静电积累现象而产生静电,因此对合纤织物要进行柔软整理、亲水整理、抗静电整理和防污整理等,以改善织物的穿着舒适性。本节主要讨论亲水整理,抗静电整理,柔软整理及防污整理。

(一)亲水整理

用亲水性整理剂对织物进行整理,是目前应用最广泛的方法。实践证明,可有效地用作亲水性整理的化合物有:聚酯聚醚树脂、丙烯酸系树脂、亲水性乙烯化合物、聚亚烷基氧化物、纤维系物质和高分子电解质等。对涤纶有相当耐久的高度亲和性的亲水整理剂 Permalose TM,就属于聚酯聚醚树脂系。

工艺流程(浸轧工艺):

浸轧工作液(轧液率 60%)→烘干(110~120℃)→焙烘(150~170℃,40~60 s)。

深色织物可用 130℃焙烘,但耐洗性略差。

工艺处方:

Permalose TM	50~60 g/L
醋酸	1~2 g/L

(二)抗静电整理

目前比较普遍采用的抗静电方法与亲水性整理类似,是将亲水性的物质(抗静电剂)施加在纤维表面,以提高织物的亲水性,赋予织物吸湿性,使其导电性增加,从而防止带电。对采用的抗静电剂必须要与其他加工助剂具有良好的相容性,不影响色牢度和色光,不伤害皮肤,没有刺激性的臭味,且应用方便。

抗静电剂一般选用阴离子表面活性剂、阳离子表面活性剂和非离子表面活性剂。阴离子表面活性剂包括烷基磺酸盐、烷基酚磷酸酯盐,其中烷基磺酸盐的抗静电效果良好,能赋予涤纶织物优良的抗静电性能。阳离子表面活性剂包括脂肪胺无机酸盐和有机酸盐、脂肪胺的环氧乙烷加成物和季铵盐、咪唑啉衍生物等,它们不仅能赋予织物良好的抗静电性能,而且对降低色牢度的影响较小。非离子表面活性剂包括聚乙二醇、烷基酚的环氧乙烷加成物、高级脂肪酸酰胺的环氧乙烷加成物等。其中抗静电剂 XFZ-1 和 Permalose T 等都是由聚对苯二甲酸乙二酯和聚乙二醇缩聚而成的缩聚物(与 Permalose TM 有类似的分子结构),与涤纶的化学结构相似,因而对涤纶有较好的吸附性,有较高的牢度和耐洗性,能在涤纶织物表面形成亲水性薄膜,增加了纤维的吸湿性,降低了纤维表面的电阻,故可收到良好的抗静电效果。

抗静电剂 331 或 Permalose TG 整理的工艺流程及条件:

二浸二轧[抗静电剂 331 4%或 Permalose TG 4%,$MgCl_2 \cdot 6H_2O$ 2%(对整理剂重)]→预烘(120℃)→焙烘(180℃,30 s)

(三) 柔软整理

柔软剂整理是应用最广泛的方法。常用涤纶柔软剂有:反应性有机硅柔软剂 CGF、氨基改性有机硅、阳离子型柔软剂、非离子型柔软剂 Bicron33N、阳离子和非离子混合型柔软剂 DH 等。氨基改性有机硅具有超柔软的性能。

柔软整理实例:

工艺流程:一浸一轧→预烘(100℃,5 min)→热定形(180~190℃,30 s)→成品。

浸轧液处方:柔软剂 CGF2 g/L,氨基硅酮弹性体 STU-2 2 g/L,氯化镁 5 g/L,渗透剂 0.5 g/L。

涤纶织物经上述柔软加工后,织物手感丰厚滑糯,具有一定抗静电性和易去污性,且有弹性。

用 SM-18 20 g/L、TF-421 20 g/L 处理,手感滑、软且丰满。柔软剂处理可进行调整,能获得各种不同的风格。

(四) 易去污整理

纺织品在使用过程中会逐渐沾污。理想的衣着用纺织品一旦沾污后,在正常的洗涤条件下污垢应容易洗净,同时织物不会吸附洗涤液中的污物而变灰(即从织物上洗下来的污垢,通过洗涤液转移到织物的其他部位,这种现象称为湿再沾污,在重复洗涤中湿再沾污有累积作用),使纺织品具有这种性能的整理称为易去污整理。涤纶是疏水性纤维,涤纶及其混纺织物易于沾污,沾污后难以洗净,同时在洗涤过程中易于再沾污。

当聚酯纤维经亲水性易去污整理剂整理后,其亲水性能得到提高,经整理后的纤维浸入水中时,它在水中的界面张力可降至 4.3~9.9 mN/m,这一数值大大低于油污的表面张力 30 mN/m 左右,这样油污易于去除,而且不易发生湿再沾污。

1. 嵌段共聚醚酯型易去污剂和整理工艺

嵌段共聚醚酯型易去污剂(简称聚醚酯)是涤纶最早的一种耐久性易去污剂,其商品名称为 Permalose T,由英国 ICI 公司生产,它能使涤纶及其混纺织物具有优良的易去污、抗湿再沾污和抗静电性能。聚醚酯类易去污剂和涤纶有相似的结构,在整理时的热处理过程中,和涤纶形成共结晶或共溶物,耐洗性好。

聚醚酯由对苯二甲酸乙二醇酯和聚氧乙烯缩聚而成,其结构通式如下式所示:

$$HO \leftsquigarrow CO - \langle\!\!\!\bigcirc\!\!\!\rangle - COO \leftsquigarrow CH_2CH_2O \rightsquigarrow_n CH_2CH_2O \rightsquigarrow_m H$$

聚醚酯有易去污性能是由于嵌段共聚物均匀地分布在疏水性涤纶的表面,聚氧乙烯基中的氧原子能与水分子形成氢键,使涤纶亲水化所致。

聚醚酯易去污剂的应用工艺主要为乳液浸轧法,对涤棉混纺织物增重在 1%~3%。

工艺流程:浸轧(轧液率 70%)→烘干(120~130℃)→热处理(190℃,30 s)→平洗→烘干。

浸轧液组成:

Permalose TG	60 g
水	x
总量	1 000 g

若与树脂 DMDHEU、PU 等混用,以氯化镁为催化剂,可获得耐久压烫与易去污两种功能。

2. 聚丙烯酸型易去污剂和整理工艺

聚丙烯酸型易去污剂一般系共聚乳液,具有良好的低温成膜性能,改变共聚物的组成能调节膜的硬度,对纤维有良好的黏附性。

这类易去污共聚物是由具有亲水基团的乙烯基单体(如丙烯酸、甲基丙烯酸等)和具有疏水基团的乙烯基单体(如丙烯酸乙酯等)组成。在聚丙烯酸型易去污剂中加入带有反应性基团的乙烯基单体,如加入 1‰～5‰的 N-羟甲基丙烯酰胺,能提高易去污整理效果的耐久性。

聚丙烯酸型易去污剂的易去污整理工艺如下:

(1)易去污整理:二浸二轧→烘干(拉幅)→焙烘(155～165℃,3～5 min)→平洗→烘干→机械柔软处理。

浸轧液组成:

聚丙烯酸型易去污剂	3‰～5‰
防凝胶剂	适量

(2)易去污/耐久压烫整理:二浸二轧→烘干(拉幅)→焙烘(155～165℃,3～5 min)→平洗→烘干→机械柔软处理。

浸轧液组成:

聚丙烯酸型易去污剂	3‰～5‰
DMDHEU	4‰～5‰
柔软剂	2‰
催化剂(氯化镁)	35‰(对 DMDHEU 计)

三、涤纶织物的功能性整理

(一)涤纶织物的阻燃整理

涤纶缺乏反应性基团,只能用吸附固着或热溶固着的方法进行阻燃整理。涤纶织物常用的阻燃剂有膦系和溴系两大类。

1. 膦系阻燃剂及其整理工艺

膦系阻燃剂较为著名的是环膦酸酯,由膦酸酯和双环亚膦酸酯反应而成,其代表性结构通式如下:

$$(CH_3O)_n-\overset{\overset{O}{\|}}{\underset{\underset{CH_3}{|}}{P}}-(OCH_2\overset{\overset{C_2H_5}{|}}{\underset{\underset{CH_2O}{|}}{C}}\overset{CH_2O}{\underset{CH_2O}{}}\overset{\overset{O}{\|}}{P}-CH_3)_{2-n} \qquad n=0,1$$

国外产品如美国 Mobil 公司的 Antiblaze 19T、日本明成化学公司的 K-194 等,国内同类产品有阻燃剂 FRC-1。

工艺流程：二浸二轧(轧余率 70%)→烘干→焙烘(175～200℃,30 s～1 min)→水洗→烘干。

浸轧液组成(g/L)：	处方Ⅰ	处方Ⅱ
阻燃剂 FRC-1	100～150	100～150
磷酸氢二钠	7～10	7～10
三聚氰胺醚化树脂	—	60～100
氯化铵	—	4～5
柔软剂	20	20
渗透剂 JFC	1～2	1～2
浸轧液调节至 pH 值	6.5	

2. 溴系阻燃剂及其整理工艺

溴系阻燃剂是涤纶织物阻燃整理中应用的最主要的品种,目前应用最多的是六溴环十二烷和十溴二苯醚。六溴环十二烷可采用轧烘焙工艺或高温高压(与分散染料同浴)工艺,这类阻燃剂如 Phoscon FR-100。十溴二苯醚需借助聚丙烯酸酯类黏合剂使它附着于织物上,这类阻燃剂如 CalibanF/RP-53 等。本节介绍六溴环十二烷的阻燃整理工艺。

(1) 轧烘焙阻燃整理工艺

工艺流程：二浸二轧(轧液率 60%)→烘干→焙烘(150～200℃, 1～2 min)→皂洗(洗涤剂 1 g/L,纯碱 2 g/L,55～60℃)→温水洗→水洗→烘干。

处方：六溴环十二烷分散液(20%)　　　　25～30 g
　　　水配成　　　　　　　　　　　　　100 g

(2) 高温高压阻燃整理工艺

工艺流程：与高温高压染色法相同,可同浴进行。

处方：六溴环十二烷分散液(20%)　　　　15%(对织物重)

(二) 拒水、拒油整理

涤纶织物的拒水、拒油整理与其他织物相似,目前主要有有机硅拒水(防水)整理及有机氟拒水和拒油整理两种。

有机硅一般是线型的聚硅氧烷类结构,如防水剂 YS-501-E(或 Perlit VK)为含环氧乙烷活性基的有机硅树脂；防水剂 YS-501(或 Perlit si-sw)是不含金属盐的水溶性聚氢甲基硅氧烷,它们均属阳离子型。Perlit SE 是加有环氧树脂和有机金属化合物的阴离子乳液,与 Perlit si-sw 配套使用作防水剂。而 Phobotone WS 为聚硅氧烷的非离子乳液,与 Phobotone 催化剂 EZ 或 BC 配套使用。

在涤纶表面,这些聚硅氧烷(聚甲基氢硅氧烷和聚二甲基硅氧烷)形成薄膜,有机硅中氧原子与纤维通过表面吸引,从而分子的疏水基 CH_3 指向空气,这样形成的定向排列疏水层使纤维表面的张力降低,赋予涤纶一定的拒水拒油性,而且手感柔软。但单用聚甲基氢硅氧烷手感粗糙。

1. 工艺实例一

(1) 防水剂 YS-501-E 整理工艺(Perlit VK)

工艺流程：浸轧(20～30℃,轧液率 65%～70%)→烘干(100℃, 3 min)→焙烘(170～180℃, 30～60 s)。

Perlit VK	15～30 g/L(或 YS-501-E)
Perlit si-sw	30～50 g/L(或 YS-501-305)
NH₄Ac	2～3 g/L
HAc 调 pH 值 4.5～5	0.5～1 mL/L

（2）防水剂 H(Phobotone WS)整理工艺

工艺流程：浸轧（20～35℃，轧液率 65%～70%）→烘干（110℃）→焙烘（180℃，30 s 或 155℃，4～5 min）。

Phobotone WS	25 g/L
Phobotone BC	2 mL/L
60%HAc	调 pH 值 4～5

或：

防水剂 H	40 g/L
促媒剂 SA	20～25 g/L
60%HAc	调 pH 值 5～6

若需耐久性柔软防水，则可加 FS60～70 g/L。

有机硅拒水性好，但拒油性较差。有机氟聚合物的拒水拒油性均比有机硅好，尤其是拒油性更好。

有机氟的防水防油加工工艺流程和在纤维表面形成的薄膜与有机硅相似。有机氟在涤纶表面产生的拒水拒油效果与纤维素纤维是有差异的，例如增加交联剂能提高防水防油的耐久性。但在涤纶上，交联剂只是促进防水剂聚合物之间的结合，从而提高皮膜的强度，而难以像纤维素一样，还存在着促进聚合物与纤维的结合。因此，有机氟拒水拒油整理时，涤纶所加的交联剂与纤维素纤维不同，一般用三聚氰胺树脂。但有机氟聚合物不能赋予织物柔软性，故还须加入柔软剂。

目前常用的有机氟聚合物防水防油剂主要有：旭硝子的 Asahi-gard、3MR Scotchgard，杜邦的 Teflon，Hoechst 的 Nuva 和大金工业的 Unidyne。

2. 工艺实例二

（1）大金 TG-410H 整理工艺

工艺流程：浸轧（轧液率 60%～75%）→烘干（100℃，2 min）→焙烘（150～190℃，0.5～3 min）。

TG-410H	20～30 g/L
三聚氰胺	6 g/L
MgCl₂·6H₂O	0.1 g/L
异丙醇	30 g/L
pH 值	6

（2）日华 NK-Guard FG-280 整理工艺

FG-280	30～50 g/L
2D 树脂	20 g/L
NH₄Cl	1 g/L
pH 值	6 左右

焙烘条件:190℃,30 s。

(3) 大金 TC-527A 整理工艺

TG-527A	20~50 g/L
三聚氰胺树脂	3 g/L
催化剂	1 g/L

工艺条件:烘燥 80~100℃,1~2 min,焙烘 150~160℃,0.5~1 min。

第二节　涤纶混纺织物的后整理

一、涤/棉混纺织物的后整理

涤/棉织物的常规整理和纯棉织物一样,在印染后必须进行拉幅整纬,将织物的幅宽拉到标准尺寸,并纠正织物幅宽的宽窄不匀和纬纱歪斜等现象。

涤/棉织物在化学整理方面有抗皱树脂整理,拒水、柔软、硬挺、易去污、阻燃整理等等。这些整理可进一步提高其服用性能,满足消费者的需要。

(一) 机械整理

织物的机械整理除拉幅、预缩以外,还有褶裥处理、轧花处理及微拉幅、轧光、电光处理等。

1. 褶裥处理

涤/棉织物的褶裥处理是利用涤纶的热塑性能,在有规律性的机械成褶状态下用高温加以定形,成为永久性褶裥。褶裥处理适合涤纶比例较高的涤/棉织物加工,为了保持褶裥处理的耐久性和在棉纤维比例较多的涤/棉织物上进行褶裥处理,必须预先进行树脂处理,这样能使棉纤维在交联的热固性树脂作用下也具有一定的褶裥永久性。处理用的树脂可以选用二羟甲基二羟基乙烯脲类。

树脂褶裥处理工艺为:浸轧树脂液(二浸二轧)→预烘(90~100℃)→拉幅烘干→褶裥处理。处理后一般不经水洗,因此要注意织物上的游离甲醛问题。褶裥处理的设备为永久褶裥机,常用的有条形、伞形等。条形褶裥机生产直条褶裥,伞形褶裥机生产上小下大辐射状的伞形褶裥,这种褶裥更适合缝制裙子。

2. 轧花及电光处理

涤/棉织物的轧花及耐久性电光处理的原理和褶裥处理相似,只是用电光机代替褶裥机,轧花处理和永久电光处理的差别是用刻有花纹的钢辊代替普通电光钢辊。适合这种处理的涤/棉织物中的涤纶比例宜大,如混棉比例较高和需要提高处理的耐久性,也可以在处理前先采用浸轧树脂液以协同作用。

3. 微拉幅处理

微拉幅是使纬向纱线均匀逐步微量拉伸,目的是使纬向纱线的应力与应变分配进一步平均。织物经过树脂整理,强力有损伤,为了使强力损伤降到最低程度,应设法使织物中纱线的应力与应变有一个更均匀的分配,这样经过树脂整理后,在整幅织物及整个长度上,每根纱线都平均承担部分的应力与应变,微拉幅的处理就是起着这样的作用。

微拉幅系美国圣佛拉兹(Sanforized)公司设计的一种生产工艺,其设备主要是由一对凹凸相吻合的尼龙轧辊组成,节距为 25.4 mm(1 英寸),轧辊两端有橡胶填垫把布边夹住,织在两辊之间凹凸槽内被均匀地拉伸。拉幅时织物含潮率在 50% 左右。织物门幅可拉宽 5%～10%，车速可达 150 m/min。

(二) 化学整理

涤/棉混纺织物的化学整理除抗皱树脂整理、易去污与拒污整理外，还有上浆、硬挺、柔软、拒水、阻燃、接枝变性等方面的处理。

涤/棉织物的上浆处理是将硬挺剂、柔软剂和其他添加剂混合在一起使用，使织物的手感、风格得到改善。常用的硬挺剂有聚丙烯酰胺、聚乙烯醇、白糊精等，柔软剂有柔软剂 VS、丝光膏等。

上浆液举例(L)：

丝光膏(10%)	0～15
柔软剂 VS(1%)	10～15
聚乙烯醇	2～5
加水至	1 000

涤/棉混纺织物的硬挺整理主要用于领衬布之类特殊用途的织物。

硬挺整理举例：

［例 1］　36.4 tex×36.4 tex(16 英支×16 英支)涤/棉(65/35)平布，密度：19.4 根/cm×21.3 根/cm(49.4 根/英寸×54 根/英寸)。

工艺流程：浸轧树脂液(二浸二轧，轧余率 70%)→预烘(80～90℃，5 min)→焙烘(155℃，4～5 min)→水洗→烘干→卷轴。

树脂工作液组成(%)：

六羟甲基三聚氰胺树脂(42%)	4.4
磷酸氢二铵	1.4
丙烯酸酯共聚体	4
加水至	100

［例 2］　44.9 tex×44.9 tex(13 英支×13 英支)涤/棉(65/35)平布。

工艺流程：浸轧树脂液(二浸二轧)→拉幅烘干(100℃)→焙烘(150℃，2～3 min)→氨水稀液(pH 值 7～8)洗涤→水洗→浸轧柔软剂液(二浸二轧)→拉幅→卷轴。

树脂工作液组成(%)：

六羟甲基三聚氰胺树脂(50%)	30
聚乙烯醇	2
淀粉	2
氯化镁($MgCl_2 \cdot 6H_2O$)	2
渗透剂 JFC	0.1
加水至	100

柔软剂液组成：柔软剂 101(乳化石蜡制剂)20 g/L，或有机硅柔软剂 10～30 g/L。

硬挺整理中的硬挺度，在无其他硬挺剂(如聚乙烯醇等)加入情况下，主要取决于基础树脂(六羟甲基三聚氰胺)的用量。六羟甲基三聚氰胺树脂中游离甲醛过多，有碍穿着，因此宜用尿素等作为去醛剂，再在 60～70℃于负压条件下抽取，控制树脂中游离甲醛在 1%～2% 左右。

近年来又流行一种所谓"封压领"，就是将热塑性树脂制成易熔珠，成点状涂在织物上制成易熔衬布,缝制衣领时,将此领衬布在缝料中间,加热加压,此时热塑性树脂熔化,将面料和领衬布黏成一体。

(三) 防起球整理

涤/棉织物的起球原因是由于涤纶的高强度所致。纯棉织物中棉纤维的强度不高,在可能起球以前就磨掉了,所以不存在这种现象。

涤/棉织物如果只通过整理很难获得满意的防起球效果。实践证明,凡织物中纱线粗的、捻度高的、密度大的以及多股线织物的起球现象明显比纱线细的、捻度低的、密度小的和单纱的织物要少。此外烧毛也是一个关键性的加工工序,残留的纤毛越长,起球也越严重。

防起球整理可以采用热固性树脂,如丙烯类乳液,以铵盐为催化剂并添加少量的氰醛树脂及有机硅油处理。此外也可用抗静电/易去污剂整理,如对苯二酸乙二酯类也有助于防止起球。它的作用是消除织物上的静电,减少灰尘杂质的附着,而这些杂物往往会成为缠结小球的核心。另一方面,静电消除后纱线中纤维可以较牢地相互黏结,大大减少了纤维的外移,因而能加强防起球效果。

也有人提出将涤纶经过稀烧碱液处理,使突出表面的纤维适度脆化而比较容易折断,从而避免这些纤维受到摩擦而纠结成球,同时也会因为与织物连结的这些纤维容易折断,小球也很容易脱落,结果就可避免发生起球现象。通过实验证明,涤/棉织物经过 2 g/L 烧碱液在 60℃ 处理 30 min,防起球性可以提高一级,而对耐磨性能无影响。而且这种处理可以和精练等工序结合在一起,不需要增加工序。但这种处理必须在定形以前,否则防起球效果将大大降低。在烧碱液中加入少量季铵盐化合物,例如以 0.3 g/L 用量可以加速对纤维脆化,能够提高防起球性。但要注意耐磨性的下降,务必要使两者达到一个平衡。这种处理适合于 2.8 dtex(2.5 旦)的涤纶织物,而对旦数较低的涤/棉混纺织物则效果不大。

根据实践,转移印花对防起球有良好的作用。其原因是织物受到热力与压力作用,纱线内部的纤维可以暂时被固定而不容易转移。另一方面,转移印花加工避免了印花洗涤烘干,从而减少了织物起毛程度。此外,丝光后的织物也有类似作用。

(四) 抗皱树脂整理

抗皱树脂整理是指涤/棉混纺织物通过某些热固性树脂整理后,能够增加织物尺寸稳定性和具有较好的抗皱性能的一种生产工艺。一般简称树脂整理。

对于涤/棉混纺织物来说,涤纶部分本来就具有较好的抗皱性能,因此抗皱整理只是对涤纶组分较少的品种,才具有其价值。

抗皱树脂整理的方法很多,主要有干态交联法、含湿交联法、湿态交联法、分步交联法四类。目前常用的为干态交联法,后三种交联法主要目的是改善干态交联法的断裂强度、撕破强度、耐磨强度等下降现象,但由于工艺繁复,控制困难,反应时间过长,不利于连续生产,因此需要改进。干态交联是在高温条件、棉纤维不膨胀化状态下,在酸性催化剂中进行的。经干态交联法整理后的织物干抗皱性比湿抗皱性好。如再接着进行湿态树脂整理,即在膨润状态下交联固定,平洗烘干后仍能回复到原来状态,则干湿抗皱性均佳。所以涤/棉织物只需经干态交联整理后,已具有较好的尺寸稳定性,"洗可穿"程度较高。但是随着干抗皱性的增高,织物的耐磨强度和断裂强度会相应地下降。

1. 涤/棉(65/35)织物的干态交联整理法

抗皱整理级:PP。

工作浴(按溶液重量)：

DMDHEU	8%
氯化镁	0.8%
柔软剂 VS	2%
渗透剂 JFC	0.3%

整理工艺：

前焙烘法：浸轧工作浴→预烘→烘干(温度不超过 125℃)→焙烘(150~160℃，4~5 min)→皂洗→烘干→冷却打包→成衣→压烫(170℃，60~90 s)→成品。

后焙烘法：浸轧工作浴→预烘→烘干(温度不超过 125℃)→冷却打卷→成衣→压烫(18℃，25 s)→焙烘(160~170℃，6~8 min)→成品。

2. 抗皱树脂整理设备

即树脂整理联合机，它由浸轧、预烘、热风拉幅、焙烘、水洗、烘干、热风拉幅几个部分组成。

为了使树脂均匀分布在纤维内，要求浸轧匀透，一般采用二浸二轧方式。轧车有很多形式。其中如双斜轧式，第一道轧车压力较低，主要是轧去织物中的空气，并初步浸轧工作液；第二道轧车再一次浸渍后，轧去织物表面工作液，但压力也不宜过大，否则影响织物的手感。

为了使成品幅度在加工过程中达到要求，织物浸轧预烘后，可通过热风拉幅机进行烘燥和拉宽。其中以针板超喂热风拉幅机为好，可以降低机械张力，有利于织物预缩。

焙烘设备有悬拉式、导辊式、卷绕式等多种，其中以导辊式容布量大，焙烘时织物受热均匀，操作方便，因此使用较多。焙烘时温度要求均匀一致，上下左右的温度差不应超过 5℃。焙烘设备要有良好的排气条件，可以放出树脂缩聚过程中释出的甲醛和水，但又不能影响温度。焙烘后要有冷却装置，并配备分段落布装置。织物可以打卷或在布车中堆放。

(五) 易去污和拒污整理

对涤/棉织物来说，抗静电整理与易去污整理在某种程度上是一回事。防沾污总的手段是增加纤维的亲水性，降低静电的产生，从而减少对油污的吸附，以及沾污后易于洗去和洗涤时不再沾污。

1. 丙烯酸型易去污整理

丙烯酸酯共聚物是亲水性物质，包覆在涤纶上能提高纤维的亲水性。而且由于丙烯酸酯共聚物在碱性洗液中呈阴离子性，油污粒子在洗液中也同样呈阴电荷，所以覆盖在纤维上的丙烯酸酯共聚物，能将油污排斥而脱离织物。另一方面，丙烯酸酯共聚物为高分子电解质，在洗液中有剧烈的膨胀作用，停留在织物表面、纱线间隙中的油污也可以由此排挤到洗液中去。

整理实例：

工作液(%)：

丙烯酸型易去污乳液(20%)	20~25
渗透剂	0.5~1
水	79.5~74
总量	100

工艺(安排在抗皱树脂整理后)：二浸二轧(室温、轧余率 60%)→预烘(80℃)→拉幅→焙烘(160℃，3~5 min)→皂洗(60~65℃，皂液每升含皂粉 2~4 g，纯碱 2 g)→热水洗(60~

65℃)→冷水→烘干。

易去污整理也可以和抗皱树脂整理合并进行,操作时先将易去污剂乳液用氢氧化钠调节pH 值为 7,再与树脂、催化剂如氧化镁等混和,工作液配方为(%):

聚丙烯酸酯共聚物易去污整理剂(20%)	17.50
DMDHEU(40%)	17.50
氟化镁	1.40
渗透剂 JFC	0.50
水	63.1
总量	100

工艺同上。

整理后的织物有较好的易去污性,但不耐多次水洗。

国外有一种所谓 SAC 工艺,即所谓涤纶表面活化工艺(Surface Activation Corperation),这种工艺是将涤纶在氩气中通电荷,使气态丙烯酸单体与涤纶表面化学接枝共聚,从而使涤纶表面有较永久的吸湿性(Wettablity)及易去污性,又具有不沾污性。

随着高能物理科学的发展,利用同位素或电子加速器射线辐射,引发丙烯酸系化合物与涤纶发生接枝共聚反应,改变涤纶的表面性质,也可起到易去污性与抗静电性作用。

2. 有机氟拒油污整理

根据测定,油性污垢的临界表面张力在 $30×10^{-5}N/cm$ 左右,含氟聚合物如聚四氟乙烯的临界表面张力为 $18×10^{-5}N/cm$,聚三氟乙烯为 $22×10^{-5}N/cm$,所以用这类有机氟聚合物处理涤/棉织物可以降低表面张力,从而达到拒油性污垢作用。目前主要应用含有全氟基团的化合物,其中全氟基团越大,防油污性能越好。目前应用品种有:聚全氟丙烯酸酯乳液,一般浓度为 30%;全氟羧酸铬络合物,本品带有绿色,不能用于漂白织物,商品规格:一为 28%~30% 乙醇溶液,二为丙酮/水乳液。整理时浸轧液浓度为 2%。

聚全氟丙烯酸酯拒油污整理工艺:浸轧(织物上沉积全氟化合物量 0.5%~1%)→烘干→焙烘(120~150℃,5~10 min)。

用本品整理后的涤/棉织物,其中棉纤维吸水膨化后能将全氟化合物生成的薄膜挤破,会破坏织物的拒油污性能。因此该原理应和耐久性好的防水剂结合应用,可改善这种现象。

用聚全氟丙烯酸酯整理织物的缺点是,织物一旦被沾污,油污就难以脱除。解决办法是用含有全氟基链段与亲水性聚合物的嵌段共聚物整理织物,可以使织物具有拒油性及易去污性。

(六) 阻燃整理

涤/棉混纺织物燃烧时,由于棉纤维的炭化对涤纶的熔融物起了骨架作用,使得可燃性大大增加。涤/棉混纺织物的极限氧指数比棉和涤纶都低,燃烧时生成的可燃性气体量和燃烧热均比棉和涤纶高,50/50 混纺比的涤棉织物的燃烧热比涤纶高 13%,比棉高 63%。因此,涤/棉混纺织物的阻燃整理比涤纶和棉的纯织物具有更高的难度。

涤/棉混纺织物的阻燃整理,可按两种纤维选择各自合适的阻燃剂和阻燃工艺,分别对其进行阻燃整理,这种工艺可以达到较好的阻燃效果。但这种工艺工艺复杂、成本很高,难以适应市场的需要。涤/棉混纺织物要达到预定的阻燃效果,也可以采用阻燃涤纶与棉混纺,不过这类织物仍需进行阻燃整理。这类混纺织物的阻燃整理比较方便,按棉织物的阻燃整理工艺即可。

目前,涤纶比例大于 50％的涤/棉混纺织物,尚无成本适中、各项物理性能均优良的阻燃整理工艺。65/35 混纺比的涤/棉混纺织物,阻燃整理的手感尚待进一步研究和改进。若涤棉混纺织物中涤纶含量在 15％以下,用纯棉织物的阻燃整理工艺基本能满足阻燃要求。

涤/棉混纺织物目前主要采用溴系和 THPC(四羟甲基氯化膦)—氨预缩合物两种阻燃剂。

二、涤/黏混纺织物的后整理

中长纤维织物的后整理主要是指织物经过松弛前处理和染色(印花)后有了较大的收缩、纤维得到充分膨化、具有一定程度的毛型织物效果后再进行的后加工,目的是获得"锦上添花"的效果。例如印染后的涤/黏中长纤维织物,虽然改善了吸湿性,但它的尺寸稳定性很差,需采用交联型树脂整理进行改善。目前采用的树脂主要为羟甲基型,虽然在弹性方面得到提高,但容易产生游离甲醛。

树脂整理工作液组成:

二羟甲基二羟基乙烯脲(40％)	150 g
结晶氯化镁	15 g
柠檬酸	1 g
柔软剂	20 g
非离子表面活性剂	1 g
加水至	1 000 g

工艺过程为二浸二轧,轧余率 60％,预烘温度 120℃,焙烘温度 180℃, 45 s。

除树脂整理外,为了改善手感可用柔软剂处理。柔软剂可用有机硅和聚乙烯类乳液。

为了消除中长纤维织物加工中的变形,除利用水、热以及加压等机械作用,使织物回复或提高外观品质及性能外,还必须进行机械整理。这些整理有预缩、蒸呢、磨毛、光电整纬和轧花等。其中蒸呢对提高中长纤维的仿毛感有很大的作用,可有效地增进弹性,是不可缺少的工序。另外,经磨毛的中长纤维织物,绒毛均匀浓密也是很有特殊风格的产品,即用快速旋转的全钢砂皮辊筒割断部分浮纱从而产生毛茸。

第三篇
蛋白质纤维织物的染整

　　蛋白质纤维常用的是毛和丝。毛纤维主要是羊毛,其次有驼毛、兔毛、牦牛毛、马海毛等;天然丝中分桑蚕丝和柞蚕丝;它们是天然蛋白质中纤型的一类。除此以外,更多的天然蛋白质属于球型,主要包括:大豆蛋白、酪素(牛奶蛋白)、花生蛋白、鸡蛋白、玉蜀黍蛋白等,它们通过一定的处理,可以从球型改变成纤型,制成人造蛋白质纤维。

第一章

羊毛织物的染整

　　毛织物、毛绒线和毛衫等都是毛纤维制品。所谓毛织物,除纯毛织物外,也包括动物毛与其他纤维混纺或交织的毛型织物。毛纺工业所用的动物毛主要以羊毛为主。羊毛织物手感柔软、质地坚牢、光泽柔和,并且拥有良好的弹性及保暖性。本章所述的毛织物主要指羊毛织物。

　　毛织物的染整加工工艺,由于各类毛织物的质量要求与产品风格不同而有相当大的差异,因而其工艺程序有所不同,按照产品的分类可分为精纺毛织物染整工艺流程和粗纺毛织物染整工艺流程。

　　精纺毛织物身骨紧密、纱支较高、富有弹性、呢面光洁、织纹清晰且具有自然光泽,这类毛织物适宜做春秋季和夏令服装。其染整工艺流程为:准备→烧毛→煮呢→洗呢→脱水→染色→烘干→中间检查→熟坯修补→刷毛→剪毛→刷毛→给湿→烫呢→蒸呢→电压→成品分等→卷呢→包装。

　　粗纺毛织物大多用于冬季服装,这类产品纱支较粗、成品厚重、质地较紧密、呢面丰满,织物表面有整齐的绒毛覆盖,保暖性强、光泽好。其染整工艺流程为:准备→洗呢→脱水→缩呢→复洗→脱水→染色→烘干→中间检查→熟坯修补→起毛→刷毛→剪毛→刷毛→烫呢→蒸呢→成品分等→卷呢→包装。

第一节　原毛的初步加工

　　原毛的初步加工包括原毛准备、洗毛、炭化和漂白。初步加工,加工后的羊毛纤维被称为洗净毛。

一、原毛准备

　　原毛准备的生产工艺过程为:选毛→开毛。

　　1. 选毛

　　羊毛的种类很多,根据来源不同分国产毛和进口毛。国产毛按羊种不同,又分为土种毛和改良毛。改良毛根据其细度再分为改良细毛和改良半细毛。土种毛的品质也有很大的差别,即使是同一只羊身上的毛,因部位不同,羊毛的品质也不同。为了合理地使用原料,工厂对进厂的原毛根据工业用毛分级标准和产品的需要,将羊毛的不同部位或散毛的不同品质,用人工分选成不同的品级,这一工序叫做选毛。其目的是合理地调配使用羊毛,尽可能降低原料的成本,做到优毛优用。

2. 开毛

经过分拣的羊毛大多为块状,纤维间缠结较紧,不利于洗毛和除杂。必须在洗毛之前,用开毛机对原毛进行开松和除杂,以提高洗毛效率和洗净毛的质量。

二、洗毛

1. 洗毛目的及原理

洗毛目的主要是为了除去原毛中的毛脂、羊汗和沙土、污垢等杂质。洗毛质量如果得不到保证,将直接影响梳毛、纺纱及织造工程的顺利进行。

羊汗的主要成分为无机盐,能溶于水。羊脂不溶于水,要靠乳化剂或者有机溶剂才能洗除,所以洗毛任务主要是洗除羊脂。

洗毛方法有乳化法、羊汗法、溶剂法以及冷冻法等,其中以乳化法应用最为普遍。

2. 乳化法

洗毛时选用适当的表面活性剂和助剂,使羊脂乳化,并借助机械作用使其除去。

(1) 洗毛用剂:洗毛用剂包括洗涤剂和助洗剂。洗涤剂主要包括肥皂和合成洗涤剂两类。

肥皂洗涤性良好,但易水解生成脂肪酸而降低其洗涤效果,且肥皂遇硬水会生成钙皂、镁皂沉淀。这类沉淀物质粘附在羊毛上,极不容易洗净,故肥皂洗毛必须加纯碱,但碱剂使用不当时,又易损伤羊毛,因此皂碱洗毛已逐渐被淘汰。

应用于洗毛的主要是合成洗涤剂,常用的有净洗剂 601、净洗剂 ABS、平平加 O 等,这些合成洗涤剂耐硬水,而且可在 pH 值较低甚至酸性条件下洗毛,对羊毛损伤小,洗毛效果好,因而应用比较广泛。在洗毛溶液中,除加洗涤剂外,还要加入一定量的助洗剂,用以提高洗涤剂的洗涤效果。常用的助洗剂有纯碱、元明粉和氯化钠等电解质。

(2) 洗毛温度:从洗毛效果来分析,温度越高,洗毛效果越好。因为温度高可以促进洗液对羊毛的润湿和渗透作用,减小羊脂与羊毛间的亲和力,并促进羊脂的皂化及乳化作用。但是温度高将会影响羊毛的弹性和强度,在碱性溶液中羊毛纤维更易受到损伤。因此洗毛温度的选择既要保证洗涤效果,同时又要尽量减小对羊毛的损伤。

羊毛纤维在 55℃开始递降分解,即羊毛的强力、弹性开始发生变化,所以洗毛的温度不宜超过 55℃。各洗槽温度的确定,要根据羊毛种类、羊脂的乳化性能、杂质含量及所使用洗涤剂的类别来进行综合考虑。

(3) 洗毛液的 pH 值:洗涤液的 pH 值对净洗效果和纤维受损伤的程度有很大的影响。pH 值越高,洗毛的净洗效果越好,但对羊毛纤维的损伤程度也越大。pH 值对洗毛质量的影响还与洗液温度密切相关,一般情况下,pH 值<8 时,对羊毛损伤程度很小;pH 值为 10、温度低于 50℃时,羊毛纤维将受到不同程度的损伤,所以洗涤过程中应注意控制洗液的 pH 值。

(4) 乳化法洗毛工艺分类

① 皂碱洗毛:即是用肥皂作洗涤剂、以纯碱作助洗剂的洗毛方法。洗毛时肥皂液润湿纤维表面并渗入纤维与羊脂之间,借助机械作用使羊脂及污物脱离纤维,转移到洗液中,形成稳定的乳化体,不再沾附在纤维上。纯碱的作用是维持洗液的 pH 值,抑制肥皂水解,提高净洗效果。

② 合成洗涤剂纯碱洗毛:此法又称轻碱洗毛。这种方法是以合成洗涤剂为净洗剂,以纯

碱为助剂的一种洗毛方法。纯碱不但可提高合成洗涤剂的净洗效果,而且还可以帮助皂化油脂,所以采用此法比较普遍。羊毛对碱比较敏感,所以在制定工艺时,需要严格控制工艺参数。

③ 铵碱洗毛:采用轻碱洗毛时,残留的碱在烘燥及贮存时,易使羊毛因氧化加速而受到损伤。工艺上可采用铵碱洗毛来克服这一点,就是两个加料槽中前一槽以纯碱为助剂,后一槽以硫酸铵代替纯碱作助洗剂。硫酸铵可与残留的碱中和,其用量应取决于第一加料槽的轧余率,通常情况下,硫酸铵与纯碱的用量比为 $1:3$。

④ 中性洗毛:中性洗毛就是以合成洗涤剂为洗净剂,以中性盐作助洗剂的洗毛方法。中性洗毛法的特点是对水质要求不高,对羊毛损伤小,洗净毛的白度、手感均较好,而且不易引起羊毛纤维的毡结,长期贮存不泛黄。

⑤ 酸性洗毛:在日光辐射强度大、气候变化幅度大、土壤含盐、碱较多的高原地带,所产羊毛的羊脂含量低,土杂含量高(新疆毛)。这类羊毛本身强度低,弹性较差,如用一般碱性洗毛法洗毛,易使净毛发黄毡并,颜色灰暗,洗涤过程中水质变硬,pH 值不易控制。所以在洗涤这类羊毛时,可选用合成洗涤剂烷基磺酸钠或烷基苯磺酸钠,在酸性溶液中洗毛,洗毛效果好,且不损伤羊毛。酸剂一般选用醋酸。

(5) 洗毛设备:洗毛设备有耙式洗毛机、喷射式洗毛机等多种型式。目前应用较多的为耙式洗毛机。

耙式洗毛机由 3~5 个洗毛槽组成,第一槽为浸渍槽,以清水润湿羊毛并洗除部分杂质。国产毛的含土量较大,所以可适当提高温度并加大流量。第二、第三槽为洗涤槽,利用洗涤剂洗除羊毛杂质。第四、第五槽为漂洗槽,以清水洗除羊毛中残留的洗涤剂。羊毛在耙式洗毛机中受到三个力的作用:①耙齿的拔动,②轧轴的挤压,③洗液流的冲击。通过这些作用,原毛中所含的砂土、羊汗、羊脂等杂质被去除。

耙式洗毛机属于"毛透过水"型,而喷射式洗毛机属于"水透过毛"型,就是洗毛过程中洗涤液喷射透过羊毛,从而减小羊毛的相对运动,避免毡并。这种方法洗毛时间短,洗毛喂入量较大,其缺点是对含砂土杂质较高的羊毛不太适合。

3. 羊汗洗毛法

羊汗的主要成分是碳酸钾等盐类,它可与羊脂的游离脂肪酸作用,生成脂肪酸钾,即软肥皂。所以洗毛时第一槽不加洗涤剂也能去除一部分羊脂。生产中可使用高速离心机分离羊汗与污物杂质,将净化后的羊汗再加以利用,不但可以提高洗毛质量,节约肥皂,而且羊毛损伤小,不易毡并。

净化回收的羊汗溶液的 pH 值在 5.5~8.5 之间,由于 pH 值较低,所以洗毛温度可相对提高。羊汗法洗毛,一般使用 4 只洗槽,前两只为羊汗溶液,第三只为皂碱洗液,最后一只为清水槽。

4. 溶剂法

溶剂法洗毛是将开松过的羊毛以己烷、四氯化碳等为溶剂,使羊脂溶解其中,然后进行有机溶剂的回收并分离出羊脂的方法。脱脂后的羊毛纤维用温水清洗,以去除羊汗及其他杂质,溶剂可以回收重复使用。

溶剂法洗毛的优点是洗毛质量好,纤维松散,羊毛不发生碱损伤,羊脂回收率高,用水量少且不必处理污水等等。其缺点是设备比较复杂,投资费用大,且所用的有机溶剂易燃烧。

5. 冷冻法

羊毛耐低温,而羊脂在低温下则易凝结,因此,工艺上可采用低温处理羊毛,将羊脂、羊汗等杂质冻结成脆性固体,在机械的作用下,使之与羊毛分离。实际应用中,一般以氨作冷冻剂,使羊毛在极低的温度下(-45~-35℃)处理,可去除 35%~60%羊毛中所含的羊脂。采用冷冻处理过的羊毛,还需经过轻度洗毛,才能达到质量要求。

三、炭化

1. 炭化目的及原理

羊只在放牧过程中,常常黏附一些草屑、草籽等植物性杂质,这些杂质有的与羊毛联系不紧密,有的与羊毛缠结在一起,经过选毛、开毛、洗毛工序,可以去掉一部分,但有的甚至经过梳毛也不能完全去掉。这些杂质的存在,不但影响纺纱工程,而且影响毛纱的质量,在染色中还易形成染色疵病,因此,必须经过炭化工序加以去除。

炭化就是利用羊毛纤维和植物杂质对无机酸有不同的稳定性,使植物性杂质在无机酸中炭化后受到破坏,达到除草的目的。植物性杂质的主要成分是纤维素,在高温时纤维素遇酸脱水炭化,炭化后的杂质焦脆易碎,再通过碾碎、除尘而除去,酸对羊毛纤维的损伤很小,只要控制好工艺条件,羊毛本身不会受到明显的损伤。

2. 炭化工艺

根据羊毛纤维制品的形态,羊毛的炭化可分为散毛炭化、毛条炭化和匹炭化三种。无论采用哪种方式,其工艺过程均为浸水→浸轧酸液→脱酸→焙烘→轧炭→中和水洗→烘干。

(1)散毛炭化:常用于粗梳毛纺,散毛炭化时,对羊毛的损伤较其他炭化方式大,并且相对来说成本较高,但散毛炭化去杂效果好,炭化时可加入羊毛保护剂,以减少对羊毛的损伤。一般在散毛炭化联合机上进行。各工序的作用和要求如下:

① 浸酸:一般用稀硫酸,用活水加浸润助剂如拉开粉、平平加 O 等,使羊毛吸水均匀。经轧水机去除多余水分后,再在浓度为 32~54.9 g/L(3~5°Bé) 酸液中室温浸酸约 4 min。酸液浓度视净毛品种和含杂量和酸液温度而不同。

② 轧酸:浸酸槽出来的羊毛经两对压辊轧去多余酸液。

③ 烘干和烘烤:是植物质炭化的主要阶段。在烘干过程中水分蒸发,硫酸浓缩在高温烘烤过程中使植物质炭化。为保护羊毛,先将羊毛在较低温度下预烘,一般为 65~80℃,再经 102~110℃高温烘烤。若将含酸的湿羊毛直接进行高温烘烤,则会造成羊毛角质的严重破坏,形成紫色毛,含水愈多破坏愈大。

④ 轧炭和除炭:使羊毛通过表面有沟槽的加压辊,粉碎已炭化的草杂质。各对压辊速度逐渐加快且上下压辊速度不同,所以羊毛和草杂质受到轧和搓的作用,使炭化的草杂质被粉碎并经螺旋除杂机排除。

⑤ 中和:先用清水洗后用碱中和羊毛上的残余硫酸。选用清水清洗,洗去羊毛上附着的硫酸,再用纯碱中和羊毛中的酸,然后用清水冲洗羊毛上的残碱。最后压去羊毛中水分并烘干,成为除去草杂质的炭化净毛。

(2)毛条炭化:常用于精梳毛条,其原理与散毛炭化相同,但设备有别。毛条炭化工序一般放在梳毛以后头道针梳和三道针梳之间,有时放在梳毛和头道针梳之间。毛条炭化具有较多优点,被炭化的毛条由于经过了梳理或针梳比较松散,大的杂质已在梳毛时去除,剩余的只是细小杂质,很容易被炭化去除,所以对羊毛的损伤性较小。毛条炭化可在毛条复洗机上进行,占地面积小,相对来讲比较经济。但毛条经过炭化加工后其纺纱能力下降。因此可采用较低的酸浓度或采用较高的酸浓度快速浸渍,对纤维损伤少,草杂炭化彻底。

(3) 匹炭化:工艺流程与散毛炭化相同,一般用于深色和较薄织物,用于含植物性杂质较少的原料。但匹炭化具有一定的局限性,如含杂较多的产品、混纺织物及需经过缩呢的粗纺织物不适用。烘呢时需涂上碱液加以保护,以免被酸腐蚀。匹炭化可在染色前或染色后进行,前者称白炭化,后者称色炭化。白炭化要求中和彻底,否则易造成染色不匀;色炭化应考虑染料在炭化条件下色光可能改变,宜选用耐炭化的染料。匹炭化设备由浸酸机和烘烤机组成,织物由导辊平整展开进入浸酸槽,连续进行 2 次浸酸和 4 次轧酸,浸酸槽内硫酸浓度为 6～7°Bé,温度为室温。烘烤用链条式或滚筒式烘干机。色炭化的中和在绳状洗呢机上进行;而白炭化的中和在染色机上进行。染前用温水冲洗两次,染后用氨水中和。匹炭化没有单独的轧炭和除炭设备,都是在干整理起毛、剪呢、刷毛过程中清除碎炭。

四、漂白

1. 漂白目的

羊毛具有天然的淡黄色,会影响纯白产品的白度及染色产品的色泽鲜艳度。因此,绝大部分羊毛产品必须经过漂白加工。

2. 漂白方法

羊毛及羊毛织物的漂白方法有氧化漂白、还原漂白及先氧化后还原漂白。

(1) 氧化漂白:利用氧化剂的氧化作用,将羊毛的色素破坏,使其颜色消失。这种漂白方法的特点是白度持久、不易泛黄,但对羊毛容易造成损伤。因此必须严格控制工艺条件,防止过度氧化,造成手感粗硬、强力下降。氧化漂白不能使用次氯酸钠,它会使羊毛纤维变黄、脆损。常用的氧化漂白剂为双氧水。参考工艺处方如下:

双氧水(35%)	2.3 kg
硅酸钠	0.7 kg
润湿剂	0.1 kg
加水	100 L

(2) 还原漂白:利用还原剂的还原作用将羊毛中的色素还原,从而使颜色消失。这种漂白方法的特点是对羊毛损伤小,但白度不稳定,长时间和空气接触,易受空气氧化而泛黄。毛纺工业常用的还原漂白剂为漂毛粉,它是由 60%保险粉和 40%焦磷酸钠混合组成。

(3) 先氧化后还原漂白:这种漂白方法又称双漂。双漂工艺同时具有氧化漂白和还原漂白的优点,光泽洁白、漂白效果持久、织物手感好、强度损失小。

(4) 增白:毛纺产品经过氧化或还原漂后,常常带有黄光,因此可在漂白过程中同时进行增白,增白后漂白织物更为洁白润目。毛织物常用的增白剂为荧光增白剂 VBL、增白剂 WG 等。

第二节　毛织物湿整理

毛织物整理可分为湿整理、干整理和特种整理。通过干、湿整理可以充分发挥羊毛纤维的特征,改善其弱点,增进织物的手感、弹性、光泽和外观,提高毛织物的服用性能。通过特种整理可赋予毛织物一些特殊性能。如耐久压烫性、防缩性、防皱性等。毛织物整理除特种整理外,多属于机械物理性整理。毛织物在湿、热条件下,借助于机械强力和压力作用而进行的整理称湿整理。毛织物湿整理包括坯布准备、烧毛、煮呢和烘呢定幅。

由于毛织物的品种较多,各品种之间的差异性较大,因此毛织物的整理工艺不能千篇一律,应根据织物种类、用途及织物原料等情况综合权衡。

精纺毛织物整理后要求呢面光洁平整,织纹清晰,光泽自然,手感丰满且有滑、挺、爽的风格和弹性,有些织物还要求呢面略具短齐的绒毛。一般衡量精纺织物质量主要从身骨、手感、呢面、光泽四个方面考虑,品种不同,对织物的质量要求也各有侧重。凡立丁、派力司、薄花呢等属于薄型织物,一般用于夏季服装,整理后要求织物呢面平整洁净、光泽足、手感滑、挺、爽,即织物要有既薄又挺的风格;而华达呢、直贡呢等属于厚型织物,是春秋季服装的理想面料,整理后要求织物手感丰满、弹性好、光泽自然。因此,精纺毛织物整理的侧重点是湿整理,在进行整理加工时,要侧重把握洗呢和煮呢工序,处理好各工序张力的关系,既要避免因张力过大,织物发生薄削板硬现象,又要防止因张力过小使织物发皱;也要处理好给湿和烘干的关系,烘干过度影响织物手感、光泽,并使羊毛纤维遭受损伤,织物含湿过高则影响整理效果。精纺毛织物的整理内容有烧毛、煮呢、洗呢、剪毛、蒸呢及电压等。

粗纺毛织物纱支低,整理前织物组织稀松,整理后要求织物紧密厚实、富有弹性、手感柔顺滑糯,织物表面有整齐均匀的绒毛、光泽好、保暖性强。因此,粗纺毛织物的整理重点是缩呢、洗呢、起毛、剪毛。又因粗纺毛织物品种不同,外观风格差异较大,整理的侧重点也不尽相同。如纹面织物要求花纹清晰,并具有一定的身骨和弹性;粗花呢要以洗呢为重点;而呢面织物要求织纹隐蔽,呢面丰满平整,手感厚实,要以缩呢为主;立绒及拷花织物以起毛、剪毛为重点。一般,缩呢是粗纺毛织物整理的基础,洗呢是使织物具有良好光泽和鲜艳颜色的关键,在粗纺毛织物的整理中要处理好两者的关系。另外,起毛对改变毛织物外观风格作用较大,随着起毛机械的不同,可赋予毛织物不同的风格。

一、坯布准备

坯布准备的目的在于尽早发现毛织物坯布上的纺织疵点并及时纠正,以保证成品质量,避免不必要的损失。坯布准备包括生坯检验、编号、修补、擦油污、锈渍等工序。

(1)生坯检验:生坯在染整加工前应逐匹检验其长度、幅宽、经纬密度和匹重等物理指标以及纱疵、织疵及油污斑渍等外观疵点。

(2)编号:编号的目的在于加强岗位责任制,并帮助识别每匹织物的类别,便于干湿整理中各工序的加工。此外,每匹织物应建立一张加工记录卡片,随工序记载染整加工情况,发现问题便于分析解决。

(3)生坯修补:为了不影响织物的外观,提高织物的等级,保证毛织物的质量,对于检验中发现表面有疵点的织物要进行修补。精纺毛织物表面光洁,疵点容易暴露,因此,对修补要求就高一些;粗纺毛织物因表面有绒毛覆盖或由于纤维的迁移而隐蔽,对修补要求相对低一些。修补时,一般先修反面,后修正面。

(4)擦油污锈渍:毛织物在纺织加工及搬运过程中不可避免地要沾上一些油污斑渍和锈渍。如不擦洗干净,将影响成品质量。对于织物上的油污渍可用合成洗涤剂,如净洗剂105、净洗剂209在100～150 g/L的浓度下室温洗除;也可用丝光皂100 g/L,40～60℃洗涤;还可用有机溶剂,如乙醚、四氯化碳在室温下擦洗。织物上的铁锈可用5～15 g/L的草酸溶液在40～50℃擦洗。擦油可用香蕉水、丙酮等轻擦、轻洗,擦洗后的织物最好及时进行后道工序加工。

(5)缝袋:为了防止毛织物在湿加工中产生条痕或卷边,在洗呢、缩呢、染色加工中,可以两边对折,缝成袋形。粗纺织物需缝袋整理的更多,缝袋用线的强度要高,缝袋时呢坯的正面朝里。

二、烧毛

烧毛就是使织物展幅迅速地通过高温火焰,烧除织物表面上的短绒毛,以达到呢面光洁、织纹清晰的目的。毛织物染整加工中,烧毛主要用于精纺毛织物特别是轻薄的、要求织纹清晰的品种,并有利于形成薄、滑、挺爽风格。毛面的中厚织物如毛面哔叽、花呢等则不需要烧毛。而毛与化纤混纺织物通过烧毛,可以减少起球现象,从而改善织物的外观。另外,烧毛还可提高色泽鲜艳度,减少纳污吸尘。

(1)烧毛设备:毛织物的烧毛多用气体烧毛机,常用的烧毛机为二火口立式气体烧毛机,如图3-1-1所示。

烧毛时,织物首先通过导布辊和张力架,使织物平整进入机台,并保持适当张力。然后连续通过火口进行烧毛。经烧毛的织物通过设有冷水夹层的中间导辊使残留在织物上的火星熄灭。再经毛刷刷去呢匹上烧焦的毛屑和其他杂质,最后通过出呢装置把呢匹折叠整齐出机。由于毛纤维的延燃性较差,故烧毛后可不经灭火装置。但毛纤维燃烧后的灰烬呈球形,嵌于织纹中不易脱落,必须加强水洗才能除去。

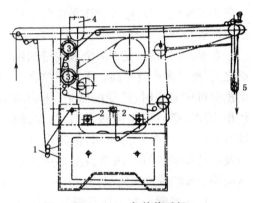

图 3-1-1　气体烧毛机
1—张力架　2—火口　3—毛刷
4—吸尘装置　5—出呢装置

(2)烧毛工艺:毛织物烧毛应根据产品风格、呢面情况和烧毛机性能等合理选择。薄织物,如派力司、凡立丁等要求呢面光洁、织纹清晰、手感滑爽,一般多用两面烧毛,且用强火、快速为宜。中厚织物,如华达呢等可以弱火慢速正面烧毛。表面需要有绒毛的织物以及漂白或浅色织物可以不经烧毛。

三、煮呢

毛织物以平幅状态在一定的张力和压力下于热水中处理的加工过程称为煮呢。

1. 煮呢的目的和原理　煮呢的目的就是使毛织物在一定温度、湿度、张力、时间和压力的作用下,消除织物内部的不平衡张力(内应力),产生定形效果,使织物呢面平整挺括、尺寸稳定,并且使手感柔软丰满而富有弹性。

2. 煮呢设备　毛织物煮呢是在专用的煮呢机上进行的,煮呢机主要有单槽煮呢机和双槽煮呢机,此外,还有蒸煮联合机等。

(1)单槽煮呢机:单槽煮呢机是最普通的一种煮呢设备,如图3-1-2所示,其结构简单,在煮呢过

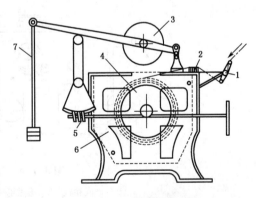

图 3-1-2　单槽煮呢机
1—张力架　2—扩幅板　3—压呢辊　4—煮呢辊
5—蜗轮升降装置　6—煮呢槽　7—杠杆加压装置

程中织物受到较大的压力和张力作用,因此煮后织物平整、光泽好、手感挺括、富有弹性,单槽煮呢机主要用于薄织物及部分中厚型织物。

　　用单槽煮呢机煮呢时,在槽内先放入适量的水(浸至下辊筒三分之二处),开蒸汽调节水温,并根据加工品种,调整上辊筒压力。平幅织物经张力架、扩幅板进机,然后正面向内反面向外卷绕在下辊筒上。卷绕时要保证织物呢边整齐、呢坯平整。卷呢完毕,再绕细布数圈。煮呢辊在槽内缓缓转动,同时上辊筒施加压力并用蒸汽加热,从而按工艺条件开始煮呢。第一次煮呢完毕,将织物倒头反卷,在相同的条件下进行第二次煮呢,以获得均匀的煮呢效果,然后冷却出机。单槽煮呢机煮呢时内外层温度差异大;如果温度和压力过高,易使织物产生水印;由于煮呢过程中要翻身调头,所以生产效率低。

　　(2)双槽煮呢机:双槽煮呢机的结构与单槽煮呢机相似,可以看作是由两个单槽煮呢机并列而成的。如图3-1-3所示。

　　煮呢时,呢坯往复于两个煮呢槽的辊筒之间,所以生产效率高。平幅织物在双槽煮呢机中煮呢时,所受的张力、压力均较小,所以,煮后织物手感丰满、厚实、织纹清晰,并且不易产生水印,但定形效果不及单槽煮呢机好。该机械主要用于华达呢等要求织纹清晰的织物。

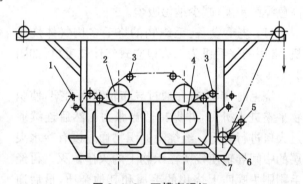

图3-1-3　双槽煮呢机
1—紧布架　2—压呢辊　3—扩幅辊　4—煮呢辊
5—卷呢辊　6—牵引辊　7—煮呢槽

　　(3)蒸煮联合机:为了增强定形效果,将毛织物进行蒸呢、煮呢联合加工,可获得不同的手感和光泽。蒸煮联合机结构示意图如图3-1-4所示。利用蒸煮联合机对毛织物煮呢时,平幅织物经电动吸边、针板拉幅后,和包布共同卷绕在蒸煮辊上,吊入蒸煮槽内,蒸煮时可通热水内外循环,均匀穿透织物进行热煮,热煮后可通蒸汽由里向外汽蒸,也可以两者结合进行。利用蒸煮联合机煮呢,呢坯经纬张力均匀,煮呢匀透,冷却彻底,煮后织物具有良好的定形效果及手感,弹性足,并且生产效率高,适用于薄型及中厚织物。其缺点在于操作不当时易产生呢边深浅不同或水印。

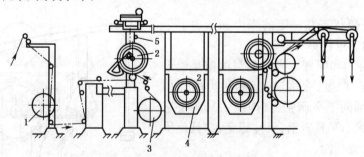

图3-1-4　蒸煮联合机结构示意图
1—成卷辊　2—蒸煮辊　3—包布辊　4—蒸煮槽　5—吊车

　　3. 煮呢工艺
　　煮呢工艺条件对整理效果和产品质量有很大影响。从羊毛定形效果来讲,煮呢温度越高,定形效果越好。但温度越高，羊毛所受损伤越大，表现为强力下降，手感发硬，而且色坯还会褪色、沾色、变色。实际生产中的煮呢温度视纤维性质、织物结构、风格要求、染色性能及后部工序而定，一般高温约 95℃，中温约 90℃，低温约 80℃，低于 80℃ 定形效果甚微。白坯煮呢一般选取较高温度；色坯煮呢选择的温度宜低些；粗而刚性较强的纤维，纱线捻度较大或轻薄硬挺的织物，温度可高些；细而柔软的纤维，松软丰厚的织物，温度可低些。

从理论上讲，煮呢时间越长，定形效果越好。因为煮呢时间长，旧键拆散较多，新键建立较完善，因而定形效果好。但是煮呢时间不能过长，因为在高温下，羊毛会受到损伤，而且时间越长，强力损失越多，所以，煮呢时间的选择要均衡多方面因素考虑。

煮呢时间和温度有直接关系，煮呢温度越高，煮呢时间越短；而煮呢温度越低，则所需时间越长。高温短时间，生产效率高，定形效果好，但易引起煮呢效果不匀、煮呢过重，损伤纤维，颜色萎暗；低温长时间，纤维不受损伤，但定形效果差。经验认为，要求手感挺括的薄型丝型毛织物，可采用高温短时方案；而手感要求丰厚有弹性的品种，则以低温长时方案为宜。

从煮呢效果来看，煮呢液 pH 值偏高，定形效果好，但高温碱性煮呢易使羊毛损伤，纤维强力降低，手感粗糙、色泽泛黄。煮呢液 pH 值低，定形效果差，而且易造成"过缩"现象。白坯煮呢时，pH 值大多控制在 6.5～7.5。色坯煮呢时，为防止某些色坯在煮呢液中加入少量有机酸，调节煮呢液的 pH 值到 5.5～6.5。

煮呢时织物上机张力和上辊筒压力对产品风格和手感有很大影响。织物上机张力越大，伸长越多，内应力降低越快，越有利于定形。张力大小可通过张力架角度来调节。张力过大，会使织物幅宽收缩过多，手感过于板硬；张力过小，则会引起上机不平，易生成鸡皮皱，但手感松软。张力的大小可根据织物品种不同及手感要求、风格不同而定。要求手感丰厚的，如中厚花呢等，张力可小些，以便于织物加热时产生一定的回缩；要求手感挺括的，如薄花呢等，张力可大些，有利于薄滑平整。但要注意的是，上机张力应始终保持一致。

煮呢完毕需要冷却，冷却不仅对定形效果起着重要作用，而且对织物的手感有重要影响。冷却方式主要由冷却温度和时间控制，冷却温度越低，冷却时间越长，定形效果越好，但要与煮呢温度配合，煮呢温度越高，降温的效应越为显著。目前，使用的冷却方式有突然冷却、逐步冷却和自然冷却三种。突然冷却就是煮呢后将槽内热水放尽，放满冷水冷却，或边出机边加冷水冷却。突然冷却的织物手感挺括、滑爽、弹性好，适用于薄型织物。逐步冷却为煮呢后逐步加冷水，采取冷水溢流的方式冷却，用这种冷却方法冷却的织物手感柔软、丰满，适用于中厚织物。自然冷却为煮呢后织物不经冷却，出机后卷轴放置在空气中自然冷却 8～12 h，自然冷却的织物手感柔软、丰满、弹性好，并且光泽柔和、持久，适用于中厚织物。

4. 煮呢工序安排

煮呢工序的安排是根据织物规格、质量、染整设备以及产品风格来确定的，有先煮后洗、先洗后煮和染后复煮三种工序。

（1）先煮后洗：可使织物先初步定形，在以后的洗呢、染色加工中可减少织物的皱折和收缩变形，一般用于要求挺括的品种，如全毛及混纺凡立丁、薄花呢及华达呢等。有些品种仅煮呢一次还达不到要求，故常采用先煮后洗、洗后复煮的形式两次煮呢。洗后复煮可提高定形效果，呢面平整，并可改进手感。但这种安排要求呢坯质量好，不但纱疵织疵少，而且呢面洁净，少油疵，否则，纺织疵点暴露更加明显，呢坯上的油污一经高温处理更难去除，甚至发生沾污。

（2）先洗后煮：可使织物手感柔软、丰满、厚实，滑细而有弹性，光泽柔和。国内采用这种工序安排的较多。特别是对于织疵和含油污较多的呢坯更加适宜,一般用于毛哔叽、中厚花呢等织物。其缺点是对于薄平纹及疏松结构的织物易产生呢面不平整、泡泡纱和发毛等疵病,而对于条格花色织物容易变形。

(3)染后复煮:一般用于定形要求比较高的品种,用以补充染色过程中所损失的定形效果,去除染色过程中所产生的折痕,从而增进织物的平整度,有利于刷毛、剪毛,可使织物手感活络,光泽好。但如果复煮条件控制不当,容易使呢坯褪色、沾色或变色,所以,染色牢度较差的毛织物不宜采用染后复煮工艺。这种工艺因为多了一道湿热处理工序,所以易引起纤维损伤,成本也有所提高。

四、洗呢

毛织物在洗涤液中洗除杂质的加工过程称为洗呢。呢坯中的羊毛是已经过初步加工的,其中的天然杂质已基本去除,但仍含有人工杂质,如纺纱、织造过程中所加入的和毛油、抗静电剂等,烧毛时留在织物上的灰屑,在搬运和储存过程中所沾染的油污、灰尘等污物。这些杂质的存在,将影响羊毛纤维的光泽、手感、润湿性及染色性能等。

1. 洗呢的目的

洗呢的目的主要是去除油汗、油污、尘埃、烧毛灰及其他污垢、杂质;去除和毛油剂、浆料、蜡,使呢面光洁;获得柔软丰满的手感和毛织物固有弹性;提高织物润湿性能,为染色做好准备。

洗呢就是借助表面活性剂的润湿、渗透、乳化、分散和洗涤等作用,辅以辊筒压轧、揉搓等机械作用,使织物上的污垢脱离织物并分散到洗涤液中加以去除,达到净化织物的目的。洗呢过程中除要洗除污垢和杂质外还应注意以下几点:洗呢工艺的制定,要根据织物的品种、风格以及原料、设备等情况来考虑;加工时,要严格执行工艺条件,避免羊毛纤维受到损伤;洗净呢坯上的污垢,并冲净残皂,更好地发挥其固有的手感、光泽和弹性等特性;同时要适当保留织物上的油脂,以使织物手感滋润。一般精纺毛织物的洗净呢坯的含油脂率为0.6%,粗纺毛织物的洗净呢坯的含油脂率为0.8%。洗后织物要不发毛、不毡化,精纺毛织物要保持清晰的织纹,呢面要光洁。用清水洗净织物上残余的净洗剂等,以免对染色等加工造成不利影响。

2. 洗呢设备及工艺

洗呢加工方式不同,所使用的设备也有区别,洗呢设备有绳状洗呢机、平幅洗呢机和连续洗呢机等,以绳状洗呢机最为常用。洗呢机的结构示意如图3-1-5所示。

绳状洗呢机有上、下两个辊筒,其中下辊筒为主动辊,上辊筒为被动辊,上、下辊筒形成一个挤压点时受到挤压作用,从而达到洗呢目的。机槽的作用是贮存洗涤液和呢坯,机械正常运转时,织物在机槽内不会缠结。分呢框的作用是分开运转中的呢坯,该机构与自动装置相连接,当呢坯打结时可使机械停止运转。污水斗在大辊筒之下,其作用一是向机内加洗涤剂时,通过放料口洗涤剂可均匀地分散在机槽内;二是冲洗织物时,把污水斗下面的放料口关闭,将呢坯中挤出的污水通过污水出口管排出机外,便于洗净织物,现在已从自动控制、提高洗涤效率、提高车速等方面进行了改造。绳状洗呢机洗呢效率高、洗呢效果好,其缺点是容易使织物产生折痕,所以绳状洗呢机一般用于粗纺毛织物及中厚精纺毛织物的加工。

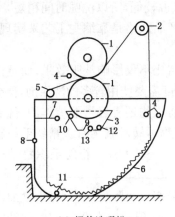
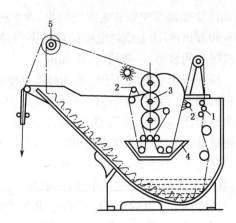

（a）绳状洗呢机

1—上、下滚筒　2—后导辊　3—污水斗　4—喷水管
5—前导辊　6—机槽　7—分呢框　8—溢水口
9—放料口　10—加料管　11—出水管　12—保温管
13—污水出口管

（b）平幅洗呢机

1—张力辊　2—冲洗管　3—轧辊
4—污水斗　5—导呢辊

图 3-1-5　洗呢机

　　薄型纯毛精纺织物的洗呢一般采用连续式平幅洗呢机。平幅洗呢机的结构与绳状洗呢机大致相同，不同处在于环状呢坯由张力辊展平后，以平幅状态经过三辊轧车的两个轧点，由导呢辊落入洗呢槽，经浸液、轧洗后出机。平幅洗呢机洗呢均匀、织物收缩小、洗后不起绒毛、纹路清晰且手感弹性较好。但该机洗呢效率低，手感较差，因此应用受到限制。

　　洗呢效果和洗后织物的风格与洗涤剂种类、洗呢工艺条件有密切的关系，因此应根据织物的含杂情况、品种和加工要求等合理选择，实际生产中以乳化法洗呢最为普通。乳化法常用的洗涤剂有肥皂、净洗剂 LS、洗涤剂 209、雷米邦 A（洗涤剂 613）、平平加 O、净洗剂 JU 等。不同的洗涤剂的净洗效果及洗后织物的手感不同。肥皂的润湿、渗透、乳化、扩散作用好，去污力强，洗后织物手感丰满、厚实，但遇硬水会产生皂垢并沾附在织物上，影响产品手感和光泽。净洗剂 LS 和洗涤剂 209 具有良好的润湿性和扩散性，耐酸、耐碱、耐硬水，所以适应性较广，洗后的呢坯较为松软，但呢面易发毛。雷米邦 A（洗涤剂 613）对硬水较稳定，遇酸沉淀，洗涤力稍差，但在碱性介质中较好，常与其他洗涤剂混合使用，对羊毛有一定的保护作用，洗后呢坯较为滑润。净洗剂 105 乳化性能、润湿渗透性均较好，净洗能力较强，去污力较强，耐酸碱、耐硬水，但洗后织物手感较差，洗后呢坯稍感粗糙。平平加 O 渗透性及扩散作用较强，抗硬水性能好，洗呢时能够使污垢均匀地分散在洗涤液中，与肥皂混用可提高肥皂的净洗效果。净洗剂 JU 具有良好的润湿、分散、乳化能力，耐酸、耐碱、抗硬水，适于 $30 \sim 50℃$ 的洗涤，并可与肥皂混用，但洗出的呢坯较粗糙。

　　洗呢温度应根据织物原料、洗涤剂种类和洗液 pH 值等因素确定。温度高有利于洗涤剂对织物的润湿和渗透，可提高净洗效果。但温度超过某一限度，尤其在碱性介质中，往往会损伤羊毛纤维，使织物呢面发生毡化、手感粗糙、光泽变差。凡在洗呢中造成的疵点，在高温下更容易形成。因此一般情况下纯毛织物及毛混纺织物的洗呢温度为 40℃ 左右。

　　洗呢时间要根据纤维原料的含杂情况、坯布组织规格及产品风格而确定。在洗呢过程中，全毛精纺中厚织物不但要求洗净，而且要洗出风格，所以洗呢时间一般比较长，约为 40~120

min;匹染的薄型织物和毛混纺织物,对手感的要求相对来说较低,所以洗呢时间稍短,一般为45～90 min;粗纺毛织物洗呢的目的主要是洗净织物,其产品风格是靠缩呢工艺来实现的,所以洗呢时间较短,一般约为 30 min。

洗呢浴比主要取决于织物的种类和洗涤设备。洗呢浴比不仅影响洗呢效果,而且也影响原料的消耗。浴比大呢坯运转时变动就大,为保持洗液浓度需要使用较多的洗涤剂,但会引起织物的漂浮;浴比小使用的洗涤剂相对较少,而且对于精纺织物还有轻微缩绒作用,洗后织物手感更佳。总之,生产时采用的浴比以洗液浸没织物且织物运转顺畅为宜。精纺毛织物因要求纹路清晰、手感柔软、富有弹性,浴比要大些,一般为 1∶5～1∶10。粗纺毛织物结构较疏松,洗后还需缩呢,浴比可小些,一般为 1∶5～1∶6。

洗呢液 pH 值的选择应综合考虑净洗效果和羊毛的损伤。实际生产中,对于含油污较多的呢坯洗液的 pH 值一般偏高,使用洗涤剂为肥皂和纯碱,pH 值控制在 9.5～10;而油污较少的呢坯一般用合成洗涤剂,洗液的 pH 值一般偏低,控制在 9～9.5。用于调节 pH 值的碱剂有纯碱、氨水等,其中以使用氨水的效果最好。pH 值较高时,虽有利于洗净呢坯,但如果温度也较高,则羊毛会产生损伤。两方面综合考虑,应严格控制洗液的 pH 值。

洗呢机上有一对大辊筒,织物经过时要受到挤压作用,使污垢脱离织物。挤压作用强,洗呢效果好。纯毛织物挤压力可大些,控制在 5.4～6.4 N(550～650 kgf);毛混纺织物的压力要适当小些,尤其对含有腈纶和黏胶纤维的混纺织物,因纤维的弹性差,压力更应小些,甚至可以不加,压力过大易产生折痕。

洗呢完毕必须用清水冲洗,以去掉织物上的洗呢残液。洗后冲洗是一道非常重要的工序,如果呢坯冲洗不净将直接影响后道加工的质量。冲洗时间和冲洗次数应根据织物的含污情况和水流而定,生产上多采用小流量多次冲洗工艺,第一、二道流量小些,水温稍高些(较洗液温度高 3～5℃),以后水量逐渐加大,水温逐渐降低,冲洗 5～6 次,每次 10～15 min。呢坯出机时 pH 值应接近中性,温度与车间温度相同即可。

洗呢时的车速对洗呢效果也有很大的影响,特别是在冲洗时,冲洗效果的好坏既与水的流量有关,同时也和呢坯前进速度有关。呢速过快,呢坯容易打结;呢速过慢,影响净洗能力,所以要控制呢速。工艺上精纺毛织物的呢速一般采用 90～110 m/min,粗纺毛织物的呢速一般采用 80～100 m/min。

五、缩呢

在一定的湿、热和机械力作用下,使毛织物产生缩绒毡合的加工过程叫做缩呢。缩呢工序主要用于粗纺毛织物的加工。

1. 缩呢的目的   通过缩呢作用,可使粗纺毛织物质地紧密,厚度增加,弹性及强力获得提高,保暖性增强。缩呢还可使毛织物表面产生一层绒毛,从而遮盖织物组织,改善织物的外观,获得柔软丰满手感。粗纺毛织物通过缩呢作用,可达到规定的长度、幅宽和单位重量等,是控制织物规格的重要工序。需要呢面有轻微绒毛的少数精纺织物品种可进行轻缩呢。

2. 缩呢设备

毛织物的缩呢加工,是在专门的缩呢设备上进行的。缩呢机有多种类型,其中常用的有辊筒式缩呢机和洗缩联合机两种。辊筒式缩呢机应用更为普遍,我国生产的辊筒式缩呢机有轻型缩呢机和重型缩呢机,这两种机的结构、织物运转及缩呢方式基本相同。

（1）辊筒式缩呢机的结构：如图 3-1-6 所示，由上下
两个大辊筒、缩箱、两个缩幅辊和储液箱等组成。其中，
下辊筒为主动辊，可牵引织物前进，上辊筒为被动辊，绳
状织物经过两辊筒时受到挤压作用，从而促进缩呢加工。
缩箱是由两块压板组成的，上压板采用弹簧加压，调节活
动底板和上压板之间的距离，从而控制织物在缩箱内经
向所受的压力。而织物的幅缩是由缩幅辊完成的。缩幅
辊由一对可以回转的立式小辊组成，两辊之间的距离可
以调节。当两辊之间距离较小时，织物纬向受到压缩，所
以可通过调节两辊间的距离来调节幅缩。分呢框的作用
是防止在缩呢机中运转的织物纠缠打结。呢坯打结时，
抬起分呢框便可自动停车。

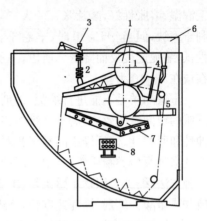

图 3-1-6 轻型缩呢机

1—辊筒 2—缩箱 3—加压装置
4—缩幅辊 5—分呢框 6—储液箱
7—污水斗 8—加热器

缩呢时，呢坯以绳状由辊筒带动在设备中循环，并把
呢坯推向缩呢箱中，由缩箱板的挤压用使织物长度收缩，
织物出缩箱后滑入底部，然后再由辊筒牵引经分呢框和缩幅辊后，重复循环，完成缩呢加工。

（2）洗缩联合机：洗缩联合机是洗呢机和缩呢机的结合，在同一机器上达到既缩呢又洗呢
的目的。洗缩联合机的结构如图 3-1-7 所示。

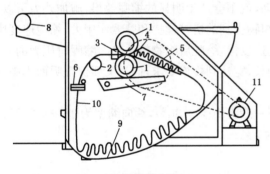

（a）洗缩联合机

1—沟槽橡胶轧辊 2—导呢辊 3—缩幅板 4—防护栏
5—缩箱 6—分呢框 7—污水斗 8—出呢导辊
9—洗槽 10—织物 11—主传动电动机

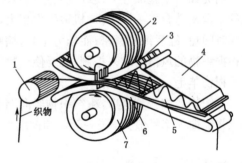

（b）洗缩机构

1—导呢辊 2—上辊筒 3,6—缩呢板
4,5—缩箱 7—下辊筒

图 3-1-7 MB061 型洗缩联合机

在洗呢机的上下辊筒前后分别装有缩呢板和压缩箱等缩呢机构。洗缩联合机多用于轻缩
产品，用洗缩联合机洗呢时，伴以适当的缩呢作用，如法兰绒和要求呢面丰满的中厚型精纺毛
织物，可以缩短加工时间，整理效果也较好。但不宜用于单纯的缩呢加工，否则不仅生产效率
低，而且缩呢后织物的绒面较差。

3. 缩呢工艺

羊毛织物缩呢时，其缩呢效果与缩呢剂的种类、缩呢液的 pH 值、温度及机械压力有密切
的关系。按照所用缩剂和 pH 值不同，毛织物缩呢可分为酸性缩呢、中性缩呢和碱性缩呢三种
方法。缩呢液的 pH 值对缩呢效果的影响非常显著，当 pH 值 $4 \sim 8$ 时，羊毛润湿性小，定向摩
擦效应差，其拉伸和回缩性能较低，因而对缩呢不利；而当缩呢液 $pH < 4$ 或 $pH > 8$ 时，由于羊

毛润湿、溶胀性好,鳞片张开较大,羊毛定向摩擦效应好,受外力拉伸时变形大,回复性强,因而利于缩绒;但当pH>10时,羊毛纤维分子损伤较严重,此时羊毛纤维拉伸性虽然很高,但回缩性低,缩呢速度反而降低。所以,一般酸性缩呢pH值在4以下较好,碱性缩呢pH值应控制在或在9~10为宜。

干燥的羊毛不能进行缩呢,缩剂的作用主要是使纤维易于润湿溶胀,鳞片张开,增强羊毛纤维的定向摩擦效应,利于纤维的相互交错,提高其弹性和润滑性等,同时也可提高羊毛的延伸性和回缩性,使纤维之间易于相对运动,从而利于缩呢加工的进行。常用的缩剂有肥皂、合成洗涤剂及酸类物质等,其中采用肥皂或合成洗涤剂在碱性条件下的缩呢是目前使用较多的一种方法,缩呢后织物手感柔软、丰满,光泽好,常用于色泽鲜艳的高、中档产品。酸性缩呢以硫酸或醋酸为缩剂,缩呢速度快,纤维抱合紧,织物强度及弹性好,落毛少,但缩后织物手感粗糙,光泽较差。中性缩呢选择合适的合成洗涤剂为缩剂,在中性到近中性条件下缩呢,纤维损伤小,不易沾色,但缩后织物手感较硬,一般适用于要求轻度缩呢的织物。

缩呢温度对缩呢效果影响也很大,提高缩呢的温度,可促进羊毛织物的润湿、渗透,使纤维溶胀、鳞片张开,从而加快缩呢速度,缩短缩呢时间,缩后织物条痕少、呢面均匀。但当温度过高时,纤维的拉伸、回缩能力较差,负荷延伸滞后现象越来越明显,回缩性能降低,反而不利于缩呢。所以碱性缩呢温度一般控制在35~40℃,酸性缩呢可高些,一般在50℃左右。需注意这一温度是由缩呢的热量、毛织物本身热量以及机械运转摩擦所产生的热量共同维持的。

缩呢如果不施加外力使纤维发生相对运动,就不会产生明显的缩呢效果,施加外力可以使毛纤维紧密毡合。一般来讲,机械压力越大,织物受到的机械揉搓和摩擦作用大,缩呢速度快,所需时间短,缩后织物紧密;而压力小时,缩呢速度慢,缩呢后织物较蓬松。缩呢时压力的大小要根据织物的风格要求来控制,既要使织物的长、宽达到规格要求,同时又要保证呢面丰满,并且不损伤羊毛。

毛织物经缩呢整理后,粗纺织物经向缩率一般为10%~30%,纬向缩率为15%~35%;精纺织物经向缩率一般为3%~5%,纬向缩率为5%~10%。

六、脱水

毛织物脱水指应用物理机械方法将织物中游离的水分脱去。

1. 脱水的目的　脱水的目的一是去除染色或湿整理后织物上的水分,便于运输和后续加工。二是烘呢前脱水应尽量降低织物含湿量,以节省烘干时间和能源,提高效率。

2. 脱水设备　常用的脱水设备有离心脱水机、真空吸水机和轧水机。

(1)离心脱水机脱水:离心脱水机脱水效率高,脱水后织物含湿率约为30%~50%,织物不伸长,但脱水不均匀,加工效率低,织物易产生折痕。一般适用于不易产生折皱的松结构的粗纺织物、散毛和绒线等。

(2)真空吸水机脱水:真空吸水机如图3-1-8所示。真空吸水机效率低,通常织物经过吸水后,其含水率为40%~50%。且织物在吸水机上因受到经向张力,稍有伸长。真空吸水机适宜厚织物吸水,织物吸水均匀,不易产生折皱,操作简便,劳动强度低,且可连续化生产。但脱水后织物稍有伸长,脱水后织物伸长约为1%~2%。运行时湿的呢坯经张力辊,平幅经过吸水口、主动辊,经落布导辊、折幅架出机。

(3)轧水机脱水:用轧辊将织物中的游离水分挤去。轧水机脱水效率高,能连续操作,脱水均匀,脱水后织物平整。但如果进布时织物不平整或辊筒压力不匀,毛织物易产生折印及变形,因此要注意轧辊材料及加压程度,避免将织物轧板。轧水机脱水后的织物含湿率约为40%左右。一般适用于较粗厚的精、粗纺毛织物,不适用于立绒织物。轧水机可连续操作,脱水均匀,效率高,能将含水率降至38%左右。经轧水后,织物较平整。但要注意应使织物平整进入轧辊,防止产生折痕。黏胶纤维因弹性较差,易压扁,不宜采用轧水机去水。

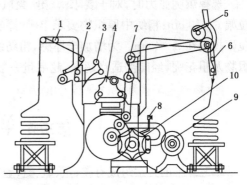

图 3-1-8　N151 型真空吸水机
1—进布辊　2—张力辊　3—盖吸水口橡皮架
4—吸水口　5—折幅架　6—落布导辊　7—主动辊
8—真空泵进水管　9—电动机　10—真空泵箱

轧水机可单独使用,也可用于烘呢前的轧浆处理,如柔软处理或上浆,配好的助剂放置在轧槽内,进行浸轧处理。

七、烘呢定幅

(1)烘呢目的及要求:毛织物在湿整理后需要把织物进行烘干,以便存放或进行干整理。同时,还要根据产品规格要求及呢坯后整理过程中的幅缩情况,确定其烘呢幅宽。

烘呢加工时不能将织物完全烘干,否则毛织物手感粗糙,光泽不好;但烘干不足,会使织物收缩、呢面不平整。所以烘干时要保持织物具有一定的回潮率,全毛织物及毛混纺织物的回潮率控制在8%~12%左右。

(2)烘呢设备:毛织物一般较厚,烘干较慢,烘干所需的热量较多,所以宜采用多层热风烘干。生产上一般使用多层式热风拉幅机进行烘干,适用于精纺、粗纺毛织物。

热风拉幅机的工作过程是织物经张力架进入烘房前,呢匹两边被压针毛刷压入针板,并随针板链移动。在烘房内织物由上到下经多层烘燥,经出布导辊从针板上剥离出机。进布时经超喂装置超速喂布,可以减少织物经向缩水率。通过调节针板链条间的距离,可使织物达到并保持规定的幅宽。

(3)烘呢工艺:温度、呢速及张力等对烘呢效率及织物手感风格都有一定的影响。

烘呢温度过高则织物含湿率过低、手感粗糙,白色及浅色织物还易泛黄;烘呢温度过低,则回潮率过高,使烘干织物幅宽不稳定。烘干温度应根据织物的松紧、厚薄、轻重以及纤维类别而定。精纺毛织物对手感要求高,烘呢温度可低些,多采用75~80℃;粗纺织物含水率高,烘呢温度应高些,多采用80~90℃。

呢速的选择应视烘房温湿度、织物结构和含潮率及烘呢后织物定形效果及织物风格等因素权衡而定。对于薄型织物,车速可快些,温度可低些;而对于较厚织物,则温度要高些,车速慢些。

总之,烘干温度不可过低,否则烘干效果差,幅宽也不稳定;也不可过高,否则易形成过烘,使织物手感变硬,色泽泛黄、光泽变差。从经济成本出发,不必采用一般所谓的逐步升温的烘干方法,而是先以较高温度较快的烘去游离水分,然后逐步降低温度达到平衡。烘干结束,纯毛织物的回潮率应控制在8%~13%,混纺织物应考虑各混纺组分的标准回潮,取其加权平均值并照顾回潮率较大的一方。

选择烘呢张力时,对于要求薄、挺、爽风格的精纺薄型织物,应增大伸幅和经向张力,一般拉幅 6~10 cm;精纺中厚织物要求丰满、厚实风格,伸幅不宜过大,经向张力也应低一些,一般拉幅控制在 2~4 cm。为增加丰厚感,粗纺织物一般拉幅 4~8 cm,对于精纺中厚织物、松结构织物及粗花呢,经向需适当超喂,超喂量一般为 5%~10%。

第三节 羊毛制品的染色

羊毛纤维的元素组成有碳、氢、氧、氮、硫等,它的主要成分是角蛋白质(即角朊或角质),它是由多种 α-氨基酸缩合而成的链状大分子,其基本组成单位为 α-氨基酸,可用如下通式表示:

$$H_2N—\overset{\displaystyle H}{\underset{\displaystyle R}{C}}—COOH$$

羊毛纤维分子中除末端的氨基和羧基外,侧基上还含有许多酸性基团和碱性基团。影响羊毛纤维化学性能的主要是侧链上的酸性基团或碱性基团。所以羊毛纤维兼有酸、碱性质,既能吸酸也能吸碱,是典型的两性高分子电解质,在不同的 pH 值中,发生如下变化:

$$H_3^+N—W—COOH \underset{H^+}{\overset{OH^-}{\rightleftharpoons}} H_2N—W—COOH \underset{H^+}{\overset{OH^-}{\rightleftharpoons}} H_2N—W—COO^-$$

$$\rightleftharpoons$$

$$H_3^+N—W—COO^-$$

从上式可知,这三种状态之间的关系是由溶液中的 H^+ 浓度决定的,这就是蛋白质纤维的两性性质。

生产上常用的羊毛染色方式有散毛染色、毛条染色和织物染色三种。而散毛染色牢度好,对匀染要求较低,工艺控制比较容易。一般纯毛色织物如精纺华达呢、女式呢、粗纺麦尔登制服呢等大多采用织物染色,精纺花呢采用毛条染色,而粗纺花呢、大衣呢、毛毯等采用散毛染色。混纺织物一般采用对羊毛组分套染,有时也可同浴染色。

常用的羊毛制品染色设备有散毛染色机、毛球染色机、绳状染呢机。

散毛染色机主要用于散纤维染色。如图 3-1-9 所示,染色时,染液由散毛桶的轴芯喷出,通过纤维再经循环泵,由里向外作单向循环。

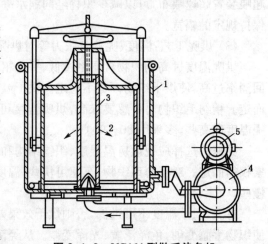

图 3-1-9 NC464 型散毛染色机
1—染槽 2—散毛桶 3—多孔芯轴
4—染液循环泵 5—电动机

　　毛球染色机用于羊毛或化纤毛条的染色。图 3-1-10 所示为 N462 型毛球染色机。利用循环泵使染液自毛球筒外穿过筒壁孔眼进入毛球,然后进入毛球桶芯,再从其上部喷射出来,如此反复,直至染色完毕。

　　绳状染呢机可染纯毛或毛混纺织物。如图 3-1-11,染色时呢坯为松式绳状,辊筒带动织物在染槽内循环运转,使织物不断自然翻转和左右往复运动,染液在染槽内通过染液循环泵强制循环,使染色均匀。

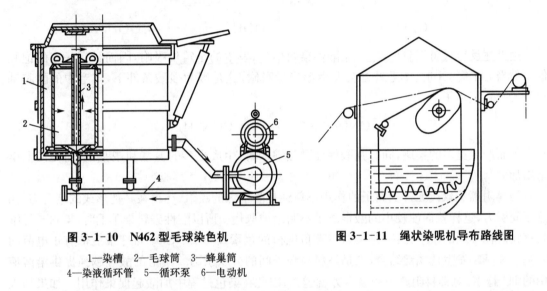

图 3-1-10　N462 型毛球染色机　　　　　图 3-1-11　绳状染呢机导布路线图

1—染槽　2—毛球筒　3—蜂巢筒
4—染液循环管　5—循环泵　6—电动机

　　常用于羊毛制品染色的染料有酸性染料、酸性媒染染料、金属络合染料以及某些活性染料。

一、酸性染料染色

　　酸性染料是结构上带酸性基团的水溶性染料。酸性染料能溶于水,在水溶液中电离成染料阴离子。酸性染料分子结构比较简单,对纤维素纤维缺乏直接性,一般不能用于纤维素纤维的染色。

　　酸性染料品种多、色泽鲜艳、色谱齐全,其湿牢度和日晒牢度随品种不同有较大的差异。

　　根据染料的化学结构、染色性能、染色工艺条件的不同,酸性染料可分为:强酸性染料、弱酸性染料和中性浴染色的酸性染料。强酸性染料因匀染性好又称为匀染性酸性染料,弱酸性染料和中性浴染色的酸性染料能耐羊毛缩绒处理而称为耐缩绒性酸性染料。

　　1. 酸性染料的染色原理

　　蛋白质纤维中含有氨基和羟基,在水中氨基和羟基发生离解而形成两性离子:

$$^+H_3N—W—COO^-$$

在酸性浴中,羊毛纤维的羧基电离被抑制,而氨基则被离子化,结果使羊毛带有阳电荷:

$$W \overset{\overset{\displaystyle +NH_3}{|}}{\underset{\underset{\displaystyle COO^-}{|}}{}} \quad \underset{\displaystyle H^+}{\overset{}{\rightleftharpoons}} \quad W \overset{\overset{\displaystyle +NH_3}{|}}{\underset{\underset{\displaystyle COOH}{|}}{}}$$

在酸性染料的染浴中,有无机酸阴离子(Cl^-)以及染料阴离子,它们与纤维阳离子都产生静电引力。由于无机酸阴离子相对染料阴离子来说,体积小,扩散速度快,所以先被纤维阳离子所吸附。随着染色过程的继续进行,当染料阴离子靠近羊毛纤维时,由于它与羊毛纤维之间具有更大的亲和力,所以就可以取代酸根离子与羊毛纤维结合。

$$W\overset{\overset{+}{N}H_3}{\underset{COO^-}{\Big\langle}} + Cl^- \underset{H^+}{\rightleftharpoons} W\overset{\overset{+}{N}H_3Cl^-}{\underset{COOH}{\Big\langle}} \underset{D^-}{\rightleftharpoons} W\overset{\overset{+}{N}H_3D^-}{\underset{COOH}{\Big\langle}}$$

由上述反应式可以看出,羊毛用酸性染料染色,发生的是定位吸附,因而具有一定的饱和值。但当 pH 值<1 时,羊毛纤维会发生超当量吸附,这是因为强酸条件下,羊毛中的酰胺基也开始吸附氢离子:

$$—CONH— + H^+ \rightleftharpoons CON^+H_2—$$

因而产生更多的染座,同时强酸促使酰胺键水解,生成更多的氨基和羧基,从而促使上染量增加。

染料阴离子取代无机阴离子的作用不单纯是静电力的吸附,还存在其他形式的结合力,如分子间引力,这样就促使较小的酸根离子不断地被取代。所以酸性染料染羊毛时,染料与纤维间存在两种不同的吸引力:一是染料带有负电荷的色素离子 $D—SO_3^-$ 与纤维上带有正电荷的氨基 $—N^+H_3$ 发生盐式键结合,二是染料与纤维间的分子引力。染浴的酸性越强提供给溶液中的 H^+ 越多,对染料阴离子的吸引力就越大,因此在染色过程中加酸起促染作用。如果加入食盐,可增加溶液中无机酸根离子的浓度,这样使染料离子与羊毛纤维结合机会减少,也延缓了染料离子的交换作用,因此加盐(食盐、无明粉)可起缓染作用。通过这种缓染作用,可提高染料的移染性,获得匀染效果,但加入量过多则起剥色作用。

2. 酸性染料的染色方法

(1) 酸性染料染羊毛:强酸浴酸性染料由于其分子小,结构简单,分子中含有的磺酸基较多,所以对纤维的范德华力和氢键力较小,染料与纤维的结合主要是离子键结合。在酸性较弱时,纤维上 $—NH_3^+$ 的数量较少,纤维带的正电荷少,染料与纤维分子间的库仑引力较小,染料的上染速率和上染百分率较低。染色时需加强酸促染,随着酸用量的增加,染料的上染速率提高。强酸性染料染色一般在 pH=2~4 的染浴中进行染色,使用的酸多为硫酸。这类染料色谱齐全,色泽鲜艳美观,而且价格低廉,可用于染不经常水洗的毛产品。染色时,染液中加入盐,起缓染、匀染作用。

① 染色处方(对织物重):

染料	x
元明粉(结晶)	10%~20%
硫酸($66°Bé$)	2%~4%
浴比	1:20

② 升温工艺曲线:

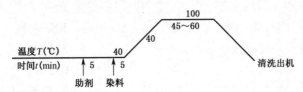

升温速度按染料上染速率、蒸汽提供情况来确定,而沸染时间则根据染料的上染程度来掌握。需要注意中间加酸时应关闭蒸汽降温,待运转均匀后再升温沸染。染色完成后降温清洗出机。

(2)弱酸浴酸性染料染色:弱酸浴酸性染料相对来说分子结构比较复杂,染料与纤维之间有较大的范德华力和氢键力,分子结构中磺酸基所占比例较小,水溶性较低,在染浴中聚集倾向较大。若染色是在强酸性条件下,染色速率过快,容易造成染色不匀。所以染色时必须控制染浴的 pH 值,一般在 pH 为 4～6 的弱酸性条件下进行,此时,染液的 pH 值为等电点,纤维不带电荷,染料靠范德华力和氢键力上染纤维。上染后,染料阴离子再与纤维中的—NH_3^+ 形成离子键结合。这类染料色泽鲜艳,日晒、皂洗牢度较好。加入电解质,对染料的吸附影响较小,但能延缓染料阴离子与纤维中的—NH_3^+ 的结合,起缓染作用但作用较小。

① 染色处方(对织物重):

染料	x
元明粉(结晶)	10％～15％
醋酸(98％)	0.5％～2％
匀染剂	0％～0.5％

② 升温工艺曲线:

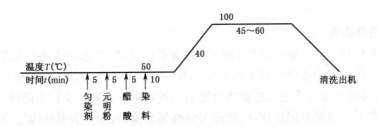

染色时要严格控制染浴的 pH 值和升温速度,因为低温时染料聚倾向较大,所以入染温度较强酸浴酸性染料高,而升温速度则比较慢。对于上色快、匀染性差的染料,酸可分两次加入,起染时先加入总量一半,沸染 30 min 后降温加入另一半,升温后继续沸染。染毕降温清洗出机。

(3)中性浴酸性染料染色:中性浴酸性染料分子结构复杂,相对分子质量更大,染料与纤维间有较大的范德华力和氢键力,因此移染性更差,磺酸基在染料分子中所占比例更小,因而溶解性更差,由于染料对羊毛的染色是在中性条件下进行,纤维带有较多的负电荷,染料与纤维间存在较大的电荷斥力,染料阴离子通过范德华力和氢键力上染纤维。此时加入元明粉可提高染料的上染速率和上染百分率,起促染作用,常用助染剂为醋酸铵或硫酸铵,染浴 pH 值为 6～7。这类染料湿处理牢度好,主要用于粗纺织物的染色。

① 染色处方(对织物重):

染料	x
硫酸铵	1％～3％
或醋酸铵	2％～4％
匀染剂	0.3％
红矾	0.25％～0.5％
浴比	1∶20

② 升温工艺曲线：

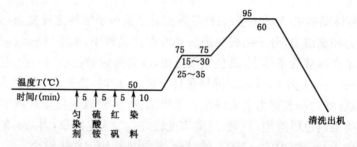

这类染料对硬水、铁、铜反应敏感，而且结块后溶解更难，所以宜使用软水溶解。打浆时可加入扩散剂，打浆后用沸水溶解，助染剂硫酸铵、醋酸铵要用冷水溶解。某些染料对还原作用敏感，沸染后织物泛红，色光萎暗，加入少量红矾钠可克服。染色温度不高于95℃。

中性浴酸性染料匀染性差，对碱敏感，并且由于移染性不好而很难补救，因此用这类染料染色时对染前织物净洗要求高，要洗匀洗净，不能残留碱，否则容易产生染色疵病。

如果羊毛织物在染色前经过加工处理，则其染色性能将发生变化，上染能力有所提高，例如经过炭化，漂白或氯化防缩处理后，羊毛鳞片层受到不同程度的破坏，染色性能获得改善。

二、酸性媒染染料染色

酸性媒染染料具有酸性染料的基本结构，除含有磺酸基、羟基等水溶性基团外，在染料分子的适当位置上含有两个或两个以上的供电子基因（如—OH、—NH₂、—COOH）或末端有水杨酸结构，能与某些金属离子生成稳定络合物的酸性染料。其染色条件与酸性染料相似，只是在工艺过程中多了一道媒染剂处理，因此称为酸性媒介染料，也称为酸性媒染染料。

酸性媒染具有酸性染料的上染性能，所以匀染性良好，媒染后具有较高的日晒、皂洗、水洗牢度，并且具有良好的耐缩绒性，成本低，色泽丰满，是羊毛染色的重要染料，但色泽不如酸性染料鲜艳，由于媒染后显色，所以较难控制色光的重现性。

1. 酸性媒染染料的染色机理

酸性媒染染料用不同的金属盐作媒染剂，可以获得不同的色泽。实际生产中常使用铬盐，因为铬盐的价格相对较低，尤其是红矾钠（重铬酸钠）广泛使用于生产。经铬盐处理后，织物染色牢度也较高。

染色时染料在酸性溶液中被纤维吸附，并进一步扩散进入纤维内部，然后用媒染剂处理。在铬媒处理时，纤维、染料与三价铬反应生成结构复杂的络合物，从而完成染色过程。由于络合物形成于纤维内部，染料分子增大，所以染色牢度获得显著提高。羊毛纤维、染料分子及铬原子三者的结合表示如下：

此外染料上的磺酸基还可与羊毛上的氨基形成离子键结合。

染色时使用的媒染剂为重铬酸盐,有时也用铬酸盐,随着溶液 pH 值的不同,染液中的离子也存在差异,pH 值较高,主要以铬酸根离子形式存在,而 pH 值较低时,则主要以重铬酸根离子存在。

重铬酸根离子和铬酸根离子都可与羊毛上离子化的氨基发生盐式键结合,它们对羊毛的亲和力与硫酸根($-SO_4^{2-}-$)一样,比氯离子高。染色时,染液的 pH 值越低,羊毛对这些离子的吸附速度越快这样容易造成染色不匀不透,而且在高温条件下,重铬酸盐的强氧化性容易使羊毛纤维受到损伤,所以染色时,染浴的 pH 值不宜过低。

媒染剂与羊毛纤维的反应在温度低于 60℃ 时进行很缓慢,提高温度,可提高反应速率。为了获得匀透的媒染效果,在进行媒染处理时,要缓慢升温,以使吸附能够均匀,然后沸煮以完成还原、络合过程。铬媒处理时间必须足够,以保证染料能够充分发色。

2. 酸性媒染染料染色方法

酸性媒染染料的染色方法,根据铬媒处理和染料上染的先后次序可分预媒法、同媒法和后媒法三种。

(1)预媒法:预媒法是羊毛先用媒染剂处理然后再用酸性媒介染料染色,用于天然媒染染料的染色。其工艺流程为:媒染剂处理→水洗→染色→水洗。在这种处理过程中,重铬酸根离子被羊毛吸附,并逐渐被还原,处理后经洗涤再在染色浴中染色。染色前的洗涤必须充分,否则染色时易形成过重的浮色。染色尽量在铬媒处理后立即进行,如果放置太久,会使羊毛发生氧化脆损。

这种方法的优点是仿色比较容易,但由于过程复杂,耗时长、成本高、对羊毛损伤大,所以现在已很少采用。

(2)同媒法:有些酸性媒染染料可以和重铬酸盐在同一染浴中上染和络合,即同浴媒染法染色。染色时,羊毛吸附染料、羊毛的铬媒处理、羊毛与染料的络合这三个反应是同时发生的。同媒法染色时,因为染浴中有大量的媒染剂,所以染料应在重铬酸盐溶液中有较好的溶解度,且两者之间不能过早地络合。在 pH 值近中性的条件下,染料对羊毛要具有良好的亲和力,并且不被铬盐氧化,重铬酸盐的存在,不能影响其上染能力。

同媒法的优点是将染色和铬媒处理两个过程一步完成,成本低、工艺路线短、操作简单,并且对羊毛损伤小。由于被染物色光显示早,所以对样方便,色光容易控制。其缺点是对染料要求高,并且由于染色时 pH 值较高,所以羊毛对染料的吸尽性不好。因为上染和络合作用同时进行,染料在羊毛纤维内的扩散不充分,所以染浓色时摩擦牢度不好,适用于染中、浅色。

① 染浴处方(对织物重):

染料 x

| 红矾钠 | 0.3%～0.5% |
| 硫酸铵（或醋酸铵） | 2%～5% |

在染呢坯、绞纱或筒子纱时，可加入元明粉(10%)和渗透剂(0.25～0.5 g/L)．

② 升温工艺曲线：

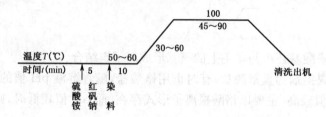

染深色时，可在染色完成前 20～30 min，降温加适量的醋酸以增加上染率，然后升温沸染完成染色。

同媒法采用铬酸盐和硫酸铵作媒染剂，在染色过程中生成铬酸铵，并继续反应放出氨，染液的 pH 值可维持在 6.5～8 之间。

（3）后媒法：后媒法是按照酸性染料染色方法进行染色，然后用媒染剂处理。染色时，通常是在染浴中加醋酸使染料被羊毛吸尽，然后再加红矾。因为染料的上染和铬媒处理是两步完成的，所以染料上染率高，吸附扩散均匀，可染各种浓度的颜色。

后媒法的优点是染色牢度好，尤其是染浓色时，有优良的缩绒、皂洗牢度，在以后的整理加工中色光变化小，这是后媒法之所以应用较多的一个原因。因为染料的上染是在酸性浴中进行的，故酸性媒染染料具有良好的匀染性和透染性，这对匹染更为有利。其缺点是得色较暗，工艺路线长，耗能多，再者就是最终色泽要在铬媒处理、充分络合后才能完全显示，所以对样及仿色困难。但在加工中如果充分掌握所使用染料的染色性能，并且严格执行工艺，这是可以克服的。

① 染浴处方(对织物重)：

染色：酸性媒染染料	x
匀染剂 OP	0.3%～0.5%
结晶元明粉	10%
醋酸(98%)（浅、中色）	1.5%～3%
硫酸(66°Bé)（深色）	1.2%～1.4%
浴比	1：20，pH 值 4.5 左右
媒染：红矾钠	染料用量的 25%～50%
硫酸(66°Bé)（深色）	0.1%～0.2%

② 升温工艺曲线：

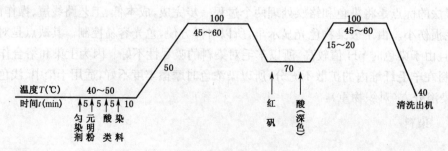

染深色时,酸可分两次加入,第二次加酸可在沸染 30 min 后将染浴降温至 80℃,10 min 内加入(用量为染色时酸用量的 20%～40%)。

染浅、中色时 pH 值可控制在 5 左右,而染深色时可控制在 4.5 左右。酸性媒染染料染羊毛,如发生染色不匀,难以补救,所以必须严格控制染浴 pH 值,掌握升温速度,使染色均匀,媒染后才能获得良好的匀染性。酸性媒染染料染较浓色时,残液中含有的六价铬浓度大于 100×10^{-6},会对环境造成污染,同时,羊毛的纺纱性、手感和弹性也受到影响。为了保护环境,应当降低或消除残液中铬的排放量。具体应考虑的措施有:一是使染料尽可能吸尽,减少后媒处理时染浴中染料的残留量。二是红矾用量的计算,由于生产方法不同而不一致。一般是根据染料的纯度和相对分子质量,按 2 个染料分子和 1 个铬原子形成络合物的相互关系,计算出红矾用量的理论铬系数,即红矾用量＝染料用量×铬系数。

三、金属络合染料染色

金属络合染料是在酸性媒染染料的基础上发展形成的。这种染料的分子中已经含有络合的金属原子,可直接用于羊毛纤维染色,无需再进行铬媒处理。

金属络合染料染色方法与酸性染料相似,操作简便,染料对纤维亲和力强,色泽比较鲜艳,染品的日晒牢度和水洗牢度较好,但其匀染性差。根据染料分子和金属原子络合比例的不同,金属络合染料可分为 1∶1 型和 1∶2 型两类。

1. 1∶1 型

这类染料是由一个金属离子和一个染料分子结合。在强酸性条件下染色,又称为酸性络合染料。这类染料易溶于水,需在用酸量较大的硫酸浴中染色,匀染性较好,遮盖能力强,日晒和耐洗牢度接近酸性媒染染料,色泽比酸性媒染染料鲜亮,适合染中、浅色毛织物,但皂煮牢度较差,染物经煮呢、蒸呢后色光变化较大。因 pH 值较低,使羊毛损伤严重,手感粗糙,光泽变差。仅用于羊毛的染色。

(1) 染色处方:

单用硫酸染色:	染料	x
	硫酸(66°Bé)	4%(对纤维重)＋1 g/L(按浴比计)
	pH 值	1.9～2.1
用硫酸加匀染剂染色:	染料	x
	硫酸(66°Bé)	4%(对纤维重)＋0.3 g/L(按浴比计)
	匀染剂	1.5%(对纤维重)＋0.5 g/L(按浴比计)
	pH 值	2.2～2.4
(2) 中和液处方:	纯碱	1.5%～2%
	或醋酸钠	3%～4%
	或氨水(25%)	2%～2.5%

如果采用硫酸加匀染剂染色方法,中和时碱量应适当降低。

(3) 升温工艺曲线:

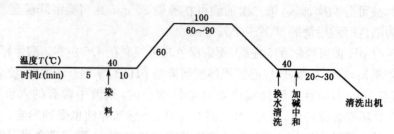

浅色可 40℃ 起染，深色可 60～70℃ 起染。换水清洗至 pH 值为 4～5。

1∶1 型酸性络合染料的日晒、水洗、汗渍等牢度都较好，但由于染色时需用大量的浓硫酸，不但使羊毛纤维受到损伤，还会影响织物手感、光泽和强度，设备也易腐蚀，因此现已较少应用。

2. 1∶2 型

这类染料是由一个金属离子和两个染料分子结合。在弱酸性或近中性条件下染色，又称中性络合染料或中性染料。可用于羊毛、蚕丝、锦纶、维纶的染色。这类染料的分子较大，一般不含磺酸基和羟基，而含有亲水性较弱的 $-SO_2NH_2$、$-NHCOOH_3$ 等基团，因此在水中的溶解度较低。染色牢度较高，中、浅色耐晒牢度也较好，染物经煮呢、蒸呢后色光变化较小，但颜色鲜艳度不及酸性媒染染料，匀染性、遮盖性较差。

(1) 染色工艺：

染料	x
硫酸铵	1%～4%
匀染剂	0.2%～0.5%
元明粉	0～10%
浴比	1∶(15～20)
pH 值	6～7

(2) 升温工艺曲线：

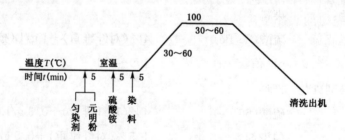

四、活性染料染色

某些活性染料可以在酸性介质中染羊毛，由于羊毛纤维被鳞片层覆盖，染料向纤维内部扩散较慢，所以需要较高的温度。而升高温度，染料的水解反应也会加剧，这样不但造成染料的浪费，而且会产生浮色。此外，由于温度较高，反应过于迅速，势必会造成染色不匀，所以用活性染料染羊毛应选择适当的活性染料。

活性染料染羊毛制品时，一般用毛用活性染料，可染得具有超级耐洗牢度的毛纺织品。这类染料有 α-溴代丙烯酰胺型、二氟一氯嘧啶型等。在染料与纤维的键合反应中主要形成

酰胺键($-\overset{O}{\overset{\|}{C}}-NH-$ 羊毛纤维)和亚胺键($-SO_2C_2H_4NH-$ 羊毛纤维),这两种键都比较稳定,与活性染料染纤维素纤维形成的酯键或醚键相比,具有较高的耐洗性。毛用活性染料的优点是鲜艳度高,固色率高,水解染料少,耐晒牢度和耐湿处理牢度高。但这类染料的移染性较差,不易匀染,而且染料价格贵。因此,毛用活性染料主要用在高档毛纺产品上。

毛用活性染料染色,其主要问题在于提高固色率和匀染性,并注意染后的冲洗。所以染色时应严格执行工艺,并要选择适当的匀染剂。毛用活性染料使用的匀染剂一般是由季胺盐和聚氧乙烯醚合成,它们实际上都是通过缓染作用来达到匀染目的。染色后要充分水洗,水洗的目的是洗去未和纤维键合的染料:包括已水解的和没有与纤维反应的染料,这些染料如不洗净,将会影响染色织物的色牢度。由于羊毛纤维不耐碱,所以不宜采用高温碱性皂洗,可采用稀氨水冲洗。

活性染料染羊毛制品时,一般采用浸染方法,可用散毛、毛条、绞线、织物和成衣染色。由于羊毛纤维存在鳞片层,阻碍了染料向纤维内部的扩散,因此羊毛纤维的染色一般在沸染的条件下进行。

(1) 工艺处方(对染物重):

	浅色	中色	深色
染料	1%以下	1.5%~2%	3%以上
硫酸铵	4%	4%	4%
80%醋酸	0.5%~0.8%	1%~1.5%	2%~2.4%
匀染剂	1%~2%	1%~2%	1%~2%
元明粉	10	5	—
pH 值	6~7	5.3~6	4.5~5.3

(2) 后处理:染深色时,可用稀氨水冲洗未固着的染料。

氨水(25%)	2%~6%
pH 值	8.5
温度	60~80℃

(3) 升温曲线:

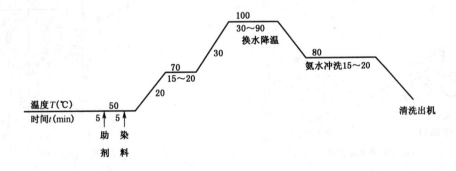

第四节 | 毛织物干整理

毛织物的干整理中利用机械和热的作用,改善织物的手感、弹性、光泽和外观,发挥毛纤维的特性,提高毛织物的服用性能。对于粗纺织物,干整理起着更重要的作用。毛织物的干整理包括起毛、刷毛、剪毛、电压和蒸呢等。

一、起毛

起毛指利用起毛机械(钢针或刺果)将纤维末端从纱线中拉出,使织物表面均匀地覆盖一层绒毛的加工过程。根据毛织物品种不同,采用不同的起毛工艺,可以拉出直立短毛、卧伏顺毛、波浪形毛等,给予织物不同的外观。通过起毛加工,使织物丰厚柔软,保暖性强,织纹隐蔽,花型柔和。但织物经起毛后,由于经受了激烈的机械作用,使织物强力有所下降且重量减轻,在加工中应予注意。起毛整理一般用于粗纺毛织物的加工,某些粗纺毛织物还需要多次起毛。精纺毛织物要求呢面清晰、光洁,一般不进行起毛整理。

1. 起毛设备

起毛加工是在专门的起毛设备上进行的。常用的起毛机有钢丝起毛机、刺果起毛机和起毛、剪毛联合机等。其起毛作用都是用钢针或刺钩将纤维一端拉出形成绒毛的。加工时,织物沿经向前进,而绒毛则大部分从纬纱中拉出。

(1)钢丝起毛机:钢丝起毛机生产效率高,但由于起毛作用剧烈,易拉断纤维、降低织物强力,所以对织物强力有影响。普通钢针易生锈,所以用于干坯起毛。钢丝起毛机按针辊上钢针指向不同分单动起毛机和双动起毛机,其作用示意图如图3-1-12(a)所示。

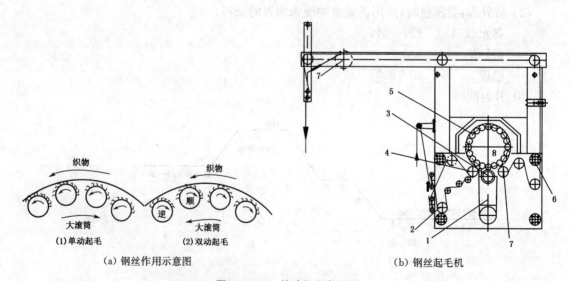

(a)钢丝作用示意图 　　　　　　　(b)钢丝起毛机

图 3-1-12 单动钢丝起毛机

1—除尘箱　2—张力辊　3—毛刷辊　4—进呢辊　5—针辊　6—刷毛辊　7—出呢辊　8—起毛滚筒

单动起毛机起毛针辊的转向和大滚筒的转向相反,并且所有针辊上的针尖方向一致,织物的运行方向与大滚筒的转动方向相反。起毛效果是依靠调节针辊速度来控制的,如果织物运行速度不变,针辊转速越大,起毛作用超强。

双动起毛有两组数目相同的顺针辊和逆针辊,它们间隔地安装在大滚筒上,顺针辊的针尖与织物运行方向一致,而逆针辊的针尖与织物运行方向相反。但无论何种针辊,其转动方向都是一致的,并且它们既自转,又随起毛大滚筒公转,自转与公转方向相反。在双动钢丝起毛机中,顺逆针辊的转速、织物运行速度、张力以及钢针的锐利程度都直接影响起毛效果。一般情况下,逆针辊线速越快,顺针辊线速越慢,起毛能力越强;织物运行速度越慢,则起毛力越大,所以降低织物运行速度可以提高起毛效率。针尖锐利,可起出厚密的短毛;针尖发钝,可起出长毛来。

(2) 刺果起毛机:刺果起毛机起毛较缓和,对织物强力损伤较小,经刺果起毛的织物绒毛细密,平顺丰满,手感、光泽较好,起出的绒毛较长,适用于湿起毛、水起毛,但生产效率低,一般用于高级拷花大衣呢和提花毛毯的起毛。刺果起毛又有直刺果起毛和转刺果起毛之分。直刺果起毛机选择均匀一致的刺果,用热水浸泡后装在刺果架上,再将刺果架安装在起毛滚筒上。直刺果起毛机又分单滚筒式和双滚筒式。起毛时,滚筒的转向和织物运行方向相反,滚筒转动时,钩刺刺入织物后拉出纤维,起毛作用较轻,纤维不易被拉断。对纤维损伤小,起出的绒毛较长,光泽好,一般用于高级大衣呢的起毛。转刺果起毛机是将刺果串穿在小轴承上,轴芯和滚筒转轴倾斜角为 $13°\sim15°$。刺果随织物被动旋转,由此织物的经纱和纬纱都受到一定的起毛作用。转刺果起毛机的起毛作用柔和,起出的绒毛蓬松柔和,光泽悦目,起毛效果均匀,适用于长绒毛织物和毛毯的起毛。刺果起毛机见图 3-1-13。

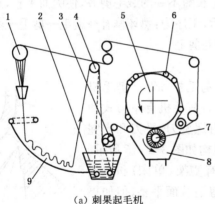 

(a) 刺果起毛机　　　　　　　　　　　　　(b) 转刺果排列形式

图 3-1-13　刺果起毛机

1—落呢架　2—水槽　3—紧呢架　4—张力辊　5—起毛滚筒　6—小导辊　7—毛刷辊　8—吸尘装置　9—弧形泄板

2. 起毛方法

起毛方法按毛织物的起毛时织物干、湿状态不同,有钢丝干起毛、钢丝湿起毛、刺果湿起毛和刺果水起毛四种。

(1) 钢丝干起毛:钢丝干起毛起出的绒毛浓密,但落毛较多,方法有生坯干起毛和染色后干起毛。生坯干起毛一般用于制服呢和普通大衣呢,起毛的目的是缩呢前拉出一层绒毛,以提高缩呢效果;生坯干起毛还可以拉掉一部分草刺等杂质。粗纺毛织物一般采用染后干起毛,以简化工序,提高生产效率,降低生产成本。

织物采用钢丝干起毛时,起毛调节分三步进行。先以较小的起毛力缓和地刺破并拉出纱线表面纤维,然后用较大的起毛力全面深入地起毛,最后可根据产品的需要把顺起毛针辊和逆起毛针辊速度调节到梳理范围内进行梳毛,以使绒面匀密和平整。

适用于钢丝干起毛的毛织物有海军呢、维罗呢、制服呢、长毛织物、提花毛毯及人造毛毯等。

(2)钢丝湿起毛:钢丝湿起毛生产时要选用不锈钢针,较少单独使用,属于刺果起毛的预备性起毛。它适用于高级呢绒刺果起毛前的预备性起毛,如拷花大衣呢等。

(3)刺果湿起毛:刺果湿起毛起出的绒毛长而柔顺、光泽悦目,织物手感丰厚。起毛时选用旧刺果轻起毛,然后用部分新刺果再全面深入起毛。一般用于粗纺长绒面品种的后阶段起毛,如拷花大衣呢、兔毛及羊绒大衣呢等。

(4)刺果水起毛:织物起毛时先通过水槽,在带水情况下进行起毛,由于羊毛充分膨润,此时更易拉出长毛来。羊毛本身有卷曲性,起毛时多次拉伸和复原,使拉出的绒毛柔顺,呈波浪形,刺果水起毛常用于波浪花纹的羊绒织物和具有波浪的长毛提花毛毯。

二、剪毛

无论是精纺织物还是粗纺织物都需要进行剪毛。剪毛时,织物运行到支呢架顶端剧烈弯曲,绒毛直立,由高速旋转的螺旋刀和平刀形成的剪刀口将绒毛剪掉。精纺毛织物剪毛后呢面洁净、织纹清晰、光泽改善。精纺织物的剪毛安排在熟修刷毛以后蒸呢之前,工序为:熟坯修补→拉毛→刷毛→剪毛→刷毛→蒸呢。

粗纺毛织物剪毛的目的是将起毛后呢面上长短不一的绒毛剪齐,使呢面平整,获得良好的外观。粗纺毛织物的剪毛安排在起毛工序之后,工序为:熟坯修补→刷毛→剪毛→蒸呢。

毛织物视其表面要求,一般需进行多次刷毛剪毛。

1. 剪毛设备

剪毛机有纵向(经向)剪毛机、横向(纬向)剪毛机和花式剪毛机三种。毛纺厂使用较多的是纵向剪毛机。纵向剪毛机有单刀式和三刀式两种,这两种剪毛机的主要机构都是由螺旋刀、平刀和支呢架组成,其位置如图3-1-14所示,各种剪毛机构如图3-1-15所示。

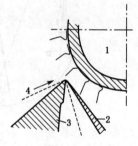

图 3-1-14
1—螺旋刀 2—平刀
3—支呢架 4—呢匹

支架的作用是支撑受剪呢坯接近刀口,有实架(单床)和空架(双床)之分。采用实架剪呢时剪毛效率高,剪毛绒面平整,但如果织物背面有纱结或硬杂物,则易使织物突起剪破呢坯,所以实架剪毛对呢面的平整性要求较高;空架剪毛不易剪破织物,但生产效率较低,剪后绒毛不齐,呢面不易平整,所以加工时采用实架剪毛较多。

螺旋刀的旋向有左旋和右旋两种,每一种都是由心轴与卷绕在它上面的螺旋刀片组成。在三刀式剪毛机上,不同旋向的剪毛螺旋刀交叉相间安装,以使剪毛效果匀整。螺旋刀的刀口有两种。一种是光刀口,另一种是刀片里侧刻有锯齿细纹。其中光刀口剪光时,毛易滑动,常用于精纺毛织物的剪毛;有锯齿的刀片,用于粗纺毛织物的剪毛,它可控制纤维的倒伏,防止其滑动而提高剪毛效果。

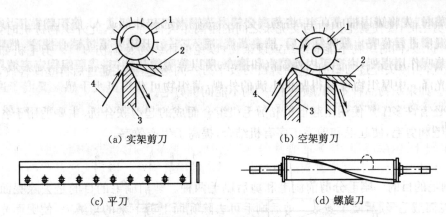

图 3-1-15 剪毛机构

1—螺旋刀 2—平刀 3—支呢架 4—毛织物

平刀刀刃部分非常锋利,剪毛时与螺旋刀形成剪刀口。织物运行到支呢架顶端剧烈弯曲,绒毛直立,由高速旋转的螺旋刀和平刀形成的剪刀口将绒毛剪掉。在加工过程中,为了获得良好的剪毛效果,必须调整好平刀、螺旋刀和支呢架三者之间的相对位置。平刀与螺旋刀成切线,并在中心线稍后的位置,剪毛效果最好。支呢架与刀口的距离要小些。而粗纺毛织物和精纺中厚织物要求有一定的绒面,支呢架与刀口的距离要大些,工厂多用隔距片或牛皮纸来调整。

2. 剪毛工艺

螺旋刀与平刀的角度越小,剪毛效率越高。一般采用的角度为 $28°\sim30°$。螺旋刀刀片数目越多,剪毛效果越好。工程上一般采用 $20\sim24$ 片。剪毛隔距可根据织物厚度和剪毛要求而定,精纺毛织物要求表面光洁隔距一般为 $15\sim30~\mu m$;粗纺要求表面为绒面,隔距一般为 $40\sim70~\mu m$。剪毛次数应根据试验后的剪毛效果来确定,精纺织物呢面要求光洁,需正面剪毛 $2\sim4$ 次,反面 $1\sim2$ 次,如经过烧毛工序,则剪毛次数可少些;湿整理后如果呢面发毛,则剪毛次数应多些。粗纺呢面织物呢面要求平整,一般正面剪毛 $4\sim5$ 次,反面 $1\sim2$ 次。绒面织物应反复进行起毛、剪毛,直到绒毛均匀整齐。

3. 剪毛方法

以三刀剪毛机为例,如图 3-1-16 所示,织物通过刷毛辊,将织物底绒刷起,然后通过展幅装置进入剪毛口,剪落的绒毛进入吸尘装置;织物剪毛后,再经刷毛辊刷毛然后出机,进入下一个剪毛区再次剪毛。

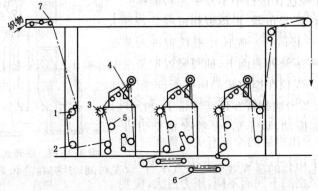

图 3-1-16 三刀剪毛结构示意图

1—张力架 2—调节辊 3—刷毛辊 4—剪毛刀 5—翼片辊 6—翻身导布辊 7—张力辊

　　织物剪毛时,要使剪毛刀口与支呢架之间的距离始终保持一致,此外织物进机时要展幅,不能卷边、折皱,同时织物不能有纱结或硬杂物,以免剪坏织物及损伤刀口。剪毛机如没有自动抬刀装置,当接头经过刀口时,应将螺旋刀及平刀一同抬起,接头通过后再立即轻放,以避免剪断织物。如果织物品种不同、颜色不一,则不能同机剪毛。

　　现在还有许多工厂使用由起毛机和剪毛机组合而成的起剪联合机,主要适用于各种粗纺织物的起毛和剪毛,使起毛和剪毛工序有机结合,提高了生产效率。

三、刷毛

　　1. 刷毛的目的　　刷毛分剪前刷毛和剪后刷毛两种。剪前刷毛的目的是去除呢面上的杂物,并使呢面绒毛竖起,便于剪毛。剪后刷毛可去除呢面上剪下来的短绒毛,使呢面光洁。粗纺毛织物经过蒸刷加工后,绒毛可向同一方向顺伏,赋予织物良好的外观。

　　2. 蒸刷设备　　刷毛一般在刷毛机上进行,因刷毛机前常附有汽蒸箱,故又称为蒸刷机。

　　织物进机后,先通过汽蒸箱上的不锈钢多孔板,绒毛经汽蒸后变软、易刷,而后进入密植有猪鬃的刷呢辊,进行刷毛,其转向与织物相反,和织物有四个接触点。蒸刷时,蒸汽压力及织物张力都不宜过大,否则,织物会伸长过多,影响其规格及缩水率。根据织物品种不同,可调节织物与刷毛辊筒之间的接触面,接触面不宜过大,以免织物在受到一定张力作用时发生伸长。对于粗纺毛织物,必须顺毛方向上机,以防刷乱绒毛。蒸汽给汽量因织物品种而异,以透过织物为宜。精纺毛织物刷毛的目的主要是刷净织物表面,所以可不经汽蒸直接刷毛。蒸刷后的毛织物应放置几小时,使织物吸湿均匀,充分回缩,降低缩水率。

四、烫呢

　　烫呢就是把含有一定水分的毛织物通过热辊筒受压一定时间,使织物呢面平整,身骨挺实,手感滑润,光泽良好。烫呢整理的缺点是光泽不够自然持久,织物手感板硬,易伸长。大多精纺织物不经烫呢,只有要求纹路清晰的华达呢、哔叽类,为避免电压整理后压平纹杠,一般需要烫呢;一般的粗纺毛织物均需要烫呢,但厚绒或要求绒毛直立的粗纺织物,不需要烫呢整理;含锦纶成分的毛混纺织物,多数要经烫呢整理,以使织物具有平挺风格并光泽柔和。

　　1. 烫呢机　　烫呢机又叫回转式压光机,有单床、双床之分,以单床应用更为普遍。回转式压光机如图3-1-17所示。

　　烫呢机的大辊筒为中空结构,内可通入蒸汽加热,其表面刻有纹线,运转时可带动织物前进。托床可通入蒸汽加热,其内面为铜质光板,上、下托床可通过油泵活塞压向大辊筒。织物通过大辊筒和托床时,呢坯受到一定的压力作用和摩擦作用,从而产生烫呢效果。

　　2. 烫呢工艺　　烫呢加工效果与大辊筒和托床之间的压力、大辊筒和托床的温度、织物受压次数、织物前进速度及织物的回潮率及出机后的冷却有关。烫呢时,大辊筒和托床的温度为$100\sim120℃$;上、下托床与辊筒子的压力视织物品种、风格的不同而不同,压力过大,烫呢后光泽不自然,而且手感粗糙;织物受压次数与机型有

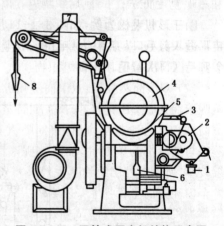

图3-1-17　回转式压光机结构示意图
1—遇针自停装置　2—刷毛辊　3—蒸汽给湿槽
4—辊筒　5—托床　6—油泵
7—冷却风管　8—落布架

关;织物的前进速度在 4～6.5 m/min 范围内;织物出机后冷却后,要使用风扇迅速冷却。

烫呢一般安排在蒸呢前进行,这样可使织物光泽好,身骨挺。但也有少数品种在蒸呢后进行,这样可使产品手感坚挺,减少烫后伸长和纬缩,光泽较足,但有时不自然。粗纺一般在拉毛、剪毛后烫呢。

五、蒸呢

蒸呢就是使织物在张力、压力条件下经过汽蒸,使其呢面平整、形态稳定、手感柔软、光泽悦目及富有弹性的加工过程。蒸呢是粗纺毛织物的最后一道整理工序,它对织物获得永久定形、尺寸稳定、降低缩水率都是至关重要的。

1. 蒸呢原理　蒸呢原理和煮呢原理基本相同,煮呢是在热水中给予织物以张力而定形,而蒸呢是用蒸汽汽蒸使呢面平整挺括。

2. 蒸呢机　常用的蒸呢机有单滚筒蒸呢机、双滚筒蒸呢机和罐蒸机。

(1) 单滚筒蒸呢机:蒸呢机的主要机构为一轴心可通入蒸汽的多孔钢质大滚筒(蒸辊),如图 3-1-18 所示。其中蒸呢滚筒为空心铜质滚筒,里面可通蒸汽,表面有许多小孔眼,蒸汽既可以从里向外,也可以从外向里循环。

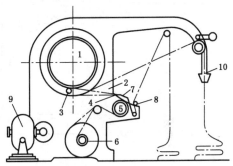

图 3-1-18　单滚筒蒸呢机
1—蒸呢滚筒　2—活动罩壳　3—压辊　4—烫板
5—进呢导辊　6—包布辊　7—展幅辊
8—张力架　9—抽风机　10—折幅架

蒸呢时,平幅织物和蒸呢包布同时卷绕在蒸滚上,张力架调节张力,使织物平整;烫板可通入蒸汽熨烫包布及织物,使之平整;压辊由杠杆连接压锤,其作用是在卷呢时给予包布及织物一定压力,使之卷绕平整。大滚筒在运动状态下进行蒸呢,首先打开蒸滚内蒸汽,待蒸汽透出呢面后,关闭活动罩壳,开始计算汽蒸时间。蒸至规定时间后,打开外蒸汽,使蒸汽由外向内蒸呢。在整个蒸呢过程中,抽风机将透过呢层的蒸汽抽走。蒸呢结束时,关闭蒸汽,开启罩壳,并将织物和蒸呢包布抽冷抽干,然后织物退卷出机。

由于该机蒸滚直径大,织物卷绕层薄,同时由于蒸呢和抽冷的双向性,所以蒸呢作用均匀,定形效果较好,蒸后织物身骨挺括,手感滑爽,光泽柔和持久。一般适用于薄型织物。

(2) 双滚筒蒸呢机:双滚筒蒸呢机是由两个多孔蒸呢滚筒组成,其直径小于单滚筒蒸呢机的蒸滚。滚筒轴心可通入蒸汽,进行单向喷汽和抽冷。由于蒸呢与抽冷都为单向性,而且蒸呢滚筒上卷绕的呢层较厚,所以内外层织物蒸呢效果差异较大,织物在一个蒸呢滚筒上蒸呢后,必须调头蒸第二次。双滚筒蒸呢机冷却速度较慢,定形作用缓和,蒸后织物手感柔软。由于两个滚筒可交叉蒸呢,所以生产效率高。常用的双滚筒蒸呢机如图 3-1-19 所示。

(3) 罐蒸机:罐蒸机的主要机构由蒸罐和蒸辊等

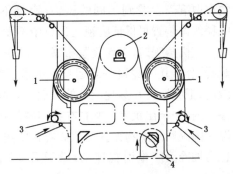

图 3-1-19　双辊筒蒸呢机
1—蒸呢滚筒　2—包布烘干滚筒
3—张力架　4—抽风机

组成。罐蒸时,先将罐内抽成真空,将蒸汽交替由蒸辊内部和外部通入,使织物在压力状态下以较高的温度进行蒸呢。蒸呢结束后,抽去蒸汽,通入空气,开罐并通过轴心抽冷,然后出呢。罐蒸机的蒸呢作用强烈,由于可内外喷汽和抽冷,所以蒸呢效果均匀,蒸后织物定表效果好,具有永久的光泽。中厚织物可获得坚挺丰满的外观,薄织物可获得挺爽手感。又由于进布、出布、卷绕、抽冷均可在罐外进行,所以生产效率高,但罐蒸后呢坯强力有所下降。罐蒸机如图3-1-20所示。

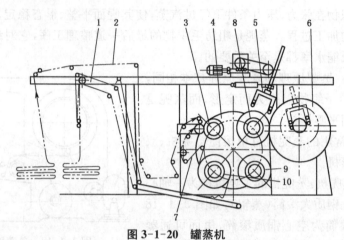

图 3-1-20　罐蒸机

1—出呢装置　2—织物　3—蒸辊　4—转塔　5—机械手　6—蒸罐　7—包布
8—落轴位置　9—抽冷位置　10—退卷位置

（4）连续蒸呢机:图3-1-21所示为连续蒸呢机结构示意图。

蒸呢滚筒外围套装内表面带孔的蒸汽夹套,蒸汽由孔眼喷出,在蒸呢滚筒的抽吸下,蒸汽穿过循环呢毯、织物和蒸呢滚筒孔眼进入蒸呢滚筒内,经抽气装置排出;循环呢毯由高强度合成纤维制成,为一无接缝环形带,由喂毯辊、蒸呢及抽冷滚筒出口处的拖引辊传动运行,并可其速差来调节呢毯在蒸呢和抽冷滚筒上所受的张力,使织物在两滚筒上受到不同的压力,满足不同的工艺要求。呢毯纠偏装置可保证呢毯在运行中不发生左右偏移。

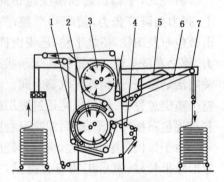

图 3-1-21　连续蒸呢机

1—循环呢毯　2—蒸呢滚筒　3—抽冷滚筒
4—进呢装置　5—喷风冷却装置
6—传送导带　7—出呢装置

该机蒸呢时,呢坯经紧布器、扩幅辊和进呢装置导入蒸呢滚筒,并随呢毯一起运行。呢毯经喂毯辊进入蒸呢滚筒,把呢坯压在蒸呢滚筒外表面上,抽吸装置把蒸汽夹套喷出的蒸汽透过呢毯和呢坯抽吸入滚筒内,并排出机外。呢毯在拖引辊的拖引下,连同呢坯离开蒸呢滚筒并进入抽冷滚筒抽冷降温。降温后的织物无张力地搁置在传送导带上,再经吹风冷却,由出呢装置折叠出布。循环呢毯由抽冷滚筒拖引辊拖动,烘干后,经喂呢辊牵引进入蒸呢滚筒汽蒸。如此循环实现连续蒸呢。

3. 蒸呢工艺　毛织物的蒸呢效果与蒸汽压力、蒸呢时间、织物卷绕张力、抽冷时间及包布规格、质量等有关。

从织物蒸呢效果来说,蒸汽压力越高,蒸呢时间越长,蒸呢定形效果越好,蒸后织物呢面平整、手感挺括、光泽较强。但蒸呢压力过高、时间过长,会造成织物强力下降,漂白织物泛黄。所以应控制好蒸呢压力和蒸呢时间的关系,即压力大则时间短,压力小则时间长。但时间不能过短,压力不能过低,否则蒸汽不易均匀地穿透织物,影响定形效果,造成呢面不平、手感粗糙、光泽不良。工程上蒸汽压力一般采用147～294 kPa,蒸呢时间为5～15 min。

蒸呢时的卷绕张力要根据织物品种加以调整。一般来说,精纺薄型织物张力大些,蒸后织物呢面平整,手感挺括滑爽,光泽较强;精纺中厚织物张力宜小些,蒸后织物手感活络;粗纺织物比较厚,张力宜大些。但是张力不能过大或过小,过大织物手感呆板,缩水率增加,易产生水印;过小则蒸后织物光泽不足,易产生波纹横印,定形效果不理想。

蒸呢后的抽冷可使定形作用固定下来,织物冷却越充分,定形效果越好。如果抽气冷却不充分,则呢面不平整,手感松软,无光泽。冷却时间应视织物品种和织物经蒸呢后出机时的呢面温度而定,一般出机时呢面温度低于30℃,冷却时间10～30 min。

蒸呢包布的选择对蒸呢后织物的光泽、手感都会产生直接影响。蒸呢包布有光面和绒面两种,多为纯棉或涤棉混纺织物。使用光面蒸呢包布蒸呢,蒸后织物光泽强,身骨好;而使用绒面蒸呢包布光泽柔和,手感柔软。蒸呢包布强力要高,组织要紧密,表面要平整光洁,纱支条干均匀,不能有严重的织疵。包布幅宽要比呢坯宽20～30 cm,而且包布不宜过短,织物卷绕于蒸呢辊上后包布还要多绕数圈,否则,局部蒸汽逸散后会造成蒸呢不匀。在进行蒸呢操作时,必须保证呢坯两边和中间受热要均匀一到,这样才能使蒸呢效果均匀一致。蒸前要保证呢坯的幅宽,并控制好蒸后呢坯幅宽的变化。所使用的蒸呢包布必须保持干燥,否则易产生蒸呢疵病。

六、电压

电压整理是指含有一定水分的毛织物,通过电热板受压一定时间,使织物呢面平整、身骨挺实、手感润滑和光泽悦目的加工过程。电压整理是一般精纺织物在染整加工中的最后一道工序,除要求织纹饱满的织物如华达呢、贡呢等外,都需经电压整理。

1. 电压设备　电压主要在电压机上进行。电压机有间歇式和连续式两种,目前多采用间歇式电压机,如图3-1-22所示。它是由加压机、夹呢车、三组升降台及硬纸板、电热板等组成。

电压机的操作过程是,先将织物通过折呢机上平幅往返折叠,与此同时要将电热板和电压纸板依次插入呢层中,其插入原则是每层织物两面都要有电压纸板。每匹呢至少需插入一张电热板,并且为防止烧坏织物,电热板上、下要多加几张电压纸板。折呢的要求是织物平整,布边整齐,张力均匀。折呢完毕后将夹呢机推到压呢机上,加压至规定压力,旋紧螺母,使织物处于压力条件下,然后通电加热。加热时,通过温度调节器控制温度,保温加热完毕后,织物在压力状态下冷却。同一呢坯必须还要经第二次电压。第二次电压时,要将第一次压呢时的织物折到纸板中心去,这样才可使整匹织物电压效果均匀一致。

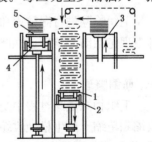

图3-1-22　电热压光机
1—夹呢车　2—中台板
3—右台板　4—左台板
5—纸板　6—电热板

2. 电压工艺　电压所需的压力、温度和冷却时间等工艺参数应根据产品要求确定。

电压压力应视织物品种、风格而定。薄织物要求手感滑挺、光泽好,压力宜大些,一般为$(24.5\sim29.4)\times10^3$ kPa;中厚织物要求手感柔软、丰厚活络,压力宜小些,一般为$(14.7\sim19.6)\times10^3$ kPa;原料较差的毛织物不宜重压,以防产生呆板的极光。

温度越高,电压后织物光泽越强,但温度过高,则容易产生极光及电压板压板印。对于光泽要求高的产品,电压时温度可高些;需要柔和光泽的织物,温度可稍低些;而对于要求自然光泽的织物,温度应更低,但时间较长。一般温度掌握在$50\sim70℃$之间。电压过程中温度要均匀一致。

电压时间包括保温时间和冷却时间。通电达到规定温度后要保温 20 min,以使呢坯受热均匀,如果电热板与纸板间的间隔张数多,则时间应适当延长。冷却时间指的是降温冷压时间,一般以逐步冷却较好。冷压时间长,可使织物充分冷却定形,光泽足且持久,手感滑润;冷压时间不够,则织物光泽较差且不持久。一般冷却时间为$6\sim8$ h。

含湿织物可塑性大,电压加工时易获得理想的效果。但织物含湿率不能过高,这样易产生刺目极光,手感疲软,光泽不持久;含湿率过小,则织物手感粗糙、光泽差。精纺一般含湿率控制在$14\%\sim16\%$。

电压次数应根据织物品种和电压要求决定。多数精纺织物采取连续两次电压,有时为了提高织物的手感和光泽,可采用重复蒸呢及电压。

为使出厂织物具有良好的外观,精纺织物电压安排在最后一道工序,否则织物上的疵点暴露得会更明显。如果织物电压后产生极光或者手感过于呆板,则在电压后再进行蒸呢可给予补偿。

七、搓呢

搓呢是高级粗纺大衣呢的特殊外观整理,可以产生波浪状、涡旋状的呢面外观。搓呢在搓呢机上进行,搓呢机由主轴带动偏心盘使上搓板作往复运动。搓板有毛刷、橡皮之分,橡皮搓板又分有平面、粗细凹凸花纹,按织物需要选择。调节搓板的动程、动向以及对呢坯的压力,可把粗纺大衣呢搓出各种外观。

搓呢一般安排在最后一道工序,因此搓呢时要在一定的张力条件下进行,以防织物发生幅宽变狭。为保证搓呢后的织物幅宽达到标准要求,搓呢前织物幅宽应比成品幅宽稍大些。

第五节　毛织物的特种整理

毛织物除进行湿整理和干整理外,还可根据织物的特殊要求进行特种整理。毛织物的特种整理包括防缩整理、防蛀整理、防水整理等等。

一、防缩整理

毛织物在洗涤过程中受到机械作用会发生面积收缩、变形,原因主要有两个方面,即松弛收缩和毡缩。产生松弛收缩的原因是毛织物中的纱线在纺织染整加工中受到张力的作用伸长后,没能回复到原来的长度,存在着潜在收缩,织物浸入水中时,纱线发生变形,伸长回复,造成缩水。为了防止毛织物松弛收缩,生产中常常将织物给湿或浸水,然后在松弛状态下用较低温度缓慢烘干,使其自然收缩,这种方法常称为毛织物的预缩整理。

羊毛纤维具有缩绒性,毛织物在湿热状态下受到外力作用时会产生毡缩,使织物面积收缩变形,形状改变,绒毛突出,织纹模糊不清,弹性降低,手感粗糙,织物外观和服用性能受到影响。因此,需要对毛织物进行防毡缩整理。羊毛防毡缩整理的方法有降解法和树脂法两种。羊毛可以采用毛条、纱线或织物形式进行防毡缩加工。

降解法也称为"减法",其原理是利用氧化剂等处理,使羊毛鳞片层中的部分蛋白质分子降解,形成大量亲水性基因,从而使鳞片软化,纤维定向摩擦效应减小,毡缩性降低。常用的防缩剂有氯及其衍生物、高锰酸钾、过氧硫酸及其盐等,其中以氯及其衍生物对羊毛处理的氯化法应用较普遍。

应用次氯酸钠溶液对羊毛进行防毡缩处理,方法简单,成本低,但处理工艺较难控制,容易造成处理不匀和纤维过度损伤。氯化加工时,羊毛先在含有效氯 3%～5%(对纤维重)的次氯酸钠酸性溶液中室温浸渍 20 min 左右,然后水洗,再用亚硫酸钠等溶液进行脱氯处理,除去纤维上残留的氯,最后进行水洗、中和。

羊毛氯化防毡缩整理的缺点是纤维损伤较大,强力下降较多,纤维易泛黄,手感粗糙。另外,氯化过程中产生的有机氯化物(AOX)会造成严重的环境污染。因此,采用无氯防毡缩整理愈受到人们的关注,其中用过氧硫酸盐、蛋白酶及等离子体处理被认为是有可能替代氯化法防毡缩的有效途径。

树脂法也称做"加法",其防毡缩原理与降解法不同。少量树脂通过"点焊接"或形成纤维—纤维间交联,将纤维黏结起来,或者在纤维表面形成一层树脂薄膜把鳞片遮蔽起来,或者是大量树脂沉积在纤维表面,从而防止相邻纤维鳞片之间的相互啮合,使纤维的定向摩擦效应减小,从而获得防毡缩效果。常用的树脂有 Hercosett 57、Dylan GRB 和 Basolan SW 等,树脂用量根据纤维状态和加工方法不同而异。树脂法处理后羊毛手感较硬,通常都要经过柔软处理。经"加法"处理后的羊毛见图 3-1-23。

(a) 未处理羊毛　　　　　　　　　(b) 经树脂处理羊毛

图 3-1-23　未处理羊毛和经树脂处理单选的照片

为了提高防毡效果,使毛织物达到机可洗或超级耐洗的水平,通常可以采用降解—树脂两步法进行防毡缩整理,其中以毛条两步法连续防毡缩整理应用最为广泛,其加工过程为氧化→中和→洗涤→树脂→柔软。

二、防蛀整理

毛织物易受蛀虫蛀蚀,造成不必要的损失,因此,羊毛防蛀整理具有重要意义。常用的羊毛防蛀剂有熏蒸剂、触杀剂和食杀剂三类。对氯二苯、萘和樟脑等为常用的熏蒸剂,利用其挥发性杀死蛀虫,常用于密闭容器中保存或贮藏羊毛制品。但它们逐渐挥发完后,即失去防蛀作用。氯苯乙烷(DDT)是一种有效的触杀剂,溶于汽油或用乳化剂乳化后喷洒到织物上,杀虫力强,但不耐洗且会引起公害。

目前生产上常用的防蛀剂有灭丁(Mitin)、尤兰(Eulan)和除虫菊酯等类物质。尤兰 U_{33} 能与碱作用生成可溶性盐,对温度和 pH 值适应范围广,可在染浴或整理浴中混合使用,用量约为 1.5%,较耐洗,对衣蛾类和甲虫类蛀虫均有效。

灭丁 FF 可看作是一种无色的酸性染料,无臭无味,易溶于水,在酸性液中对羊毛有较大的亲和力,可与酸性染料同浴染色,也可单独处理羊毛。和染料同浴使用时,在 30~40℃加入元明粉、染料和 1%~3% 的灭丁 FF,处理 5~10 min,使防蛀剂均匀吸收,然后加入酸,按染料的染色方法染色。灭丁 FF 对人体无害,防蛀效果好,耐晒,耐水洗和干洗牢度好。

除虫菊酯类防蛀剂对人体无害,幼虫食后不消化而死亡。天然除虫菊酯虽有防蛀作用,但不耐光且易水解。除虫菊酯可以合成,合成除虫菊酯是天然除虫菊酯的变性化合物,不仅防蛀效果好,而且有较高的稳定性,因此这类防蛀剂发展较快。是目前应用较多的一类防蛀剂。

防蛀整理方法有多种,常见方法有:

(1)和染料同浴应用:将防蛀剂和染料、助剂同浴使用,由于染色时间长、温度高,防蛀效果的耐洗性较好,是目前广泛应用的方法,但长时间沸染会使某些防蛀剂遭到破坏,而且有些助剂会抑制羊毛纤维对防蛀剂的吸收,需适当选择应用。

(2)精练加工中应用:是一种较为重要的加工方法。将防蛀剂加入到羊毛散纤维和毛织物的精练液中,加工方便,但处理温度低,时间短,不能充分渗入到纤维内部,坚牢度较差。

(3)和润滑剂同浴应用:将防蛀剂加入纺纱油剂中后施加于羊毛纤维,大部分防蛀剂附着在羊毛纤维的表面,因此牢度偏低。

(4)溶剂法:适用于疏水性防蛀剂,通常是将防蛀剂先和水混合,然后分散于溶剂中,使其很快为溶剂中的羊毛吸收。防蛀处理必须在洗净羊毛纤维上表面活性剂后进行,主要用于地毯纱的防蛀加工。

[工艺举例]

染料	x%(o. w. f.)
扩散剂、渗透剂	0.2~0.5%(o. w. f.)(如平平加 O、拉开粉 BX 等)
98%醋酸	0.5~2%(o. w. f.)
防蛀剂	0.5%(o. w. f.)
pH 值	3~5
浴比	1:0~1:40(毛织物对染液重量比)

升温曲线:

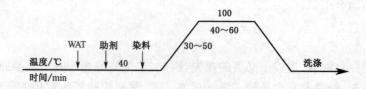

第二章

丝织物的染整

蚕丝经练漂加工后的制品具有肥亮而柔和的光泽,光滑而柔软的手感,洁白而轻盈的外观,可染印绚丽缤纷的颜色或花纹。自古以来,蚕丝就是高档的纺织原料。

按蚕的品种,蚕丝可分为家蚕丝、柞蚕丝、蓖麻蚕丝和木薯蚕丝等。丝织物(即丝绸)原意是指由蚕丝纤维加工成的织物。随着人造纤维、合成纤维的相继问世,丝织物的概念有所扩大,即凡是由长丝纤维加工成的织物都叫丝织物,包括全真丝织物、人造丝织物、合纤丝织物、柞蚕丝织物、交织物等品种,本章所讲丝织物特指全真丝织物。

坯绸是丝织物染整加工的对象,其染整加工大致经过练漂、染色、印花整理等过程,而每个过程又由若干个不同的工序组成。具体的工艺流程要根据纤维的种类、对成品的要求、成品的用途等来决定。

第一节 | 丝织物前处理

生丝及其织物含大量杂质,这些杂质主要是纤维本身固有的丝胶及油蜡、无机物、色素等,此外,还有在织绸过程中加入的浆料,为识别捻向施加的着色染料以及操作、运输过程中沾上的各种油污等。这些天然和人为杂质的存在,不仅有损于丝织物固有的优良品质,影响服用价值,而且使织物很难被染化料溶液润湿和渗透,妨碍染整加工。因而除特殊品种外生丝及其织物都必须经过精练加工,坯绸精练的目的在于去除丝胶及附着在丝胶上的杂质。因此蚕丝织物的精练习惯上又称脱胶。

蚕丝主要是由丝素和丝胶组成,我们常说的丝,指的就是丝素,丝胶包络在丝素外层,它们都是蛋白质。丝素在水中不能溶解,且对酸、碱等化学药品及蛋白水解酶等有较高的稳定性。而丝胶在水中,特别是在近沸点的水中发生剧烈溶胀,以至溶解,并且对酸、碱等化学药品及蛋白水解酶等的稳定性很低。利用这一特点,采用适当的方法和工艺条件,将丝胶从织物上去除,以达到脱胶的目的。

丝织物脱胶过程大致分三步:①纤维上丝胶从练液中吸水膨化;②丝胶膨化的同时,碱、酸、酶等助剂催化加速其溶解和水解;③丝胶从纤维上剥离,稳定地分散在练液中。

脱胶后的生丝或丝织物称为熟丝或熟织物。为了保证织物在精练后的使用质量和染、印后加工中免受损伤,织物上的丝胶去除必须适度。其脱胶程度常用练减率(脱胶率)表示:

$$练减率 = \frac{精炼前织物干重 - 精炼后织物干重}{精炼前织物干重} \times 100\%$$

丝织物全脱胶时的练减率一般在 23% 左右,生丝中由于不含泡丝浆料等外加杂质,故练减率在 21% 左右已属脱胶完全。

丝织物脱胶设备目前采用的有:精炼槽、平幅连续精练机、星形架精练等。由于精炼槽工艺成熟,仍为绝大多数厂家加工的主要设备。

一、精练槽精练

精练槽是一种古老的丝织物精练设备,俗称挂练槽。由于其具有结构简单,操作方便,练漂质量高,适用小批量、多品种加工的特点,至今仍为丝织物精练的常规设备。

坯绸在精练前首先经过准备工序,包括分批、退卷、码折、钉线扣襻和穿竿打印等五道工序。码折是将坯绸码成"S"状或圈状,分别称 S 码或圈码。织物码折后,随即在一侧绸边上钉上间隔相等、高度一致的襻绳,即钉线扣襻。通过襻绳可将织物逐匹地穿在挂绸杆上,如图 3-2-1 所示。挂绸杆依次排在杆架上,杆架借升降机构做垂直升降,将坯绸缓慢浸入挂练槽内进行浸渍工艺处理。

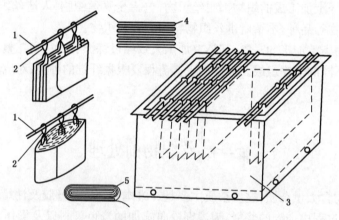

图 3-2-1　织物挂练图

1—挂绸杆　2—襻绳　3—挂练槽　4—S 码织物　5—圈码织物

练槽一般分为普通练桶和夹层练桶,如图 3-2-2 所示。按照练漂工艺的要求,练桶排列一般为 7~9 个直排成一条龙。在一条龙上方装有电动吊车,用以升降织物和移动织物到下一槽。

普通练桶为不锈钢板制成的长方体槽,以往大多为木制或瓷砖砌成,又叫做船型槽。桶宽 120~130 cm,桶深视织物门幅而定,约 140~180 cm,长度则根据所需容

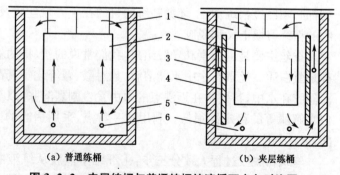

(a) 普通练桶　　　　　(b) 夹层练桶

图 3-2-2　夹层练桶与普通练桶练液循环方向对比图

1—线襻　2—织物　3—夹层蒸汽管　4—夹层挡板
5—精练桶　6—底层蒸汽管

积和允许占地面积而定，一般为220 cm，目前常用精练槽容量有3 200 L、4 000 L、4 600 L等几种。在精练槽底部布有直接加热蒸汽管，蒸汽喷出口朝下，蒸汽管上面安装一块均匀布满小孔的花板假底，使蒸汽加热时不致直接冲击织物。

当练桶底部的蒸汽管加热时，练液上升，使织物浮起，产生擦伤和折皱印，且练桶上下存在温差，可以采用夹层练桶。夹层练桶是在普通练桶的两边距桶壁4～5 cm处，加装一块约2 mm的不锈钢挡板。挡板下沿距桶底约20～30 cm，与桶壁间形成夹层。挡板上沿浸没在液面之下，略高于织物上沿。在每边挡板与桶壁的适当位置安放一根直接蒸汽管。织物精练时，关闭底部蒸汽，仅用夹层蒸汽保温。由于夹层蒸汽管的蒸汽喷口都向上，蒸汽喷出时，驱使练液由底部涌入夹层，从夹层的上口溢出，流向练桶中央，形成自上而下的流向。这同原来使用底层蒸汽管时的自下而上的练液流向恰好相反。但夹层练桶使用不当时，也可能使液流出现"短路"，即液流不从每匹织物页间穿过，而从匹与匹间流过，使织物各页闭合，反而影响精练均匀程度。

实际生产中，以精练桶为主要设备加工丝织物的脱胶方法常见有皂—碱法、合成洗涤剂—碱法及酶脱胶法。

1. 皂—碱法

主练剂为肥皂，助练剂有纯碱、泡化碱、磷酸钠、保险粉。这种方法脱胶白度较好，手感丰满、光泽明亮，但耗皂量大，成本高，织物容易泛黄。

精练工艺过程：精练前准备→预处理→初练→复练→练后处理。

（1）前准备包括分批、退卷、码折、钉线扣襻、打印等工序。分批：根据丝织厂来的坯绸品量和品种规格进行分档，以便选择不同的工艺。退卷：将丝绸厂下机后的卷状坯绸进行落卷，同时对坯绸进行检验，注意有无织疵、破洞、油污渍等。码折：把退卷后织物重新折叠起来，以适应脱胶方式。码折可分为"S"码和圈码两种。"S"码的织物在精练时，练液易进入织物层与层之间，精练均匀，但在回折处容易产生"刀口印"，一般适用于轻薄等组织疏松的织物。中厚型织物适宜于圈码，圈码织物呈圆筒状，由于圈码织物层与层间距很小，练液不易浸入，易造成脱胶不匀，甚至产生"生块"。需圈码加工的织物，不必先行退卷，它们可同时进行。钉线扣襻：织物码折后，在一侧布边上用针线将绸边串结，再用绳襻将穿线提携起来。一般针眼要距边约8～10 mm，线襻用针穿过每页绸边，结成长20～34 cm的线圈。根据匹重不同，"S"码织物一般钉3～4个襻，圈码织物需6～8个襻。穿竿打印：将已钉好线襻的织物穿上挂竿。在织物一端约10 cm处盖上不褪色油墨戳印，标明日期、挂练槽号码、班次、操作人代号等，便于质量跟踪。

（2）预处理的目的是织物在进入练液之前，使丝胶充分膨化，减弱丝胶对丝素的结合力，从而使脱胶均匀和迅速。预处理一般是以一定浓度的碱液处理。碱剂可以是纯碱，也可以是纯碱与硅酸钠的混合碱。其工艺一般采用中等温度和弱碱性条件。

（3）初练是脱胶的主要过程，能去除丝纤维中的大量其他杂质，需要较长时间和较多的用剂。如练白双绉的初练工艺：

工艺处方：肥皂（丝光皂）	7 g/L		续桶追加3 g/L
纯碱	0.3～0.6 g/L		0.18 g/L
泡花碱（40°Bé）	1～2 g/L		1 g/L
保险粉	0.3～0.4 g/L		全量
工艺条件：温度	98～100℃		
时间	60～90 min		

浴比	1∶45	
pH 值	9～11	

经过初练后,大部分丝胶已去除,练减率一般达 18% 以上。

(4) 复练的目的是进一步去除残存在纤维上的丝胶并清除在初练浴中织物上的沾污。复练所用的精练剂与初练相同,用量可适当减少。复练工艺如下:

工艺处方:	肥皂(丝光皂)	5.5 g/L	续桶追加2.5 g/L
	纯碱	0.22 g/L	0.17 g/L
	泡花碱(40°Bé)	1.6 g/L	0.8 g/L
	保险粉	0.33 g/L	全量
工艺条件:	温度	98～100℃	
	时间	60～90 min	
	浴比	1∶45	
	pH 值	9～11	

经过复练后的织物洁白柔软,并富有光泽,这一过程的练减率约为 2%～4%。

(5) 练后处理通常包括水洗、脱水两道工序。水洗是洗除精练后织物上黏附的污液、丝胶、皂渣等,特别是皂渣,若去除不净,日久会使织物泛黄变硬,染色时还有抗染作用,所以水洗必须充分。水洗仍在练槽上进行,一般要洗三道。为了防止织物上附着的污物突然骤冷凝聚,水洗时应逐步降温。

工艺条件: 第一道水洗为高温水浴(90～95℃),30 min;

第二道水洗为中温水浴(50～60℃),30 min;

第三道水洗为室温水浴,10～20 min。

为了提高水洗效果,在高温水洗浴中常加入 0.4～0.6 g/L 纯碱,使游离脂肪酸转化为钠盐,从而加速溶解。水洗已净的织物如不经染色,可以在室温水洗浴中加入冰醋酸或甲酸等有机酸进行酸洗,以改善光泽,增进丝鸣。

丝织物的脱水可采取离心脱水、轧水打卷和真空吸水等方法。离心脱水由于脱水过程中织物处于皱折状态,易产生皱印,所以只适用于绉类、乔其等不易折皱的织物。轧水打卷一般用于纺类、斜纹类、缎类织物,它可以防止皱印,但容易产生卷边和皱条等疵病。真空吸水适应各类织物脱水,一般真丝织物在烘干前先要进行真空吸水。

2. 合成洗涤剂—碱法

主练剂以合成洗涤剂代替了肥皂。工艺流程、工艺条件和操作方法均与皂—碱法基本相同。这种方法可改善泛黄程度,但手感略差。

工艺流程:前准备→预处理→初练→复练→练后处理。

(1) 预处理工艺处方:	纯碱	1 g/L,补加量 0.5 g/L
	渗透剂 T	0.33 g/L,补加量 0.165 g/L
工艺条件:	温度	75℃
	时间	90 min
	浴比	1∶30
	pH 值	10
(2) 初练　工艺处方:	纯碱	0.75 g/L,补加量 0.5 g/L

	硅酸硅 40°Bé	1.25 g/L,补加量 0.625 g/L
	洗涤剂 209	1.75 g/L,补加量 0.9 g/L
	保险粉	0.5 g/L,全量
工艺条件:温度		95～98℃
	时间	90 min
	浴比	1:40
	pH 值	10

（3）复练　工艺处方:纯碱　　　　　0.3 g/L,补加量 0.25 g/L

平平加 O　　　0.2 g/L,补加量 0.1 g/L

保险粉　　　0.25 g/L,补加量 0.1 g/L

工艺条件:温度　　　　95～98℃

时间　　　　60 min

浴比　　　　1:40

pH 值　　　　10

（4）练后处理:第一道水洗为高温水浴(95～98℃),20 min;

第二道水洗为中温水浴(70℃),20 min;

第三道水洗为室温水浴,10～20 min。

3. 酶脱胶

由于酶的催化作用具有高度专一性,对纤维上其他杂质的去除率很小,因此常和肥皂或合成洗涤剂合用,以进一步提高精练效果。目前常用酶—合成洗涤剂法,这种方法可改善泛黄程度,手感柔软,渗透性好,但光泽较差。

工艺流程:前准备→预处理→酶脱胶→精练→练后处理。

为使酶充分发挥其催化作用,只能通过加强预处理,使纤维充分膨化,以利于酶液的渗透和酶对丝胶的的作用,从而提高脱胶效率。预处理练液的 pH 值由碱剂(硅酸钠、碳酸钠)来调节,要求渗入丝胶层中的碱剂量不能超出酶作用的最适 pH 值范围。生产中常采用碱性条件(pH=9.5)下的高温预处理(90℃以上)。

蛋白酶一般选用 2709 碱性蛋白酶,其脱胶工艺如下:

工艺处方:2709 碱性蛋白酶　　　　28～40 活力单位/mL

碳酸钠　　　　　　　1.5 g/L

工艺条件:温度　　　　45±2℃

pH 值　　　　9～11

时间　　　　50～60 min

浴比　　　　1:45

精练:酶脱胶后织物上的丝胶已基本去除,但存在于纤维上的其他杂质和色素却难以去除,因此,酶脱胶后尚需进行精练。精练用剂常为合成洗涤剂,工艺处方和条件基本同于合成洗涤剂—碱法脱胶。

挂练工艺的主要特点是:设备简单,投资少,操作方便,适用于小批量、多品种的生产,产品质量较好,产量较高。但由于它属于间歇式生产,劳动强度大,由于织物以圈码或 S 码形式处理,内外层不易均匀一致,特别是加工厚重强捻真丝织物时,其修复率较高。

精练槽挂练时要注意以下事项：

（1）认真掌握练液温度，保持在 98～100℃ 之间，液面微沸。温度如低于 95℃ 则精练不匀，易造成生块，如练液沸动激烈，则织物因摩擦易造成灰伤。

（2）精练剂称料要准确，加料后，在织物入槽前，一定要去浮渣，水沸后再加入其他助剂，保险粉要在精练结束前 30 min 加入。盛放助剂的容器要避免使用铁制品，以防影响精练质量。

（3）织物入槽时，一般是将织物吊入练液中，使其自然沉没，然后，再起吊一次，作为操作一遍。织物初练（或预处理）入槽，操作一次，以后每相隔 10 min 再操作一次，使织物内外层练液得到充分交换。复练后，丝胶已基本脱尽，一般操作两次即够。

（4）操作精练用吊车时，上下速度不宜太快，起吊太快，织物带水过重，易形成吊襕印。

（5）出水要净。在高温水洗 30 min 过程中，要抬绸操作 1～2 次，让织物上的杂质能完全落入水中。

二、平幅连续精练

丝织物平幅连续精练设备主要是采用意大利 Mezzera 公司生产的 VBM 长环悬挂式平幅连续精练机，适用于真丝绸的连续精练，也可以用于化纤丝织物的连续精练。

VBM 型平幅连续精练机如图 3-2-3 所示。此机有单程式和双程式之分。单程式由五个基本单元组成：进绸装置、成环装置、预浸槽、VBM 型精练槽、吸鼓式干洗机（或导辊式干洗机）以及落绸装置。双程式用于真丝绸的精练，它在单程式的基础上，再增加一套预浸槽、VBM 精练槽、LT 型水洗槽以及导辊式干洗机。

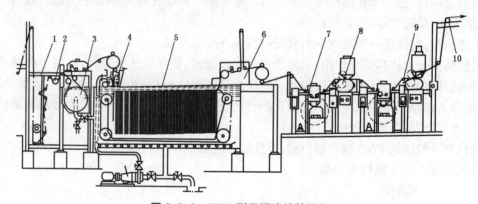

图 3-2-3 VBM 型平幅连续精练机
1—进绸装置 2—超喂装置 3—预浸槽 4—成环装置 5—VBM 精练槽
6—出布装置 7—吸鼓式平洗机 8—小轧车 9—真空吸水 10—落绸装置

织物经进绸装置的扩幅和定位后，导入预浸槽以润湿织物，除去纤维中的空气，使织物变软、变重，在练液中不浮起，便于在精练槽中成环，并使织物在高温练液中收缩，起到预缩的效果。再借超喂辊导入溢流槽，为使织物保持连续、平幅低张力运行，然后再通过一个缝口大小可调节的 V 形狭缝的喷嘴，由活动导板把绸引入挂绸杆上，借助液流带动织物运行和成环。此时织物平幅进入精练槽，随挂绸杆的匀速水平运动，进行精练。精练后织物经过中心定位装置，纠正织物精练中出现的偏离中心的现象。通过二辊轧车去除织物上所带的练液，再由张力调节装置控制好织物的经向张力，直接进入水洗槽进行水洗。再进行 2～3 次吸鼓式干洗，最后通过真空吸水装置,经出布装置平幅落绸或卷取落绸。

1. 单程式精练工艺实例

工艺处方:米托邦 SE		12 g/L
保险粉		0.5 g/L
工艺条件:温度		96~98℃
pH 值(用 NaOH 调节)		11.3
车速(视织物厚薄而定)		10~25 m/min
水洗温度:第一槽		80℃
第二槽		40℃
第三槽		室温

2. 双程式精练工艺实例

[前槽]工艺处方:海帕特克斯 P-400　　12 g/L

纯碱　　1.7 g/L

保险粉　　x g/L

六偏磷酸钠　　0.25 g/L

工艺条件:温度　　98℃

pH 值(用 NaOH 调节)　　9.5~10

车速(视织物厚薄而定)　　15 m/min

水洗温度:第一槽　　70℃

第二槽　　40℃

第三槽　　室温

[后槽]工艺处方:AR-617 精练剂(50%)　　10 g/L

保险粉　　x g/L

工艺条件:温度　　98℃

pH 值(用 NaOH 调节)　　9.5~10

车速(视织物厚薄而定)　　15 m/min

水洗温度:第一槽　　70℃

第二槽　　40℃

第三槽　　室温

平幅连续精练可用于各类真丝织物的精练,练白成品比挂练成品脱胶均匀,没有灰伤、吊襻印等疵病。该机自动化程度较高,节省人力,劳动强度低。但其浴比过大(1:500),耗水、耗电、耗汽,精练成本较高。若操作不当,薄织物易飘浮,成环时会折叠或偏离中心,产生无法修复的皱印等。另外,使用快速精练剂,特别是采用强碱来调节 pH 值,随着槽中练液使用时间的延长,槽内丝胶越来越多,每天补加的强碱也越来越多,对织物的强力会产生一定的影响。由于上述各种原因,平幅连续精练的应用受到一定限制。

三、星形架精练

星形架精练机由星形架、精练桶和打卷机组成。它既可精练,又可染色,避免了挂练槽精练时的吊襻印、灰伤和压皱印等疵病。详细介绍见本章第二节。

精练工艺流程：生坯退卷→缝头→挂绸→预处理→初练→热水洗→复练→热水洗→温水洗→冷水出桶→整体脱钩→轧水打卷

星形架精练脱胶均匀，可防止白雾、生块疵病，可解决较厚重的斜纹、纺、绉、缎类丝织物在精练槽精练时易产生的吊襻印和皱印等。它通过均匀分布的众多钩针对精练中织物均匀勾挂，避免了挂练中由于襻绳长短不一、受力不匀造成的吊襻皱疵病，因而适合于组织紧密、比较厚重的斜纹类真丝绸的精练。同时练绸自吊入练桶后，由于温度和织物升降的自动化控制，大大降低了劳动强度。

第二节　丝织物的染色

生丝经过精练脱去丝胶后成为熟丝，它只含丝素。丝素是有机含氮高分子化合物，其元素组成为 C、H、O、N 和少量 S，基本单元结构 α-氨基酸，大量的氨基酸按一定的顺序以肽键（—CONH—）相连，构成具有一定组成和空间结构的丝素大分子。若干丝素大分子的紧密聚集和相互堆砌构成丝素纤维。在丝素纤维结构中，既存在着丝素大分子排列比较整齐和紧密的整列部分，即结晶区，结晶部分的重量约占丝素总量的 40%～60%；又存在着大分子排列无规则、比较疏松的非整列部分，即无定形区，由于无定形区的存在以及庞大支链上有较多的活泼基团，容易使染料及化学药剂渗入和起反应，使得丝素纤维具有良好的染色性能。

目前，蚕丝染色多为织物染色和绞丝染色，以织物染色更多。

丝织物选用何种设备染色可得最佳效果，要视织物的组织规格、批量、色泽深浅以及染色工艺等条件而定。总的来说，丝织物比较娇嫩，所以宜采用松式、少摩擦的设备为佳。目前，真丝织物染色设备，根据织物状态，主要有绳状染色和平幅染色两种。

（1）绳状染色机　绳状染色机分普通绳状染色机和常压溢流染色机。

普通绳状染色机详见羊毛染色的绳状染色机。其优点是织物在松弛状态下，各种染料都可以用，而且织物的前处理、染色、水洗、固色等可同机进行。这种设备的浴比约为1：20～1：30，适合于染中等深度，不容易起皱的织物，如薄的电力纺、洋纺、乔其及双绉等。

常压溢流染色机（SDF）用于真丝织物染色，有很好的效果，它的结构如图 3-2-4 所示。当织物进入染槽后，织物头尾相连，借循环泵将染液送至溢流槽，由水流带动织物平滑向前移动。靠溢流染液的冲击力带动织物在溢流管内运行。每条染色管配有两条独立导绸管道分隔绸匹，保证织物在最佳状态下移动，并使织物在染槽的任何部位

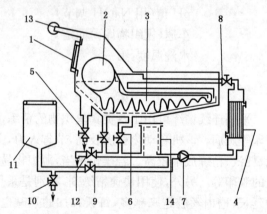

图 3-2-4　SDF 丝绸溢流染色机
1—进绸窗　2—导绸辊　3—导绸管道　4—热交换器
5—溢流阀　6—抽水调节阀　7—主循环泵
8—流量控制阀　9—进料调节阀　10—进料阀
11—加料桶　12—排水阀　13—出绸辊　14—过滤器

均能与染液接触或浸于染液中,由于染槽是相通的,故染色均匀,织物所受的张力和摩擦力相对减小。

(2)平幅染色机 丝织物平幅染色机包括卷染机、星形架染色机、方形架染色机。

卷染机适用于很多丝织物,尤其是那些不宜绳状加工的较厚重的真丝纺绸类织物。但普通卷染机存在着不等速,张力过大的弊病。目前使用的恒张力卷染机,可根据织物厚薄调整张力大小,更适合真丝绸的染色。

星形架染色机是目前仍采用较多的丝织物染色设备之一,见图3-2-5。它主要是由一个大染色槽和一个挂绸星形架组成。织物被一层层挂在星形的挂绸架上,染色时将挂有织物的星形架吊入染槽,染色开始或在染色过程中,根据需要可将星形架上下起落,或开动循环泵,让染液循环,使染色均匀。星形架染色的优点是织物呈平幅,且层与层之间有间隔,染液容易流通,织物相互摩擦较少,染色效果匀透。缺点是容量小,挂绸、下绸全为人工操作,生产效率低。组织稀松的织物,浸绸后织物的纬向易伸长,层与层之间仍要相碰摩擦,同时可能产生"挂钩印"等疵病。星形架染色机常用于厚密的真丝织物和不能受压的丝绒类织物染色。

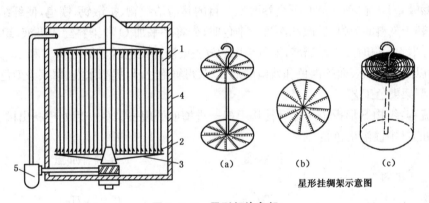

星形挂绸架示意图

图 3-2-5 星形架染色机

1—织物 2—铜钩 3—星形架 4—染色槽 5—泵

方形架染色机是由挂染槽与星形架的优点综合而成的,其作用和星形架相似,但挂绸比较方便。染槽是一方槽,吊架换成了方形架,平幅织物整匹用钢针将两边拴住,每隔数层分开挂在方形架上,每架可挂 $50\ \text{g/m}^2$ 的织物 9 匹(每匹长 40～50 m)。用电动吊车把方形架吊入染槽,每个染槽容积 1 800 L,可把方形槽编为一组,成为一条染色生产线。其中,染色槽专门染色(染色残液可续用),后处理槽专门用于水洗及后处理,这样可大大提高生产效率。方形架染色机适用于全真丝织物的染色,其挂绸操作较星形架方便。织物呈松式平幅状态,因而不易擦伤,而且染液的渗透性良好,使染色织物光泽柔和,手感柔软丰满。但此设备容绸量较小、产量较低,也可能产生"刀口印"等疵病。

一、酸性染料染色

酸性染料用来染丝织物,染色方便,得色浓艳,为丝织物染色的主染料。其染色机理与酸性染料染羊毛相似。但在强酸性条件下染色时,蚕丝的光泽、手感、强力都会受到影响,因此强酸性染料在蚕丝染色中很少应用,蚕丝的染色主要采用耐缩绒性酸性染料。染液 pH 值一般为 4～4.5,用醋酸调节。

蚕丝织物一般对光泽要求高,织物经长时间沸染,容易引起擦伤,光泽变暗,因此一般用 95℃左右的温度染色。因蚕丝表面没有鳞片层,其无定形区比较松弛,染料在纤维中的扩散比较容易,上染速率较高,一般采用逐渐升温的方法,以提高匀染效果。酸性染料在蚕丝上颜色鲜艳,但湿处理牢度一般不如在羊毛上好,染色后一般要进行阳离子固色剂处理,常用的固色剂是固色剂 Y、固色剂 AF、3A 等。

蚕丝酸性染料染色有浸染、卷染等方法。

1. 卷染工艺

工艺流程:织物上卷→前处理→染色→后处理→上轴。

工艺处方:

染料	x
平平加 O	0.5 g/L
冰醋酸	0.5 mL/L
浴比	1∶(3～5)

染色过程:织物上卷,要求布边整齐,张力控制适当。染色前,先在冷水中交卷一次,然后加入平平加 O(1 g/L),在 95～98℃下交卷两次。目的是清洁织物,扩散钙、镁皂,使纤维均匀湿润和膨化,以利于染料的吸附、扩散和渗透。染色时,先将平平加 O 和染料配成染液,织物于 95℃共染 10 道,第 4、5 道时加入冰醋酸,染色结束后放去染液。染色后分别用 60℃和 50℃的热水各水洗 1 次,以洗除织物表面的浮色和残留助剂,以获得鲜艳色泽,提高水洗、摩擦等染色牢度。

2. 方型架染色工艺

工艺流程:织物 S 形折码→穿针挂钩上架→进槽前处理→染色→后处理→出槽、脱水。

工艺处方(中性浴染色):

	清水桶	连桶补加量
染料	x	x
平平加 O	0.2 g/L	0.04 g/L
食盐	1.0 g/L	0.6 g/L
浴比	1∶(100～200)	

染色过程:染前先将坯绸进行 S 形码尺。码尺后穿针,沿门幅的一边在每间隔 0.24 m 左右处穿针,每匹绸穿 4～5 根针,穿针的目的是便于挂钩。穿针不能穿入绸身,挂钩必须均匀。门幅的另一边穿 2 根针,用 2 只挂架,并用绳子固定在两边框架上,防止织物浮起、起皱。织物染前还要在 50℃左右平平加 O(0.2 g/L)的溶液中浸泡 15 min,防止织物高温染色时,因收缩而拉破边。染色时,将染料和平平加 O 配成染液,织物于 80℃入染,20 min,然后坯绸吊起,将染液加热至沸,再下槽 20 min,再吊起织物,加入食盐溶液,保温 100℃,续染 30 min。染后先以 45℃的固色液中浸渍,固色 30 min,最后冷水清洗。

3. 星形架染色工艺

工艺流程:挂绸→吊架入槽→浸渍(40～50℃)→染色→水洗(50～60℃)→出槽、下绸。

工艺处方(弱酸性染料,对织物重):

浅色	0.5%～1%
中色	1%～4%
深色	4%～10%

　　　匀染剂 O　　　　　　　　　　0.2%

染色升温工艺曲线：

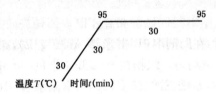

　　4. 绳染机染色工艺

以真丝乔其丝染色为例。

工艺流程：织物入槽→前处理→染色→后处理→出槽。

工艺处方：染料　　　　　　　　　x

　　　　　平平加 O　　　　　　　0.3 g/L

　　　　　食盐　　　　　　　　　0.5 g/L

　　　　　浴比　　　　　　　　　1：30

　　染色过程：根据织物品种确定每槽加工数量，每档放置一匹织物，把织物的头尾相接。染色前织物在 50℃的温水中运转 10 min，然后把水放掉。染色时先在清水中运转，并逐步加入平平加 O 及染料溶液，接着染液升温至 80℃，并加入食盐溶液，继续升温至 95℃染色 30 min，共染 90 min。染色后先以流动冷水冲洗一次，继以 40℃温水和冷水洗。水洗后织物在 45～50℃的固色液中固色 30 min，以提高染色织物的湿牢度。

二、中性络合染料染色

　　中性络合染料是一种具有特殊结构的酸性染料，它是酸性金属络合染料的一种（即 1：2 型）。而 1：1 型一般用于羊毛染色，很少用于丝织物。1：2 型酸性金属络合染料性能和染色方法与弱酸性染料相似，可在弱酸浴或中性浴中对丝织物进行染色，所以又称中性络合染料或中性染料。其染色机理与弱酸性染料中性浴染色相似，染料与纤维的结合主要是氢键和范德华力。由于相对分子质量较大、对纤维亲和力较高、初染速率较快，所以染后染料的移染性很差。为了匀染，常加入匀染剂平平加 O，用量为 0.1～0.5 g/L。中性络合染料的始染温度不宜太高，一般为 40～50℃，且升温必须缓慢。

　　1. 卷染机工艺

　　工艺流程：织物上卷→前处理→染色→后处理→上轴。

　　染色处方：染料　　　　　　　　　x

　　　　　　平平加 O　　　　　　　0.2 g/L

　　染色过程：织物冷水上卷，于 60～65℃交卷水洗 2 道，继以室温酸洗（HAC 0.4～0.5 mL/L）2 道。织物在 50℃开始染色，染色 4 道后升温至 85℃，续染 4 道，再升温至 95～98℃保温染色 4 道。染色结束后，在 60℃水中走 1 道、冷水洗 2 道。为提高深色品种的湿处理牢度，可在固色液中于 40℃下走 4 道，最后室温水洗 1 道，冷水上卷。

　　固色液处方：固色剂 Y　　　　　　　65%（对织物重量）

　　　　　　　平平加 O　　　　　　　0.02 g/L

　　　　　　　HAC　　　　　　　　　0.1 mL/L

2. 绳染机工艺

工艺流程：配绸→进槽前处理→染色→后处理→出槽。

染色处方：染料　　　　　　　　　　　　　　x

平平加 O　　　　　　　　　　0.2 g/L

染色过程：织物进机槽后，在助剂溶液（雷米邦 A0.5 g/L），柔软剂（33N0.8 g/L）中运转 10 min，使绸身柔软、润滑、渗透均匀。织物在 30℃开始染色，60 min 内升温至 95℃，在此温度下，染色 50 min。染色结束后，水洗三次（65℃、50℃、室温水）各 10 min。如要提高染色牢度，可用固色剂 Y 进行固色处理。

三、活性染料染色

长期以来，丝织物印染一直以弱酸性染料及部分中性染料为主。酸性染料色泽虽鲜艳，但牢度较差，特别是染中、深色更差。为此，染后要用固色剂处理，不但手续麻烦，而且固色后色光往往变暗，手感也变差。中性染料的染色牢度虽较好，但颜色不够鲜艳。为了提高丝织物的鲜艳度和染色牢度，近年来，开始采用活性染料染色。

活性染料染色丝绸，不仅能获得鲜艳的色泽，而且能获得较高的染色牢度。蚕丝制品染色一般选用反应性较高的活性染料，染色方法可有浸染、卷染、冷轧堆等。由于蚕丝纤维的耐碱性较差，所以染色可在弱酸性、中性或弱碱性条件下进行。

中性浴多采用 X 型染料，它可在低温染色，工艺简便，可避免高温染色引起的织物表面擦伤现象。染色时，在室温染色 15 min 后加入 10～25 g/L 的食盐，染至 30 min 时再加入10～25 g/L 的食盐续染 30 min，再以 2 g/L 的纯碱固色处理 40 min，最后水洗去除浮色。

第三节　丝织物印花

丝织物印花具有品种多、批量小的特点，常用的有直接印花、拔染印花、防印印花、转移印花、渗化印花和渗透印花等。蚕丝织物目前主要采用筛网印花机印花。

一、丝织物的直接印花

丝织物在实际生产中主要采用弱酸性染料、1∶2 型金属络合染料、直接染料以及少量的阳离子染料印花。涂料印花由于手感问题，影响织物的风格，仅适用于白涂料印花，用以产生立体效果。

1. 弱酸性染料、直接染料印花

丝织物印花一般以弱酸性染料为主，也可用部分直接染料。

工艺流程：印花→烘干→蒸化→水洗→固色→退浆→脱水→烘干→整理。

印花处方（%）：染料　　　　　　　　　20

尿素　　　　　　　　　　5

硫代双乙醇　　　　　　　5

原糊　　　　　　　　　　50～60

氯酸钠（1∶2）　　　　　0～1.5

水	少量
硫酸铵(1∶2)	6
合成	100

丝织物印花选用的酸性染料和与之拼色的直接染料都是高温或中温上染的,要掌握染料的最高用量,否则会使浮色增多,水洗时易造成白地不白及花色萎暗。原糊对印花的影响很大,不同的设备、不同的丝绸品种对原糊的要求不同,真丝织物筛网印花可选用可溶性淀粉和白糊精、白糊精＋小麦淀粉、龙胶＋印染胶、植物种子胶的醚化衍生物。电力纺、斜纹绸选用白糊精＋小麦淀粉混合糊;双绉可选用可溶性淀粉糊;乔其纱选用红泥、海藻酸钠糊。

烘干时不能过烘,以免影响色泽鲜艳度。蒸化采用圆筒蒸箱、星形架挂绸卷蒸或悬挂式汽蒸箱。由于真丝织物较薄,一般不需给湿处理,对于双绉等厚织物,当花纹面积大时可少量给湿。蒸化时蒸汽表压 88.4 kPa(0.9 kgf/cm²),时间 30～40 min。后处理中可用固色剂固色,再用 BF-7658 淀粉酶退浆,去除糊料,最后可蚁醋酸整理,提高色泽鲜艳度和牢度。水洗时宜采用机械张力小的设备以免织物擦伤。

2. 金属络合染料直接印花

金属络合染料牢度较好,但色光较暗。蚕丝织物印花常采用 1∶2 型金属络合染料。其应用方法除色浆中不用酸或释酸剂以及染料的溶解和印花原糊的选择不同外,其余与酸性染料相同。

二、印花设备

丝织物印花的主要设备有筛网印花设备、蒸化设备和水洗设备。筛网印花设备参阅棉织物印花相关章节内容。

丝织物印花后,在印花机上已经过烘燥,但最后还必须经过蒸化,使染料及各种化学助剂在一定温度、湿度、压力下发生作用,使染料与纤维发生固着作用。蒸化设备有间歇式与连续式两种。

1. 蒸化设备

(1)圆筒蒸箱:圆筒蒸箱是丝织物印花常用的一种间歇式蒸化设备,结构如图 3-2-6 所示。

圆筒蒸箱一般为立式,外筒直径一般为 1 800～2 000 mm,外筒与内筒之间形成一个环形夹层空间,上有顶盖可以启闭。蒸化时在夹层中通入蒸汽,一方面对蒸箱起到保温作用,另一方面可防止蒸汽冷凝结成水滴。圆筒外壁包有绝热材料,防止散热。内筒底部有直接蒸汽管、进水管、排汽管、排水管及花铁板(假底),花铁板上铺有麻袋布或在蒸汽管上方装有不锈钢网孔板隔层,以防水点溅到织物上。此外,还装有温度表、压力表、安全阀、水位表等装置。

待蒸化的织物以一定的挂绸方式勾挂在挂绸架上,蒸化时将挂绸架用电吊车吊入蒸箱的内筒。挂绸的方式有星形和 S 形两种,挂绸架吊入内筒后,盖上顶盖并锁紧密封,然后在夹层内通入蒸汽,使蒸汽通过网孔钢板进入内筒,直至充满内筒空间和夹层空间,以提供蒸化所需的温度和湿

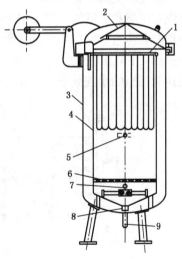

图 3-2-6 圆筒蒸箱
1—挂绸架 2—顶盖 3—外筒
4—内筒 5—夹层进汽管 6—网孔板
7—内筒进汽管 8—内筒排汽管
9—夹层排汽管

度。在蒸化过程中,为了使蒸汽在织物上均匀地循环流动,不产生冷凝水滴,可将排汽管稍微开启。机内蒸化温度可由排汽管进行控制,湿度则通过两个进汽管的进汽量进行控制,蒸化时一般使用饱和蒸汽,如采用过热蒸汽,直接蒸汽管应浸没在箱底水中,使水在直接过热蒸汽作用下沸腾蒸发,补充湿度不足。

圆筒蒸箱的结构简单,造价低廉,用途比较广,可用于各类印花织物及各种不同印花工艺的蒸化,适宜于小批量生产,蒸箱容绸量约为 $120\sim450$ m(4～15匹)。但蒸汽的调节比较困难,操作不当易产生上下得色的深浅差别。另外,挂绸和下绸等辅助工作都是人工操作,劳动强度较大。

(2) 连续式蒸化设备:连续式蒸化机有长环式、蛛网式及无底连续式几种。

a. 长环式:长环式连续蒸化机适宜于直接印花织物的蒸化,容绸量较大。

b. 蛛网式:蛛网式连续蒸化机主要用于拔染印花织物的蒸化,由于蒸化时间较短,故不适宜一般的直接印花织物的蒸化,但可用于活性染料直接印花的蒸化。

c. 无底连续式:无底连续蒸化机是目前蒸化设备中正在发展中的一种,可适于各种纤维织物。它可采用100℃左右的饱和蒸汽,若采用过热蒸汽,则温度可达180℃。

2. 水洗设备

(1) 绳状水洗机:绳状水洗机下方一般为一水槽,容积由容绸量确定,传动为椭圆形导辊,木制、铁制或不锈钢制,槽中另装有小导辊、分绸架、挡板等,织物呈绳状由椭圆导辊带入水浴中,在水中做适当的浸泡,再由椭圆盘带出,反复循环。穿绸方式有两种:一种是间歇式,即每匹绸圈成一档自成循环,每台水洗机可有10匹、20匹同时水洗,以时间计算,洗完一个过程换水再洗。另一种形式是国外较多采用的连续循环式,机上有一螺旋形不锈钢挡绸装置,水洗时绸匹连续循环前进,最后由六角盘导出。

绳状水洗机设备简单,工艺安排灵活,水洗不受时间限制,张力小,洗涤效果好,有利于保持织物风格和降低缩水率。但因织物在导辊上拖带,相互摩擦容易造成搭色及擦伤,对某些品种用时宜注意。它属于间歇式生产,水洗效率较低。

(2) 平幅水洗机:常见的平幅水洗机大多由多个水洗单元组成,只有将它们合理地配置才能达到理想的水洗效果。图3-2-7所示为S721＋NRSB平幅水洗机。

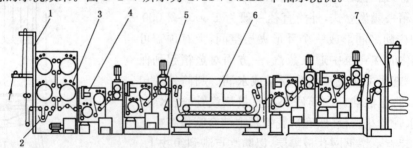

图3-2-7　S721＋NRSB平幅水洗机
1—进布架　2—预浸室　3—膨化室　4—平幅圆筒式水洗单元
5—轧车　6—松弛式水洗槽　7—落布装置

织物经进布架调节张力,由预浸室使织物充分润湿后,采用环绕穿布方式进入膨化室紧贴在多孔圆筒表面,利用圆筒内空气对流使液体进一步渗透到织物纤维内部,使织物在膨化室能停留较长的时间得以充分膨化。在平幅圆筒水洗装置中通过离心泵将水洗槽内经过滤后的洗液喷向织物表面,由于具有较大的喷淋压力,部分洗液能穿透织物,达到强力水洗效果。织物在运行中既受到液相的作用,又受到气相的作用。温度的提高使污物分子的活动能量加大,增加了污物的扩散系数;同时由于温度的提高,水的表面张力和黏度降低,加速了污物的膨化、分离、水洗效果明显提高。两格平幅水洗后进入松弛水洗槽,在液流式喂布装置作用下织物松弛地堆放在上下两层输送带之间,随输送带缓缓前进。织物在输送过程中受到喷淋装置的作用,从正反两面对织物进行喷淋水洗,同时喷淋作用又使织物不断保持波形运动,并在全松弛状态下自然收缩。在各水洗单元之间,配有轧车或高效吸水装置,能有效地提高洗液交换速度。

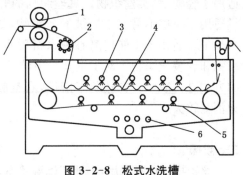

图 3-2-8　松式水洗槽
1—轧辊　2—滚轮　3—喷淋管
4—织物　5—不锈钢输送带　6—加热管

松式水洗槽如图 3-2-8 所示。该槽可使织物在完全松弛的状态下,用不锈钢输送带输送。在喷射水管的喷射下,织物不会漂浮水面。水洗槽的容布量可根据运输带的速度加以调节,水洗槽的进出口处都装有轧辊,能有效去除水分。

第四节 | 丝织物的机械整理

丝织物具有光泽悦目、手感柔软滑爽等独特风格,而且外观高贵典雅、轻盈飘逸,还具有吸湿透气、穿着舒适、护肤的内在品质。但它也存在如悬垂性差、湿弹性低、易缩水、摩擦起毛和起皱泛黄等缺点。丝织物整理目的是改善织物的外观,使之具有均匀柔和的光泽、优良的手感和悬垂性等特点。另外,经过定形、拉幅、防皱整理,可改善丝织物的服用性能。通过各种化学整理,改变织物的手感,赋予丝织物抗黄、抗皱、防静电、防霉、增重、阻燃等服用性能。

丝织物的共同特点是轻薄、柔软、易变形、易起皱和挂丝擦伤。因此,其机械整理除应考虑纤维的性能外,还应根据织物的组织规格,合理选用相应的整理工艺和设备。丝织物的一般性机械整理主要是指脱水、烘干、拉幅(定幅)、机械预缩及轧光整理等。印染厂的脱水、烘干设备都分属于练、染、印各车间的,而丝绸印染厂的脱水、烘干设备的选择往往根据织物品种来定。烘干工艺对丝织物的手感、光泽都又有较大的影响,且烘干往往与熨烫、柔软等工艺同时进行,一机多用。因此,丝绸印染厂将脱水、烘干、定幅、机械预缩、蒸绸、机械柔软及轧光等划归于整理车间。

一、脱水

丝织物在进行练漂、染色、印花等湿处理加工后,含有大量的水分。这些水分会加重烘干的负担,必须在烘干之前经济而有效地将其去除。脱水主要是去除织物上机械留蓄的水分和毛细管孔隙中的水分(即自由水),它是以挤压、离心作用和抽吸等原理进行的。脱水方式可根据丝织物的品种不同而选用性能、方法不同的脱水设备,如轧水脱水机、离心脱水机和真空吸水机。

轧水脱水机的轧水方式有两种,即平幅轧水和绳状轧水。平幅轧水适用于某些不能采用离心脱水机脱水的、易起折皱的织物,如真丝斜纹绸、电力纺、缎类丝织物等。绳状轧水适用于轻薄、绉类丝织物。真丝织物的轧水,通常是和打卷连在一起的。离心脱水机一般只适用于一些不易产生折皱的丝织物,如乔其、双绉等绉类及提花类织物的脱水。真空吸水机主要适用于不能用离心脱水机脱水的、不耐轧的丝织物,如斜纹绸、电力纺、立绒等厚织物和卷装丝织物。对于蚕丝电力纺等不耐折皱的织物,可采用平幅轧水后再经真空吸水的方式进行脱水。在丝绸印染厂,真空吸水装置往往安装在烘干机的前部,但这种方式动力消耗较大。

二、烘燥

丝织物经过脱水后,仍处于潮湿状态,必须通过烘干,借热能汽化的方式将水去除。有的丝织物绳状加工后虽经过开幅,但仍有皱痕,必须烘干烫平。丝织物的烘燥工序对成品手感和光泽具有较大的影响,丝织物通用的烘干设备多为单滚筒烘燥机,它既能起烘燥作用,又能起平光作用。丝织物不能受过大的张力,烘燥不易过急、过度,故目前印染厂常用滚筒烘燥机和热风烘燥机两类。

1. 滚筒烘燥机

滚筒烘燥机有单滚筒烘燥机和多滚筒烘燥机之分。单滚筒烘燥机属于接触式烘燥机,也称平光整理机。这种设备结构简单占地面积小、操作方便、整理后的丝绸平挺光滑,主要适用于电力纺、洋纺等薄型织物,是丝绸印染厂目前普遍使用的烘干设备,如图3-2-9所示。

该机是靠一只内通蒸汽的金属滚筒(铜或不锈钢制)来烘干织物的。丝绸烘干时,直接接触表面光滑并由蒸汽加热的金属滚筒,同时受上压辊的压力作用使织物烘干、烫平。该机的另一特点是在丝绸进出部位各有一只扩幅木盘,其扩幅能力较强,织物越潮湿(摩擦力大),经向拉得越紧,则扩幅作用越大。因此,这种

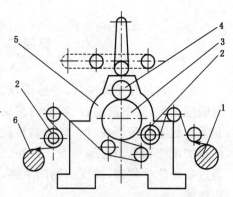

图3-2-9   单滚筒烘燥机结构示意图
1—进布卷   2—伸缩板扩幅器
3—烘燥滚筒   4—上压辊   5—机架

设备兼有扩幅定形作用,对于没有拉幅设备的工厂更为适用。有的工厂往往把两台或三台单滚筒烘燥机连在一起使用,或者制成多滚筒整理机,以提高工作效率。滚筒烘燥机的缺点是由于织物经向张力较大,易产生伸长,缩水率较大;烘筒和织物间还会因摩擦产生极光,手感也偏硬。为了提高烘干效率并改善织物的手感,一般先经单滚筒烘燥机烘干、打卷,再经呢毯整理机进行防缩整理。也可采用单滚筒呢毯联合烘燥机进行一次烘干。也有很多厂将一台真空吸水机和两台单滚筒烘干机、一台小呢毯整理机,组成"三合一"呢毯整理机广泛用于电力纺、双绉、花绉缎等较厚织物的烘干整理。

2. 热风烘燥机

热风烘燥机是利用热空气传热给织物以去除水分的。与烘筒烘燥机相比,它更能使织物

获得比较令人满意的均匀烘干效果。在烘燥过程中,空气除带走被烘燥织物的水分外,还供给使水分汽化所需的热量。因此,需先将冷空气(或循环地低热空气)经加热升温,然后将热空气经风机、风道送入烘房内加热织物。热风烘燥属于对流传热形式。热风烘燥机的类型较多,根据丝织物在烘房内的状态不同,有悬挂式、圆网式、气垫式等多种形式。

悬挂式热风烘燥机的最大优点在于烘燥时织物处于松式状态,受到机械张力很小,烘干后织物缩水率小。适用于表面有凹凸花纹绉类织物的烘干,也可用于一般成品及半成品的烘干。其缺点是烘干后但织物不平挺,需进一步烫平。圆网烘燥机,根据织物要求不同,圆网烘燥机可由两网或四网组成,如图 3-2-10 所示。其烘干效率高、节省能源。烘燥时织物以松弛状态进入橡皮帘子上,随不锈钢圆网的运行同时向前运行,然后到出布橡皮帘子上,最后还可以经过单滚筒烘燥整理机压平卷轴。该机一般适用于厚织物加工,如丝绒织物、绢纺绸等。也适用于丝织物的松式烘燥整理。气垫式烘燥机如图 3-2-11 所示。织物以平幅状态平摊在输送网上,缓缓载入烘房,借助上下风嘴喷出的热风将松弛的织物在气垫中呈波浪状向前行进。织物在其中还兼有搓揉作用,应力得以释放,烘干后织物手感柔软丰满,缩水率小,尺寸稳定。

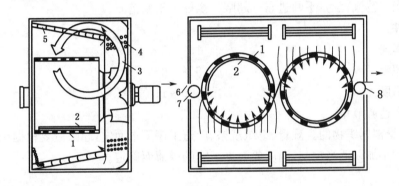

图 3-2-10　圆网烘干机结构示意图
1—圆网　2—密封板　3—离心风机　4—加热器　5—导流板　6—织物　7—喂入辊　8—输出辊

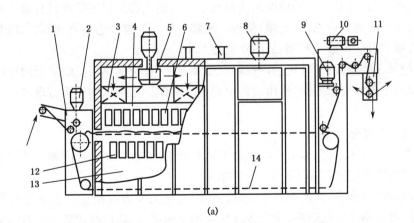

(a)

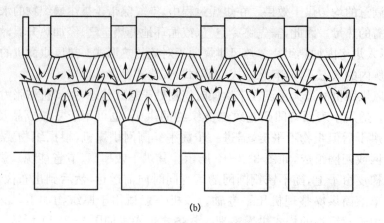

(b)

图 3-2-11　气垫式烘燥机结构示意图

1—进绸架　2—进绸电动机　3—叶形导布辊　4—垂直导布辊　5—循环风机　6—上风嘴　7—排气口
8—风机电动机　9—输送网电动机　10—出绸电动机　11—出绸装置　12—下风嘴　13—下稳压箱　14—传送网

气垫烘燥工艺流程为:平幅进布—超喂—烘燥—平幅落布。

工艺条件:

车速	15～35 m/min
超喂	5％～6％
温度	100～110℃
风速调节角	30°～90°

车速、风量根据织物的含湿量、组织规格、后道工序要求而定,超喂量要根据织物在烘房内形成的波浪大小加以适当控制,温度要根据织物的厚薄而确定。

三、拉幅整理

丝绸织物在染整加工过程中,往往会受到许多机械张力作用,从而引起织物经向伸长、纬向收缩、幅宽不均匀,并发生不同程度的纬斜现象。为使织物按规定要求具有整齐划一的稳定门幅,一般应对丝绸织物进行拉幅(定幅)整理。定幅烘干后织物手感柔软、绸面无极光。通过超喂进绸,织物经向可获得适当回缩,从而降低缩水率。

拉幅机包括布铗拉幅机、针板热风拉幅机以及布铗、针板链热风拉幅定形两用机。丝织物种类不同,拉幅整理的要求不同,选用设备也相似。具体详见棉织物拉幅整理部分。

四、机械防(预)缩整理

丝织物在染整加工过程中,由于经向处于紧张状态,故也存在缩水问题。丝织物染整成品的缩水率一般要求控制在 5％以下(绉类织物例外)。

降低丝织物的缩水率,最简单的方法就是将织物在无张力或松弛状态下进行最后一次干燥整理。例如将织物落水或给湿,让它在湿热状态下回缩,然后再松式烘干。目前采用的针铗超喂拉幅烘干机和松式气垫式烘干机,就是其中的一种机械预缩方法。防缩整理机的种类很多,主要有橡胶毯或呢毯预缩机、汽熨整理机(即蒸绸机)和汽蒸预缩机等。

橡胶毯式预缩整理机的预缩效果比呢毯防缩机的好,但用于丝织物的预缩整理时,工艺不易掌握,在桑蚕丝织物中较少应用。而呢毯预缩机虽然预缩作用较小,但成品光泽柔和、手感丰满而富有弹性,使成品外观质量得以进一步改善,尤其对绉类织物效果更为显著,故应用较为普遍,一般称为呢毯整理。丝织物经预缩整理后不仅可以获得一定的防缩效果,而且手感、光泽都可以得到一定程度的改善。

　　丝织物汽熨整理在汽蒸预缩机上进行,也称蒸绸。是一种适用于真丝织物的机械物理整理方法。它是利用蚕丝等蛋白质纤维在湿热条件下定形的原理,使织物表面平整光洁,形状和尺寸稳定,缩水率降低,并能获得蓬松而丰满、柔软而富有弹性的手感,光泽自然柔和。近年来,丝织物的汽熨整理已被列为正式整理加工工艺。蒸绸设备有两种,即间歇蒸绸机和连续蒸绸机。前者一般借用毛织物蒸呢机,蒸绸时间应视丝织物品种而定,一般多为 30 min。丝织物经汽蒸收缩后,虽然缩水率变小,丝纤维呈蓬松柔软状态,但手感发纰、绸面起皱,不够平整挺括,所以必须经连续蒸绸机处理。连续蒸绸机多使用连续蒸呢机,如图 3-2-12 所示。

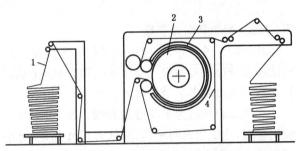

图 3-2-12　连续蒸呢机结构示意图

1—织物　2—蒸呢滚筒
3—全幅无缝毛毡套筒　4—全幅无缝包布

　　该机的进绸处设有超喂装置,并配有高效冷却、汽蒸系统,还设有导向、张力和校直包布的控制装置,操作方便,织物冷却效果好,可在出绸处立即打卷,对于薄、中、厚各种类型的织物均可加工。该机的设备结构基本与呢毯整理机相同,只是大滚筒有孔,外部密闭。蒸汽由外部喷入后,通过呢毯和被蒸织物,在滚筒内部进行抽吸。一个大滚筒部分用于汽蒸,部分用于烘干。呢毯滚筒压力 294 kPa(3 kgf/cm^2),车速 20 m/min(与汽蒸收缩机同步)。使用连续蒸绸机对丝织物进行蒸绸效果更佳,可使整理后的织物获得汽熨和呢毯防缩两种整理的综合效果。

　　近年来,采用平幅连续汽蒸预缩机和连续蒸呢机联合处理真丝织物,大大降低了织物缩水率,并且保持了丝绸原有的柔和光泽和丰满柔软的手感。除此以外,还可以克服因使用机械超喂整理出现的木耳边和鱼鳞皱等疵病,消除由于机械张力而存在的内应力和织物表面的极光,从而获得更加令人满意的整理效果。平幅连续汽蒸预缩机的结构示意图,如图 3-2-13。

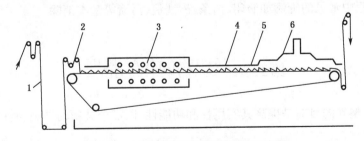

图 3-2-13　平幅连续汽蒸预缩机示意图

1—织物　2—超喂调节辊　3—蒸汽给湿区　4—烘燥区　5—松弛输送带　6—冷却区

　　平幅连续汽蒸预缩机由超喂调节辊、织物松弛输送带、蒸汽给湿区、烘燥区、冷却区等几部分组成。丝织物在输送带上呈波纹状(由于超喂率较大),并随输送带向前移动。当进入蒸汽给湿区后,具有强烈抽吸作用的饱和蒸汽从织物的上下两方喷入,涌入到织物内部,使织物充分吸湿膨化,从而改善经(纬)向纱线间的织缩状态,所以汽蒸效果好。输送带下方装有振动辊(由于它不断转动时会周期性地敲打输送带),可使织物随之振动,并不断变换位置和松弛收缩。当织物离开汽蒸松弛区后,设备迅速排气使织物冷却,并烘干定形保持尺寸稳定性。由于该机的汽蒸区通道体积小(长约 1.5 m,外壳高约 15 cm),因此耗气量不大。装在汽蒸区顶部的蒸汽使加热室顶部温度较高,避免了冷凝水滴的形成。

五、轧光、柔光和刮光整理

丝织物光泽较好,一般不需进行轧光整理。但有些织物经过染整加工后,光泽不足,故可有选择地进行轧光整理。如提花织锦等熟织产品,经纱浮露较多,织造后绸面不够平挺,通过轧光整理可以使之平滑并富有光泽。

有些丝绸产品为了获得柔和的光泽,可通过汽熨机整理,使织物表面平整,形状和尺寸稳定,并能获得柔软而富有弹性的手感,消除"极光",使织物的光泽柔和。

有些真丝织物如色织缎类,经一般整理后光泽不足,可借刮光整理提高光泽。如将织物通过一排导辊,导辊上装有螺旋形钝口金属刮刀或橡胶皮刮刀,或用研刮机构。丝织物的刮光整理适用于高级色织物缎类织物。

六、机械柔软整理

机械柔软整理是利用机械的方法,在张力作用下将织物多次揉搓、弯曲,以改善织物的硬挺性,使织物获得适当的柔软度。真丝绸机械柔软整理的方法很多,其中揉绸机包括螺旋式和纽扣式两种。

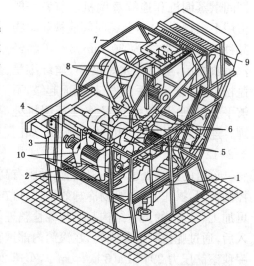

图 3-2-14   AIRO-1000 型柔软整理机
1—处理槽 2—水平导布框架 3—叶形导布辊
4—垂直导布辊 5—大导布辊 6—文丘里管
7—热交换器 8—鼓风机 9—栅格 10—织物

现在使用较多的是在机械柔软整理机上进行的揉搓整理,如意大利的 AIRO-1000 柔软整理机,又称气流式织物整理机,如图 3-2-14。经 AIRO-1000 加工处理的丝绸不仅手感令人满意,而且整理过程中常见的疵病如皱印、白条、砂洗痕、污渍等基本消除。

第五节│丝织物的化学整理

丝织物化学整理的目的是提高其实用性和功能性,以赋予其新的外观和特性,并提高附加价值。

一、柔软整理

丝织物的柔软整理要先浸轧柔软整理液,然后在一定温度条件下进行拉幅烘干即可。丝织物使用的柔软剂主要有非有机硅和有机硅两类。非有机硅类的柔软剂大都具有长链脂肪烃的化合物。采用有机硅类柔软剂对丝织物进行柔软整理,即可在感观上赋予丝织物以复合功能。若对柔软度和耐久度要求较高,则采用反应性聚硅氧烷可获得令人满意的效果,尤其是经过改性聚硅氧烷整理的丝织物,手感更为光滑和柔软,洗可穿性、缝纫性也均有改善,且耐水洗及干洗。

二、增重整理

丝织物一般轻薄、柔软,如乔其、薄绸、丝袜、轻薄的电力纺等。如果织制厚织物,不仅要消耗大量高价的蚕丝纤维,而且织物缺乏厚重感,组织不够紧密。另一方面,蚕丝织物经脱胶后会失重约23%,使其变得更为轻薄。而蚕丝织物又常常是以重量来计价的,所以需对蚕丝织物进行增重整理。增重整理不仅会增加蚕丝的重量,弥补重量损失,而且还会改善蚕丝的质量和性能,特别是改善丝织物的防皱性和悬垂性。但过量的增重会招致蚕丝的脆化,故应视增重方法,仔细斟酌增重的程度、处理方法和质量。增重方法有锡增重、单宁增重、丝素溶液增重和合成树脂增重等。国内外使用较多的仍旧是历史悠久的锡增重,使蚕丝纤维的重量增加,纤维变粗,而且手感厚实,具有松散的蓬松感,风格和光泽、身骨、弹性等均有改善。目前,增重整理主要用于真丝领带和妇女用高级上衣等厚织物。以意大利为主的欧洲国家向来盛行锡增重,意大利、法国和瑞士制的高级领带几乎都经过锡增重,增重率一般达35%～40%。

锡盐增重法是将织物经四氯化锡溶液处理,水洗后再用磷酸氢二钠溶液处理,然后水洗。如增重不够,可重复进行。三次处理后,增重率可达25%～30%左右。最后在硅酸钠溶液中处理。

1. 氯化锡处理

使四氯化锡被蚕丝纤维吸附、扩散到纤维内部,同时产生一定程度的水解。

$$SnCl_4 + 4H_2O \longrightarrow Sn(OH)_4 + 4HCl$$

处理后轧液、水洗、脱水。

2. 磷酸盐处理

用磷酸氢二钠处理浸轧过氯化锡溶液的蚕丝织物,可使蚕丝吸附的氯化锡固着:

$$Sn(OH)_4 + Na_2HPO_4 \longrightarrow Sn(OH)_2HPO_4 + 2NaOH$$

处理后轧液、水洗、脱水。

以上两道工序可根据需要反复进行,直至符合增重要求。

3. 硅酸盐处理

经硅酸盐处理可使锡增重物稳定:

$$Sn(OH)_2HPO_4 + 3Na_2SiO_3 \longrightarrow (SiO_2)_3SnO_2 + Na_3PO_4 + 3NaOH$$

处理后轧液、水洗、脱水。

4. 皂化

皂化处理可以去除丝织物上未反应的锡、处理液等物质。

工艺流程及条件:$SnCl_4 \cdot 5H_2O$ 处理(375 g/L,30℃,30 min)→冷水洗→$Na_2HPO_4 \cdot 12H_2O$ 处理(50 g/L,60℃,20 min)→冷水洗→(重复上述工艺)→泡光碱处理(100 g/L,60℃,

15 min)→冷水洗→皂洗(1 g/L 皂片＋1 g/LNa$_2$CO$_3$,80℃,15 min)→冷水洗→烘干。

锡盐增重的本体是四氯化锡,经过上述处理,水溶液中的四氯化锡在蚕丝纤维内发生化学变化,生成在水中不溶性的锡化合物,丝织物不但重量增加,而且较为挺括,悬垂性提高,手感也丰满一些,但它对光氧化较为敏感,且强力、延伸度和耐磨性受到一定的影响。

三、砂洗整理

丝织物砂洗整理是一项新兴的后处理技术。所谓砂洗,就是使丝织物产生丝绒状均匀耸起绒毛。在这个过程中,织物处于松弛状态,并使用化学助剂即膨化剂和柔软剂,使丝素膨化而疏松(表层的微纤裸露出来),然后在一定的 pH 值和温度下,借助机械作用使织物与织物、织物与机械之间产生轻微的均匀摩擦,使丝素外层覆盖的微纤松散而挺起,绸面产生出均匀而细密的绒毛,从而使织物手感松软、柔顺、肥厚、光泽柔和,悬垂性及抗皱性能大大提高,改善了原有丝绸穿着上的不足之处,因此砂洗绸服装列属于高档次的商品。砂洗绸与真丝绸相比,它的质地不再像丝绸那样飘逸,而是变得浑厚,尤其是薄型的真丝绸如电力纺、双绉等加工后效果更为明显,在手感上呈现"腻、糯、柔、滑"四大特点,而且还具有相当的弹性。

1. 砂洗整理工艺流程

砂洗作为一种较新颖的整理工艺,工艺流程目前尚不统一。一般的工艺流程是:

将染色、印花绸或服装制品装入稍大一些的砂洗袋内,然后放入配有化学助剂的砂洗机中,砂洗膨化,经脱水、水洗、必要时中和后,上柔软剂,最后进行烘干、开幅、码尺、检验及成品装箱、装盒。

2. 砂洗用助剂和设备

丝织物砂洗效果与纤维膨化程度关系密切,其影响因素有膨化剂用量、膨化温度和时间,除此以外,砂洗效果还与织物中纱线的捻度、交织点情况和交织紧密度等有关。适用于丝织物砂洗用的助剂有如下几种。

(1)膨化剂:主要是对蚕丝有膨化作用的碱剂、酸类以及醋酸锌、氯化钙等。膨化剂用量一般采用 10～50 g/L 为宜,具体用量用根据织物组织种类、厚薄以及对砂洗的要求来决定,用量不宜过多,否则会影响织物的强度;也不宜过少而影响砂洗效果。

温度、时间对膨化程度也有影响,一般情况下温度控制在 45～65℃,对轻薄织物轻度砂洗,一般控制在 15～30 min;对厚重织物砂洗时间可适当增加,温度也可适当提高,有的还可预先浸泡。砂洗染色、印花产品时,应考虑砂洗过程的"剥色"作用,所以,对砂洗温度与时间要综合掌握。

(2)砂洗剂:主要有金刚砂、砂洗粉等。

(3)柔软剂:只有在柔软剂的作用下,烘干机的搓揉、拍打和烘干后的打冷风,才能使膨化后已裸露于织物表面的绒毛挺立,织物手感变得丰满、柔和、飘逸感强。一般选择阳离子型柔软剂,阳离子型柔软剂对成品的触感起决定性作用,这种助剂可以与非离子型表面活性剂并用。柔软处理温度在 35℃左右,时间为 20 min。

砂洗设备是用来进行膨化、砂洗和柔软处理的设备各厂不一。主要有绳状水洗机、溢流喷射染色机、转鼓式水洗机以及专用砂洗机等。脱水后烘干主要采用转笼式烘燥机。它是利用蒸汽或电加热散发的热量,通过风机产生热循环。转笼内有三条肋板,可将织物抬起和落下。织物在转笼内产生逆向翻滚,使织物与织物相互拍打和揉搓,从而改善烘燥时丝织物在湿热状态下由于纤维的热塑性而造成的板硬感,而变得蓬松而柔软。由于吹入的蒸汽缓和,使丝织物在松弛下均匀而缓慢地收缩和干燥,从而使砂洗后的产品绒毛挺立、手感柔和、飘逸感强。烘干时,温度逐渐上升,最高不超过 80℃,烘干后应继续冷磨约 60 min。出笼后应立即开幅、码尺、检验和包装。另外,砂洗时要对设备的运转情况(即坯绸的运动、摩擦)密切注意,使织物轻柔和摩擦均匀。

各种组织结构的丝织物都可进行砂洗整理,但经、纬线均为无捻长丝的电力纺和斜纹绸较其他织物,如双绉、素绉缎更易产生"起毛"效果,且织物表面性能的提高也较明显。另外染色绸比练白绸的砂洗效果要好。砂洗绸一般是将染色后的丝绸或服装进行加工,因此对染料必须进行选择。如酸性染料的牢度低,砂洗后色泽退色较大,同时色光也有改变。活性染料1:1型金属络合染料及 1:2 型金属络合染料变化少。

四、防皱整理

丝织物在保持原有独特风格的前提下,为了提高其防皱性能可进行防皱整理。防皱整理是用防皱整理剂和纤维作用,赋予丝织物一定的抗皱性。作为丝织物抗皱整理剂,与纤维反应型的树脂即 N-羟甲基酰胺化合物能改善丝织物的抗皱性和防皱性。但反应型树脂整理大多易产生游离甲醛,现在一般采用低甲醛或无甲醛的整理剂,如水溶性聚氨酯、有机硅系列、多元羧酸等。

水溶性聚氨酯整理工艺:

浸轧液组成:水溶性聚氨酯 FS-621　　　　　　　100 g/L

　　　　　　柔软剂　　　　　　　　　　　　　　10 g/L

工艺流程:二浸二轧(40℃,轧余率 70%~80%)→烘干(低于 100℃)→焙烘(160℃,1 min)。

五、防泛黄整理

丝织物的泛黄老化是指丝织物受到了日光、化学品、湿度等的影响和作用而产生的强力显著下降和泛黄现象。

1. 丝织物泛黄的原因

(1)紫外线等光照作用使组成丝纤维的氨基酸,尤其是色氨酸、酪氨酸残基吸收光能量,发生光氧化,导致纤维强力下降。

(2)温湿度效应表现为丝织物在 40% 以上的湿态下期保管,会显著泛黄,特别是难以精练的双绉和绉绸表现尤为显著。

(3)丝织物精练后残存的蜡质、有机物、无机物和色素等,练漂后未净洗的精练剂和漂白剂等,穿着时沾上的污垢,因洗涤不当而在织物上残留的洗涤剂等都可能引起丝织物泛黄老化。

(4)空气中的氧化、各种污染气体,如 NO_x、SO_2 等,都对丝织物的泛黄老化起促进作用。

引起丝织物泛黄老化的原因是错综复杂的,要防止丝织物泛黄老化,还应采取综合措施。

2. 防止丝织物泛黄老化的措施

(1)染整加工方面:丝织物在精练时,使用质量良好的精练剂和精练助剂,精练的浴比及精练助剂的用量应适宜,并需有充分时间进行前、后处理,精练操作要标准化。对经泡丝剂泡丝并在织造时上蜡的丝织物,在用皂碱法精练前,要浸入含有乳化分散剂等表面活性剂的冷水和温水中进行前处理。后处理水洗要充分,使丝织物上不残留精练残渣。为了除去精练残渣,水洗温度宜为30℃左右。此外,在染整加工中,不用易于引起丝织物泛黄的荧光增白剂、柔软剂和树脂。并加强测试,如精练用脱水机脱水时,要测定排水口处的排水 pH 值。还要对成品进行耐光试验,以保证丝织物的质量。

(2) 练白绸运送和储存方面:丝织物成品宜采用不透气的密封形式包装,并且避免利用含有泛黄物质的包装材料。在仓库装卸货物时,要避免卡车向仓库内排气;在储藏时,要避免与含有泛黄物质的塑料薄膜、硬纸、橡皮带、搁板和纸等相接触。商店在陈列真丝产品时,要尽量避免丝织物受外界有可能导致泛黄的因素作用。无论仓库和商店的陈列柜都要保持干燥,不宜直接裸露曝晒,勿使丝织物的表面积尘过多。制线时所用络筒油及制作服装时衬衣的衣袖、袖口等处所用黏合衬,都不宜含有泛黄的物质。

(3) 消费过程:丝织物服装在服用时,除勤换勤洗外,洗涤要充分,洗后出水要清,宜晾干,不得长时间曝晒。洒过香水的真丝服装在保管时,必须将香水散发去除。存放真丝服装的家具和容器等,温度要低,温湿度变化要小,必须选择避免直射日光且通风良好的场所。

(4) 化学整理剂对丝织物进行处理:目前研究较多、效果较好的化学整理剂及其处理方法如下:

a. 用紫外线吸收剂处理丝织物:可用于蚕丝防泛黄加工的有苯并三唑系和二苯甲酮系及水杨酸苯酯系等紫外线吸收剂,而以二苯甲酮系中的 Seesorb 101S(商品名)效果最好,其特点是分子中含有—SOH 基团,易溶于水。丝织物经反应性的含羟基的氨基甲酸酯树脂加工后,再用紫外线吸收剂处理,具有显著的防泛黄效果。

b. 对丝织物进行树脂整理或接技共聚整理,也能对防泛黄性有一定程度的改善,不过对树脂的选择和焙烘条件的确定要十分注意。根据实践经验,采用硫脲—甲醛树脂、二羟甲基乙烯脲树脂和含羟基的氨基甲酸酯树脂等整理剂以及用环氧化合物接枝共聚的方法处理丝织物,都具有显著的防泛黄效果。需要注意的是丝织物的焙烘条件不能过分激烈。

上述两种防泛黄整理方法结合起来,工艺如下:

白色真丝电力纺于常温下浸渍含羟基的氨基甲酸酯树脂[树脂:水=1:4 或 1:6(质量比)]、催化剂有机胺[树脂:催化剂=1:1.05(质量比)]溶液 20 min 后,离心脱水(织物含液率为 100%),60℃预烘 20 min,再经 130℃热处理 20 min。然后在 1% 的紫外线吸收剂(2-羟基-4-正辛氰基二苯甲酮等)溶液中浸渍 2 h(浴比 1:50,常温、密闭状态下),后经轻度脱液、烘干(30℃,24 h)即可。结果表明,由于这两种方法结合在一起发挥了协同效应,防泛黄效果显著。

c. 酸性浴处理:丝织物经碱处理及在残留碱性物质的作用下,其丝素膨润,结晶度下降,如照射紫外线容易泛黄。所用酸性浴,既可用盐酸、硫酸、磷酸等无机酸配制,也可用甲酸、醋酸、乳酸、苹果酸、柠檬酸等有机酸配制,但必须控制 pH 值在 1~5,若能将 pH 值控制在 2~4,则防泛黄效果尤为突出。处理浴温度宜高于常温,以利于酸性溶液充分渗透到纤维内部。采用这种方法处理丝织物只需浸渍整理液几分钟到几十分钟就能获得充分的防泛黄效果。

d. 屏蔽气体性薄膜+脱氧剂:经酸浴处理的丝织物,在刚处理后的一段时间里,防泛黄效果很好,但易受储存环境的影响而渐渐失效,属于暂时性的。因此,丝织物还应经屏蔽气体性薄膜+脱氧剂处理可获永久性的防泛黄效果。将经酸性浴处理的丝织物用聚亚乙烯氯化物和聚乙烯层叠的屏蔽气体性薄膜包起来,再在该包装物中装入脱氧剂(如日本东亚合成化学公司的 Bilaron LHA-250 或钯等),可以防止丝织物泛黄。虽然利用屏蔽性薄膜遮断空气也有相当的防泛黄效果,但只有通过脱氧,才能完全防止泛黄。

六、丝鸣整理

丝鸣是蚕丝织物相互摩擦产生的声响,是丝绸的固有特性和特殊风格。生丝没有丝鸣,练减率在 15% 以上的精练蚕丝在摩擦时或大或小会发出鸣音。所谓丝鸣,是手抓蚕丝织物产生的"GuGu"、"GiGi"的鸣音,丝鸣虽属真丝的固有特性,但丝织物的染整加工,不仅不能发挥这种固有特性,相反还会使丝鸣消失。

丝织物的丝鸣整理就是改变丝纤维的表面状态,增大纤维间的静摩擦系数,减小动摩擦系数。整理时,先将真丝制品浸渍于含 0.5% 的脂肪酸如十四酸、月桂酸、油酸等溶液中,处理 1~10 min,然后再浸渍于 0.5%~1.0% 的醋酸或草酸、酒石酸、柠檬酸、苹果酸等有机酸稀溶液中,处理 10~15 min。经过上述处理,真丝纤维的硬性增加,纤维表面变得粗糙,静摩擦系数增大,产生丝鸣效果。

还可以采用丝鸣整理剂,如 Silky Sound SILK 丝鸣整理剂。该整理剂的主要成分为有机硅,其加工工艺如下:

Silky Sound SILK	0.1%~0.5%
醋酸(90%)	0.01%~0.1%
处理温度	20~30℃
处理时间	5~10 min

[1] 王菊生,孙铠. 染整工艺原理(第一册～第四册). 北京:纺织工业出版社,1987

[2] 陶乃杰,等. 染整工程(第一册～第四册). 北京:中国纺织出版社,1994

[3] 范雪荣. 染整工艺学(第二版). 北京:中国纺织出版社,2009

[4] 张洵栓,等. 染整概论. 北京:纺织工业出版社,1989

[5] 朱世林. 纤维素纤维制品的染整. 北京:纺织工业出版社,2002

[6] 罗巨涛. 合成及其混纺纤维制品的染整. 北京:纺织工业出版社,2002

[7] 周庭森. 蛋白质纤维制品的染整. 北京:纺织工业出版社,2002

[8] 侯永善,等. 染整工艺学(第一册～第四册). 北京:纺织工业出版社,1993

[9] 孔繁超,等. 针织物染整. 北京:纺织工业出版社,1983

[10] 吕淑霖. 毛织物染整. 北京:纺织工业出版社,1987

[11] 杨丹. 真丝绸染整. 北京:纺织工业出版社,1983

[12] 陈锡云. 中长纤维织物染整. 北京:纺织工业出版社,1989

[13] 上海市毛麻纺织工业公司. 毛织物染整(第二版)(下册). 北京:纺织工业出版社,1995

[14] 范雪荣,王强,等. 针织物染整技术. 北京:中国纺织出版社,2004

[15] 董永春,滑钧凯. 纺织品整理剂的性能与应用. 北京:中国纺织出版社,1999

[16] 张友松. 变性淀粉生产与应用手册. 北京:中国轻工业出版社,1999

[17] 邵宽. 纺织加工化学. 北京:中国纺织出版社,1996

[18] 周文龙. 酶在纺织中的应用. 北京:中国纺织出版社,1999

[19] 陈石根,周润琦. 酶学. 上海:复旦大学出版社,1996

[20] 宋心远,沈煜如. 新型染整技术. 北京:中国纺织出版社,1999

[21] 上海印染工业行业协会. 印染手册(第二版). 北京:中国纺织出版社,2003

[22] 陆锦昌,方纫芝,丝绸染整手册(第二版). 北京:中国纺织出版社,1995

[23]《最新染料使用大全》编写组. 最新染料使用大全. 北京:中国纺织出版社,1996

[24] 姚金波,滑钧凯,刘建勇. 毛纤维新型整理技术. 北京:中国纺织出版社,2000

[25] 余一鹗. 涂料印染技术. 北京:中国纺织出版社,2003

[26] 王授伦,唐增荣. 纺织品印花实用技术. 北京:中国纺织出版社,2002

[27] 耿佃生. 靛蓝牛仔服装后整理工艺探讨. 印染,2001(2):32～33

[28] 杨栋梁. 磨毛整理. 印染,1986(3):51

[29] 杨栋梁. 光泽整理. 印染,1989(2):49

[30] 张济邦. 有机硅柔软剂的现状和发展方向. 印染,1996(6):34